Albert Slosman

avec la collaboration d'Élisabeth Bellecour

L'Astronomie selon les Égyptiens

Omnia Veritas

ALBERT SLOSMAN
(1925-1981)

L'ASTRONOMIE SELON
LES ÉGYPTIENS

1983

Publié par
OMNIA VERITAS LTD

OMNIA VERITAS

www.omnia-veritas.com

PRÉFACE 9
CHAPITRE PREMIER 27

L'ÉTERNITÉ DU TEMPS 27

CHAPITRE DEUXIÈME 49

LES ERRANTES DU SYSTÈME SOLAIRE 49

CHAPITRE TROISIÈME 67

LA « FIXE » : SIRIUS 67
NOTE IMPORTANTE SUR LE RAYONNEMENT DE LA FIXE SIRIUS 84
NOTE N° 2 SUR LE MOT « PYRAMIDE » ET SON ORIGINE 89
NOTE N° 3 SUR LE ZODIAQUE DE DENDÉRAH 94

CHAPITRE QUATRIÈME 97

LE ZODIAQUE SELON LES ÉGYPTIENS 97

CHAPITRE CINQUIÈME 117

SETH : LE DIEU AMON DE L'ÈRE DU BÉLIER 117

CHAPITRE SIXIÈME 135

NOUT : REINE DU FIRMAMENT À L'ÈRE DES POISSONS 135

CHAPITRE SEPTIÈME 149

HAPY : LA CORNE OU L'ÈRE DU VERSE-EAU 149

CHAPITRE HUITIÈME 165

AU COMMENCEMENT ÉTAIT LE NAJA (CAPRICORNE) 165

CHAPITRE NEUVIÈME 181

L'ASTROLOGIE SELON LES ÉGYPTIENS 181
NOTE À PROPOS DES « 42 » 199

CHAPITRE DIXIÈME 205

L'ASTRONOMIE SELON LES ÉGYPTIENS 205
NOTE À PROPOS D'UN CALENDRIER ASTRONOMIQUE DÉCOUVERT DANS LE TOMBEAU DE RAMSÈS VI 218

CHAPITRE ONZIÈME 219

LA VIE ÉTERNELLE (CONSTELLATION DE LA VIERGE) 219

CHAPITRE DOUZIÈME 231

LE COUTEAU DE SETH L'ASSASSIN (LES DEUX-LIONS) 231

CHAPITRE TREIZIÈME 245

LES DOUZE MAISONS ASTRALES 245
NOTE À PROPOS DES BIBLIOTHÈQUES ET DE L'ÉCOLE D'ALEXANDRIE 257

CHAPITRE QUATORZIÈME 273

LES SOIXANTE-QUATRE « GÉNIES » DU CIEL : LES KHENT 273

CHAPITRE QUINZIÈME 293

LES COMBINAISONS-MATHÉMATIQUES-DIVINES (OU LES ASPECTS ASTROLOGIQUES) 293

CHAPITRE SEIZIÈME 313

La Carte Du Ciel De Naissance 313

CONCLUSION **327**

Du même auteur

La Grande Hypothèse, *Omnia Veritas Ltd* - 2015

PRÉFACE

Une chose est absolument certaine : c'est que les premiers Égyptiens « débarquèrent » un jour sur les bords du Nil, avec toutes les disciplines scientifiques qui ont tout de suite fait ressembler ces hommes à des « dieux » pour les indigènes qui vivaient là encore à l'âge de la pierre ! Où la polémique commence, c'est pour déterminer d'où ils venaient. Tel n'est pas le but de cet ouvrage qui est le premier d'une trilogie traduisant les textes hiéroglyphiques originaux : ceux concernant l'étude du ciel. En effet, à cette époque lointaine de la première dynastie, il n'y avait ni astronomie ni astrologie, mais une composition mathématique des éléments célestes créés par Dieu dans sa Création et qui étaient destinés à être utilisés par les créatures humaines pour rester en accord avec le ciel, donc avec le Bien.

En présentant publiquement cette *Astronomie selon les Égyptiens*, qui n'a bien évidemment rien de commun avec ce qui est dit ou fait dans les tristes officines qui s'intitulent cabinets d'astrologie, je sais que les réactions seront vives. Ce livre soulèvera bien des passions, et un vacarme épouvantable parmi tous ceux qui se vantent d'être des « magiciens prévisionnels de l'avenir ». C'est pourquoi, ne désirant pas dévier de la ligne que je me suis fixée depuis la publication de mon premier livre, je m'en tiendrai à une narration pure et simple des textes hiéroglyphiques se rapportant à des phénomènes célestes précis, dépendant de l'astronomie qui était intimement, liée à toutes les destinées humaines il y a six millénaires environ.

Les Textes sacrés sont formels : la Ceinture des Douze formant la voûte céleste détient tous les pouvoirs de prédestination sur les Parcelles divines (les Ames terrestres) grâce aux configurations des Errantes et des Fixes qui forment les Combinaisons-Mathématiques-divines.

L'Astronomie selon les Égyptiens, qui dévoile ces mouvements combinatoires de la Création divine par rapport aux créatures dont l'être humain n'est qu'une infime minorité, entraînera des discussions que ma condition physique ne me permet pas de suivre. Aussi, malgré toutes les difficultés de transcription de la hiéroglyphique et de son adaptation non seulement en notre langage, mais en notre compréhension essentiellement différente de celle des antiques habitants des bords du Nil, je présente ce livre à la méditation de ceux qui cherchent à comprendre la Connaissance.

Depuis seize années que je compulse toutes les inscriptions se rapportant au ciel en Égypte, et à présent qu'aujourd'hui la première partie de mon œuvre est parue sous forme d'une trilogie[1] il me restait en archives un matériel de travail de plusieurs milliers de documents inédits, sous la forme de photocopies de papyrus, de diapositives de gravures qui couvrent des murs entiers de temples égyptiens spécialisés dans l'étude du ciel, comme à Esneh, Edfou, et surtout à Dendérah, qui sont, en Haute-Égypte, les édifices religieux dédiés à la Triade divine.

Or, tous ces textes hiéroglyphiques, qui sont, ne l'oublions pas, des écrits saints, trois fois saints comme cela est expliqué dans le temple de la Dame du Ciel, à Dendérah justement, surgissent ici pour la plus grande admiration des lecteurs depuis les temps les plus reculés. Ils se rapportent tous au domaine religieux des Pontifes, des Prophètes et des Horoscopes (les Maîtres des Heures de la Vie), qui étaient les Grands-Prêtres

---

[1] Lire, ou relire cette *Trilogie des Origines*, à paraître en 3 tomes aux Éd. Omnia Veritas, par le même auteur.

spécialement chargés d'étudier, d'enseigner, mais aussi de surveiller la marche du Temps dans l'Espace, afin que rien ni personne ne viennent dévier, d'une façon ou d'une autre, la navigation des planètes et des étoiles pour que continue de régner éternellement entre le Ciel et la Terre l'Harmonie divine. Ainsi le Créateur continuera sa Création et sa protection sur toutes ses créatures.

Pour conserver envers et contre tous ce lien d'union avec le ciel, malgré l'impiété qui s'amplifiait et malgré les prophéties alarmistes, les Horoscopes[2] recherchaient avec acharnement la faille qui aurait pu se glisser dans leurs calculations. Mais les Errantes et les Fixes naviguaient sous le Grand Fleuve Hapy (la Voie lactée) selon le rite immuable décrété par la Loi de la Création. Les Sept de notre système solaire ne déviaient jamais du moindre pouce depuis le Grand Cataclysme, qui avait fait pivoter de 180° l'axe de notre Terre, et donc du Soleil visuel considéré comme le chef de file des Errantes. Les Douze de la Ceinture, qui étaient les douze constellations de l'écliptique, gardaient leurs places privilégiées détentrices des influx émetteurs de nos ondes personnelles. Enfin, Sep'ti, la Sothis des Grecs et notre Sirius en langue française, restait la grande maîtresse de nos destinées en rythmant la marche du temps avec son calendrier céleste égrenant l'Année de Dieu, longue de 1461 années solaires. Les Combinaisons-Mathématiques-divines étaient non seulement prévisibles, mais elles restaient incorruptibles sauf si Dieu en décidait autrement. Les configurations géométriques dessinées dans le ciel ne pouvaient qu'aboutir à la fin de l'Eden en menant l'Humanité à sa perte !

Toutes ces notions originelles seront bien naturellement développées dans les premiers chapitres de cet ouvrage. Elles l'ont d'ailleurs été longuement dans les autres textes déjà édités.

---

[2] Personnes spécialisées dans les calculs des combinaisons mathématiques divines.

Le lecteur passionné ne manquera pas de s'y reporter. Mais ce prologue permet de mieux se rendre compte que seule l'astronomie et la mathématique permettaient de « prédire » l'avenir global. Il en allait de même avec les prophétisations sur l'avenir des pharaons ou des grands conseillers. C'est pourquoi le terme d'astrologie est bien impropre pour qualifier cette science divine qu'une très faible partie des Grands-Prêtres maîtrisait. Non seulement il fallait être Grand-Prêtre, Horoscope, Géomètre et Astronome, mais avoir passé par toutes les initiations menant au suprême degré de la Connaissance et de la Sagesse. Peu d'entre eux d'ailleurs accédaient au titre ô combien envié et respecté de Maître de la Mesure et du Nombre. Car leurs recherches fondamentales, ainsi que leurs prévisions et prédictions, n'avaient en vue, non seulement aucun but lucratif, mais uniquement celui d'une promotion totale du Bien public pour harmoniser la vie terrestre aux décisions célestes.

Cela peut paraître trop simpliste, très naïf, ou simplement surprenant au lecteur non averti de l'histoire de cette lointaine Antiquité. Mais s'il réalise que cela se passait il y a plus de six mille années au sein d'une civilisation avancée, qui existait alors que nous vivions au fond de grottes enfumées, vêtus ou non de peaux de bêtes rugueuses, cela ne lui paraîtra plus aussi impossible ni irréalisable !

Les innombrables monuments et temples rencontrés sur plus de mille kilomètres du cours du Nil, c'est-à-dire sur une distance égale de Dunkerque à Marseille, sans parler des pyramides et du Sphinx, attestent de la vigueur et de l'intelligence de ce peuple original. Chacune des pierres gravées dont le nombre est incalculable, que ce soit dans les temples, dans les nécropoles, ou sur tout autre site archéologique, oblige au respect et surtout à la méditation et au recueillement. Combien de fois ai-je remarqué en me promenant entre les 134 piliers gigantesques de la salle hypostyle de l'édifice religieux le plus prestigieux de Karnak, la cité du dieu-bélier de l'antique

Louxor, que les touristes, par ailleurs si turbulents, y parlaient à voix basse, comme s'ils craignaient de s'attirer les foudres des constructeurs ! Il ne fait aucun doute que chacune de ces édifications, qui a coûté tant de peine et tant de sang, amène obligatoirement sa propre opinion sur ce peuple à une haute conception de son degré d'avancement dans toutes les disciplines religieuses et scientifiques, astronomiques jutant qu'artistiques.

Chaque obélisque, chaque tombeau, chaque pierre, apporte la preuve convaincante que les Égyptiens possédaient non seulement une habileté égalant facilement celle de nos meilleurs bâtisseurs de cathédrales du Moyen Age, mais aussi et surtout qu'ils avaient formé des architectes aussi expérimentés que les nôtres, des sculpteurs hors pair, des dessinateurs auxquels étaient familiers tous les procédés de reprographie comme la gravure sur les pierres les plus dures et la peinture en couleurs d'une telle limpidité et d'un tel éclat que certaines nous sont encore une énigme chimique ! Ces Maîtres savaient en outre exploiter méthodiquement les carrières et les mines ; fondre les métaux et les allier entre eux afin de les utiliser de toutes les manières, y compris celle d'en faire des parures incomparables avec les plus précieux d'entre eux pour en garnir les corps admirables des Égyptiennes. Les dessins retrouvés en attestent et font l'admiration de tous. Tous nos livres d'art montrent dans le monde entier les corps de ces nobles femmes, reines, princesses, ou simplement bourgeoises, à peine vêtues de tuniques transparentes, mais parées des bijoux les plus prestigieux !

Pour la construction des temples eux-mêmes, il est bien certain que les maîtres d'œuvre connaissaient, en plus de leur art, l'arithmétique, la physique et la géométrie. Et pour tous ceux qui ont visité les édifices religieux d'Edfou, d'Esneh et de Dendérah, voisins les uns des autres, qu'il s'agit d'une représentation terrestre symbolique de la Triade divine céleste : Osiris, son épouse Isis, et leur fils Horus. D'où la conclusion patente que la religion monothéiste alliée à l'astronomie était la préoccupation essentielle des prêtres de ces temples qui étaient par ailleurs autant d'observatoires astronomiques. J'ajouterai simplement que les premiers édifices construits aux mêmes endroits des dizaines de siècles auparavant vénéraient, non pas cette Triade, mais celle qui précédait, celle de leurs parents : Ptah, qui était Dieu-Un, la Reine-Vierge Nout, et leur fils Osiris. Ayant amplement développé ce thème dans *le Grand Cataclysme*, je n'y reviendrai que dans un chapitre de ce livre à l'occasion de l'époux terrestre de Nout, qui fut Geb.

Les fameux auteurs grecs de ce que nous appelons l'Antiquité, et pour des raisons faciles à comprendre car elles mettaient en cause leur orgueil de peuple qui se prétendait le plus civilisé de tous, inclinèrent à faire des Babyloniens et des Chaldéens les inventeurs de l'astrologie, déniant toute prédominance à quiconque pour l'astronomie ! Et c'est encore cette opinion fausse qui est généralement galvaudée de nos jours par ceux qui font commerce d'un art devenu mercantile, afin de ne pas avoir à reconnaître que l'astronomie est égyptienne et qu'ils n'ont aucune notion de sa pratique ! Si seulement les pages qui vont suivre étaient capables de leur ouvrir les yeux, je m'en estimerais satisfait. Mais la nature humaine est ainsi faite que ces messieurs faisant le commerce de cette science ricaneront ou se récrieront, comme pour se protéger, et dire que rien ne prévaut à leur manière de faire !

Or, cette supercherie dite chaldéenne ne repose sur aucune base historique sérieuse ! Sans décortiquer tous les manuscrits dits originaux, car ce n'est pas le but poursuivi ici, je précise qu'il m'est impossible de ranger comme données les prétendues observations effectuées pendant les 450 siècles des dix rois antédiluviens nommés par Bérose, car les seuls textes valables, justement, sont ceux gravés sur les murs des temples de Dendérah et d'Edfou, relatifs à l'observatoire d'Ath-Mer, qui était la capitale de l'Atlantide décrite par Platon avant Bérose pour un même laps de temps. Il en va de même pour la série d'observations que Callisthène envoya de Babylone à Aristote, car elle n'embrassait qu'une période de 1903 ans ! Or, le planisphère de Dendérah décrit scrupuleusement l'état du ciel de juillet 9792 avant notre ère, ce qui a une tout autre amplitude pour reconnaître la valeur de *L'Astronomie selon les Égyptiens*.

En réalité, tous les auteurs qui citèrent les Chaldéens, et qui furent repris par les astrologues contemporains sans discernement, ne récitèrent que des légendes faisant des Babyloniens les fondateurs de cette science, car ils furent les élèves plus ou moins motivés des disciples de certains maîtres moins clairvoyants qui enseignèrent n'importe qui contre monnaies sonnantes et trébuchantes lors de l'explosion qui scinda en plusieurs groupes la fameuse école d'Alexandrie. Ptolémée, entre autres, y trouva tous les éléments de sa Composition Mathématique, au titre proche des Combinaisons-Mathématiques-divines de l'antique Égypte, et dans laquelle il cite les sept éclipses de Lune notées à Babylone entre l'an 720 et l'an 367 avant notre ère. C'est en fait le livre le plus sérieux qui nous reste de cette réalité que fut la science astronomique babylonienne, qui a bel et bien succédé à son aînée : l'astronomie égyptienne.

Quant aux Grecs eux-mêmes, et je fais ici allusion à Thalès de Milet, à Pythagore de Samos, à Eudoxe, à Platon, à Plotin, à Solon, et à tous ceux qui partirent à la recherche du Savoir enfoui sur les bords du Nil, ils apprirent presque tous uniquement quelques bribes de la Connaissance, qu'ils enseignèrent à leur retour en Grèce où ils furent considérés comme de grands Sages, et respectés comme tels tant qu'ils ne se mêlèrent pas de faire de la politique, car cela porta ombrage aux dirigeants des cités qui les accueillaient !

Ceux qui, dans leurs écoles fraîchement ouvertes, inculquaient aux jeunes esprits avides d'apprendre les faibles notions qu'ils avaient ramenées sur la sphéricité de la Terre, sur l'obliquité de l'écliptique, avec en plus dans l'école pythagoricienne de Crotone, sur le mouvement quotidien de la Terre sur un axe incliné à la suite d'un cataclysme, et son mouvement annuel autour du Soleil, ne pouvaient qu'être considérés que comme des espèces de dieux eux-mêmes ! Mais, à part Pythagore qui avait reçu une initiation totale dans les plus importantes Maisons-de-Vie de l'Égypte, qui étaient les écoles attenantes aux temples, aucun parmi les autres n'y parvint !

En revanche, les documents hiéroglyphiques de tous ordres abondent sur plus de mille kilomètres de longueur dans le pays qui s'appelait si joliment, le « Deuxième-Cœur-de-Dieu ». La Connaissance intégrale y était à la disposition de tous les cœurs purs, les seuls qui étaient aptes à la comprendre, et ce, plusieurs millénaires avant que l'Acropole d'Athènes ne devienne une colline sacrée et que cette ville ne soit autre chose qu'une petite bourgade de commerçants à la merci de tous les pillards venant par mer !

Ce qu'il faut bien comprendre, ou simplement admettre, c'est que tous ces textes saints, retranscrits seulement à partir du jour où le calendrier fut rétabli lors du meilleur aspect astral qui était la conjonction Sirius-Soleil, qui se produit une fois tous les 1 461 ans, ne concernaient pas seulement l'astronomie avec ses Combinaisons-Mathématiques, mais toutes les autres disciplines, y compris l'anatomie et la médecine, qui sont devenues les papyrus les plus célèbres du musée de Berlin, et qui remonte au fils du premier roi de la première dynastie Athothis, qui régna en 4240 avant Christ. C'est d'ailleurs ce pharaon qui restitua aussi l'écriture, et dont les Grecs firent Thoth, leur fameux dieu Mercure, bien plus tard !

En ce qui touche plus particulièrement l'astronomie, celle-ci restait du domaine privilégié des Pontifes du collège des Grands-Prêtres. C'est pourquoi les textes sans cesse recopiés les plus dignes de foi sont justement ceux qui ont été reproduits sur les murs du temple de la Dame du Ciel, à Dendérah, en Haute-Égypte, entièrement dédiés à l'étude de la voûte céleste.

Les textes, six fois recopiés et gravés lors de chacune des reconstructions successives de l'édifice, offrent incontestablement la garantie nécessaire d'authenticité pour une telle étude. Et bien que le dernier ensemble soit la reconstruction ptolémaïque des derniers siècles avant notre ère, la hiéroglyphique n'y a jamais été contrefaite.

Dans le temple bien dégagé, visible aujourd'hui par n'importe quel touriste, chacun peut admirer le moindre centimètre carré de mur, que celui-ci soit dans la salle hypostyle, dans les douze cryptes en sous-sol, sur la plus haute terrasse, dans la salle du zodiaque, ou même sur les murs des escaliers intérieurs qui ne possèdent aucune ouverture : tout, absolument tout est utilisé pour narrer l'aventure originelle de ce premier peuple déchu qui vint se réfugier là, six millénaires auparavant ! C'était le temps du « Cœur-Aîné de Dieu » : Ahâ-Men-Ptah, où vivaient dans cette patrie qui allait être engloutie, la bonne Reine-Vierge Nout, qui enfanta du Fils-Divin Osiris, puis de ses trois autres enfants nés avec son époux le roi Geb, et qui étaient Seth, puis les jumelles Isis et Néphtys pour leur garder les patronymes grecs.

C'est en ce temple que se sont effectuées la plupart de mes méditations. C'est là que j'ai pris des milliers de clichés afin de ne pas être à la merci de dessins d'égyptologues que j'admire pour le travail qu'ils ont réalisé en copiant à la main des centaines de pages de dessins, et ce depuis Auguste Mariette jusqu'à François Daumas qui y effectue encore aujourd'hui un travail exemplaire, sans oublier le regretté Chassinat qui fit un ouvrage photographique en six volumes remarquable. Mais tant de contestations s'élevèrent dès les premiers jours à cause d'omissions ou d'ajouts, tels des hiéroglyphes n'existant pas dans des cartouches vierges sur les deux bandes qui entourent le corps de Nout près du Zodiaque, ajoutés par des membres de la commission scientifique ayant accompagné Bonaparte en 1799 lors de sa campagne d'Égypte, simplement pour faire bien, mais qui déclenchèrent des polémiques insensées entre les partisans d'une origine courte et ceux qui préconisaient une antiquité bien plus lointaine. Et curieusement, ce fut Champollion lui-même qui apaisa tous les esprits en revenant de son périple à Dendérah, et en déclarant qu'il n'y avait rien dans ces cartouches auprès de chacun des pieds de la déesse, pas plus d'ailleurs que dans la plupart des autres cartouches du temple, pour la simple et unique raison que le nom vénéré de Ptah, le Dieu-Un, Créateur de toutes les choses terrestres et célestes, ne devait jamais être ni écrit ni gravé nulle part !

Une pièce, dénommée par les égyptologues la Salle des offrandes, et dans laquelle se trouvent détaillées, à leurs dires, les fêtes consacrées à la déesse de l'amour Hathor, que les Grecs appelèrent pour cette raison Vénus (*sic !*), était l'endroit où, après d'innombrables orgies, les participants déposaient de somptueuses offrandes une fois l'an !...

Mensonges : que de vérités n'a-t-on pas prétendu en vous appelant vérités !... Car l'Histoire est tout autre, comme le raconte la hiéroglyphique de cette pièce. Mais là encore, il faudrait être débarrassé du préjugé de l'Église du début du XIXe siècle, et connaître à tout le moins un minimum d'astronomie, ce qui n'était pas du tout le cas des premiers visiteurs de ce temple.

Tout d'abord, Hathor n'est que l'un des dix mille noms donnés à Nout et à sa fille Isis, confondus en une seule vénération. Les deux hiéroglyphes Hat et Hor, signifient « cœur et Horus », il s'agit donc de celle qui a enfanté Horus, et qui est donc la Bonne Mère Isis, au même titre que la Bonne Mère est Marie à Marseille. C'est donc l'Amour maternel qui était vénéré dans cet édifice, et rien, absolument rien, ne permet de dire qu'il y a eu des orgies ! Ce fut même tout le contraire en cet endroit où la dévotion atteignait son maximum. Et si cette salle recevait effectivement de somptueuses offrandes, c'est tout simplement parce que cette adoration à Isis ne se produisait qu'une fois l'an, mais au début de l'année de Sirius, que la hiéroglyphique appelait l'année de Ptah, et dont le premier jour n'arrivait qu'une fois tous les 1 461 ans, faisant l'objet d'une fête qui amenait les pèlerins de toute l'Égypte !

Et ce jour-là, les barques sacrées, les Mandjit, celles qui avaient sauvé du Grand Cataclysme la Triade divine, venant d'Edfou et d'Esneh par le Nil, en grande pompe, retrouvaient à Dendérah celle qui avait sauvé Nout et Isis. Or, chacune de ces barques était porteuse d'une relique sainte ayant appartenu aux membres de la Triade divine. Il est dit que cette cérémonie extraordinaire durait *une journée*. Isis y retrouvait son époux et son fils, ce qui était l'occasion d'actes de piété fervents, au cours desquels chacun priait et demandait l'annulation de ses péchés tout autant que des millions de bienfaits pour l'avenir. Mais cette *journée* de Sirius durait en réalité *une année solaire* !

En effet, et c'est là que l'astronomie est bien utile pour comprendre ; la révolution annuelle de cette étoile est de 365 jours par rapport à la Terre et non de 365 jours 1/4. Dans le ciel de Dendérah, le 1er du mois de Thoth de chaque année solaire (le 19 juillet de notre calendrier) Sirius apparaît avec six heures de retard par rapport à l'année précédente. En quatre ans, elle perd ainsi une journée (celle que nous ajoutons pour faire l'année bissextile dans notre décompte calendérique). Or donc, durant les 1 461 années de 365 jours de Sirius, il s'est écoulé juste 1 460 années solaires lors de la conjonction Sirius-Soleil. D'où 365 jours de décalage utilisés pour des fêtes religieuses à Dendérah tous les 1 460 ans de Sirius afin de remercier Ptah de sa bienveillance pour la multitude au travers d'Osiris, d'Isis et d'Horus qui l'engendrèrent, et de recommencer une Année de Dieu, selon la volonté des Combinaisons-Mathématiques-divines, en repartant du premier jour de Thoth nouveau. C'était donc des millions de pèlerins qui déposaient leurs oboles dans la Salle des offrandes, durant une journée de Sirius qui faisait en réalité 365 journées solaires.

Bien des textes de toutes les époques de l'histoire de l'Égypte nous fournissent les plus grands détails sur toutes les festivités qui se déroulaient à Dendérah durant ce laps de temps. Une procession des trois barques divines ouvrent le temps réservé à la vénération de Ptah. Au temple de Men-Nefer, par exemple, situé à près de huit cents kilomètres de là, dans le delta du Nil, l'écrit débute ainsi :

La multitude née d'Osiris fera fête à Ptah, dès l'arrivée des barques sacrées.

À Dendérah, les dessins relevés par Auguste Mariette démontrent, si besoin est, que même le pharaon régnant au moment de cette grande fête vient y participer en traînant lui-même, à l'aide d'une chaîne d'or, la barque contenant les reliques d'Osiris. Le texte qui accompagne la gravure ci-dessous est le suivant :

Est tiré pour la grande fête Osiris, le fils de Ptah, par le roi, personnellement.

L'apport de son offrande au Père de la Multitude, par son descendant, le Maître des Deux-Terres...

Ce dessin, qui est extrait de l'ouvrage d'A. Mariette sur Dendérah (vol. IV, p. 85) montre parfaitement le roi Thouthmès prenant la chaîne pour tirer lui-même la barque divine qui comporte une des reliques du corps d'Horus que l'on voit, sous son symbolisme d'épervier, trôner au-devant d'un nouveau départ. L'étonnant, c'est qu'à peu de mois d'intervalle, un autre égyptologue aussi renommé que Mariette, mais allemand, H. Brugsch, faisait d'autres relevés dans le temple d'Abydos, qui se trouve au nord de Dendérah, et qu'une reproduction sur un mur attirait son attention. La barque, semblable à celle du dessin de Mariette, figurait un instrument de musique, symbolisant aussi le même événement salutaire pour toute une multitude fuyant un cataclysme qu'il croyait universel.

Pour ne pas entamer une polémique qui resterait stérile dans le cadre de ce livre sur l'astronomie, je laisse le soin au lecteur de bien examiner cette reproduction datant du troisième millénaire avant notre ère, et de voir ce qu'elle peut lui rappeler !

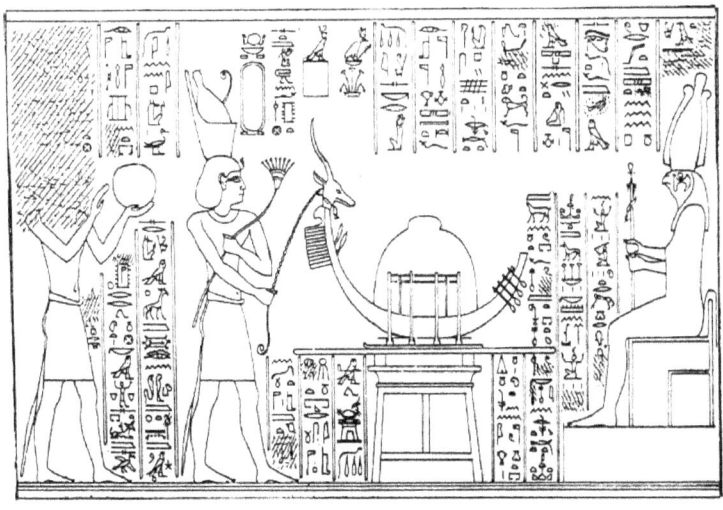

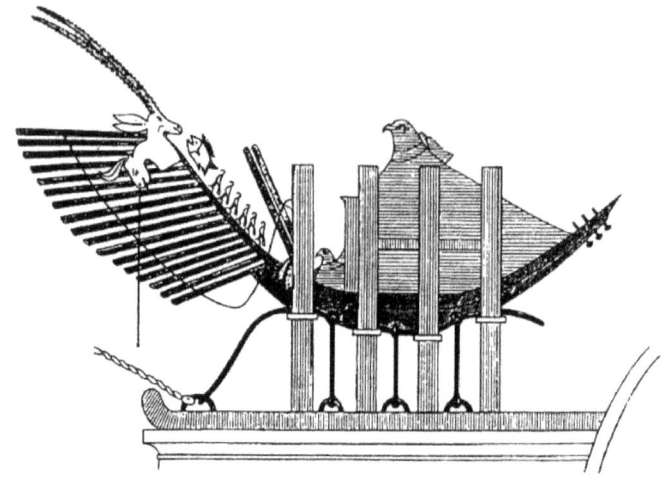

Que dirait notre bon vieux Noé à cette vue ?... Car ces antiques Égyptiens étaient censés être des barbares sans aucune Connaissance !

Et cette phrase significative, gravée sur la porte du temple d'Edfou qui ne s'ouvre que pour laisser sortir la barque sacrée d'Horus, que chacun peut lire, et presque comprendre rien qu'en la regardant :

Cette porte du temple ne peut s'ouvrir que pour laisser le passage à la Mandjit, la barque divine, et seulement à l'aube du grand jour.

Que nous sommes loin des contes colportés avec un délice quelque peu nauséabond par ceux qui, les premiers, auraient dû avoir la charge d'instruire les peuples il y a deux siècles ! Les élucubrations qui ont suivi l'engouement pour l'Égypte grâce à la promotion de Champollion n'ont rien fait pour démentir ce barbarisme venu d'ailleurs, chaque égyptologue du XIXe siècle désirant faire assaut de « savantisme » ! Mais pourquoi, aujourd'hui, ces hommes érudits ne veulent-ils pas reconnaître qu'il n'y a rien de réel dans tout ce qui a été appris, pas plus qu'il n'y a de réalité dans les contes à dormir debout contés par Plutarque dans son *Isis et Osiris* inventé de toutes pièces ? Il n'y aurait aucun mal à admettre ses erreurs, bien au contraire ! Seuls les sots disent qu'ils ne se trompent jamais...

D'autres faits patents, presque plus importants, militent pour une antiquité des plus reculées des constructions du site de Dendérah. Il en existe même un dans cette fameuse Salle des offrandes qui, ne l'oublions pas, fait partie de l'édifice reconstruit pour la sixième fois sous les Ptolémées, au IIe siècle avant notre ère. Ces hiéroglyphes font état des revenus innombrables attribués lors de la fête précédente, c'est-à-dire près de mille cinq cents ans auparavant, par *Thouthmès III* lui-même, à sa mère Hathor, lors de son passage à An-du-Sud, qui est le nom religieux de Dendérah. Hathor étant dénommée à cette occasion, Œil de Râ, Dame du Ciel, et Fille de Ptah trois fois grand. Et ce texte, à part la mention détaillée des libéralités pieuses du pharaon, introduit catégoriquement, et bien que d'une manière naturelle, des notions concernant la fameuse antiquité du site de Dendérah qui semble donner le vertige, mais qui fait hausser les épaules à tant d'égyptologues qui oublient sciemment et délibérément la teneur des deux documents présentés ci-dessous. Ils attestent indéniablement de l'origine la plus lointaine des textes qui y sont gravés, et qui étaient précieusement conservés par les pharaons de tous les temps. Voici le premier :

En cherchant les plans des constructions antiques, les Combinaisons-Mathématiques-divines à An-du-Sud tracés par les Scribes Aînés,

écrits sur peaux de gazelles... *datant d'après l'anéantissement, au temps des Suivants d'Horus, les*

plans cherchés ont été trouvés dans un mur du sud de l'enceinte intérieure.

Ce plan datait du roi Méri-Râ, Fils direct de Geb, roi des DeuxTerres : le pharaon Pépi.

La deuxième ligne a été en partie martelée, mais il est aisé de se rendre compte qu'il s'agit du nom de l'un des « Aînés », ces rois de la dynastie des Descendants-divins qui régnait bien avant que Mènes assure l'unification des Suivants d'Horus et des Adorateurs du Soleil. Il n'empêche que ce roi Mêri-Râ (Aimé-du-Soleil) Pépi a tenu le Sceptre des Deux-Terres de 2988 à 2935 avant Christ, et qu'au cours de son règne, il était venu se faire introniser Grand-Prêtre du temple de la Dame du Ciel afin de pouvoir pénétrer dans le fameux Cercle d'Or souterrain : celui qui contenait la construction gigantesque de la Ceinture des Douze constellations et de toutes leurs Combinaisons-Mathématiques-divines... Mais le martelage d'un nom des Aînés laisse plutôt deviner que ce Pépi-là était plus intéressé par le trésor colossal enfoui dans les caves du Cercle d'Or, que par l'astronomie ! D'ores et déjà, le sérieux des informations gravées dès la nuit des temps ne peut plus être mis en doute ou considéré avec mépris.

Il y a même une deuxième citation, gravée sur le mur d'une autre salle qui lui est encore antérieure puisqu'elle fait état du fameux roi Khoufou (qui est le Khéops des Grecs qui s'est adjugé la grande pyramide comme tombeau personnel) et qui régnait six cents ans plus tôt : de 3484 à 3421 avant notre ère. Ce très long règne lui permit bien des fantaisies despotiques, et les égyptologues ne comptent plus le nombre d'édifices en tous genres dont il a fait marteler les cartouches royaux pour mettre simplement le sien à la place ! Or, il est avéré que ce roi Khoufou, donc le fameux Khéops, a fait reconstruire en son temps, et pour la troisième fois, le temple de la Dame du Ciel de Dendérah, qui, en hiéroglyphique, rappelons-le, se nommait « An-du-Sud » alors que l'An-du-Nord était Héliopolis, dans le delta du Nil, près du Caire, donc à quelque huit cents kilomètres !

Là aussi, il semble que le roi Khoufou ait ordonné la destruction du vieux temple en prenant pour prétexte d'en faire reconstruire un plus prestigieux. Ce qu'il fit d'ailleurs. Mais son but caché était de pénétrer dans les caves où dormait déjà un trésor incalculable ! Or, il ne l'a pas trouvé à son plus grand désespoir car il avait un grand besoin d'espèces sonnantes telles que l'or ! Voici ce texte :

Le renouvellement des Combinaisons-Mathématiques-divines, ainsi que les nouvelles constructions ouest à An-du-Sud, se sont effectués grâce à l'appui du Seigneur

des Deux-Mondes : le pharaon Râ-Men-Kheper, Fils du Soleil nouveau, roi

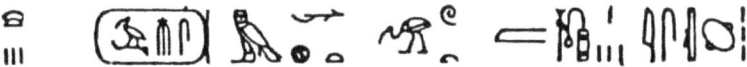

des Deux-Terres, le Fils de Ptah Thouthmes-Horus qui, en cherchant des plans anciens tracés par les Scribes Aînés,

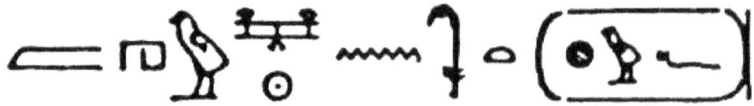

a trouvé les plans recopiés après l'anéantissement par ceux du pharaon Khoufou.

Ainsi, si l'on ajoute le nom du pharaon Thouthmès aux deux précédents, il est aisé de voir, et de comprendre, l'intérêt de Dendérah. C'est pourquoi cette préface était axée sur cet édifice dénommé Dame du Ciel, sur sa Double-Maison-de-Vie, et son Cercle d'or, celui-là même qui permit, des millénaires avant notre ère, aux Maîtres de la Mesure et du Nombre, de prédéterminer à l'aide de leurs calculs sur les configurations célestes dénommées Combinaisons-Mathématiques-divines, l'avenir bon et mauvais de leur peuple.

Quant à nous, cela permettra de présenter au lecteur de ce siècle de la fin d'une ère, une mathématique divine qui est devenue *L'Astronomie selon les Égyptiens*, avec tout ce qu'elle comporte de symbolisme en plus.

CHAPITRE PREMIER

L'ÉTERNITÉ DU TEMPS

À l'origine des temps, lorsque l'homme fut assez intelligent pour regarder les mouvements des points lumineux dans le ciel, il se prit à observer plus attentivement ce qui se passait en haut. La réflexion lui vint et il médita sur plusieurs influences certaines : comme celle du Soleil le jour et de la Lune la nuit qui changeait régulièrement de forme. Et il se persuada vite que même les autres points lumineux, bien qu'infiniment plus petits, étaient aussi dans le même cas. Cela prit des milliers d'années, bien sûr, ce qu'il faut admettre d'emblée pour mieux tenter de comprendre le mécanisme.

Pour nous qui vivons en ce XXe siècle après l'avènement de l'ère chrétienne, où chaque seconde qui passe entraîne le monde entier dans une spirale cosmique qui donne le vertige, le Temps ne signifie plus rien ! Chacun veut aller de plus en plus vite vers une finalité qui le dépasse manifestement. Mais il s'y sent entraîné comme par une force mauvaise contre laquelle il ne lutte même plus; mais dans la nuit des âges, il n'en allait pas de même. Chaque humain ayant admis ce que le chef leur disait, il se mit à obéir à une règle fondamentale pour vivre mieux. Il y eut ensuite des enseignements prodigués afin de développer l'étude des configurations célestes, avec les observations qui en découlèrent. Pour annoter et conserver ce qui devint des Annales, des idéogrammes naquirent, qui se transformèrent en caractères d'écriture sacrée : la hiéroglyphique. Cela prit quelque cinquante mille ans, mais cette Connaissance acquise n'apporta ni la paix ni le bonheur des humains puisqu'elle éveilla en eux une curiosité insatiable entraînant la jalousie, puis l'envie, pour enfin s'achever dans le Mal : la lutte entre les créatures qui étaient nées pour s'aimer et s'entraider.

La suite est connue, et la colère du Créateur engendra le Grand Cataclysme et sa succession de drames jusqu'à ce que les rescapés, par l'entremise des Cadets s'installant sur les bords du Nil, obtiennent la rémission des péchés passés et la permission d'appeler leur seconde patrie : Ath-Kâ-Ptah, l'Ae-Guy-Ptos des Grecs, qui devint l'Égypte en notre langage. La signification de cette appellation est claire, c'est : « Deuxième-Cœur-de-Dieu[3] ».

Or, pour les Grands-Prêtres de ce pays, ceux qui vivaient au cinquième millénaire avant le Christ, cette étude du ciel et de ses configurations était celle des Combinaisons-Mathématiques-divines. Cette appellation imagée voulait bien dire son objet, et à cette époque-là, il n'y avait ni astronomie ni astrologie, mais un calcul mathématique des configurations célestes. La Fixe était le Soleil, les Errantes étaient les Planètes. Nous verrons plus loin leur dénomination égyptienne. Ce calcul permettait d'éliminer de l'environnement d'un peuple, de son pays, de son roi et de ses conseillers, toutes les ondes maléfiques afin de rester en harmonie avec le ciel. Ce qui était en bas devait être comme ce qui était en haut pour accorder le Créateur avec ses créatures et sa création.

Après quatre mille ans de luttes fratricides, Dieu abandonna l'Égypte, et ce fut la destruction quasi totale des habitants, de leurs temples, et de leur mode de vie. Cambyse le Perse, en 525 avant notre ère, détruisit tout. Les Grecs survinrent ensuite, paisiblement, et s'emparèrent des restes scientifiques qu'ils purent recueillir avant de les transformer, pour leur plus grande

---

[3] Lire à ce propos la trilogie du même auteur à paraitre aux Ed. Omnia Veritas, sous les titres : *Le Grand Cataclysme*, *Les Survivants de l'Atlantide*, et *Dieu ressuscita à Dendérah*.

gloire, en inventions hellènes ! Mais depuis l'invasion des Hycksos en Égypte, les rois-pasteurs d'origine sémite, les Chaldéens et les Babyloniens avaient vu le parti qu'ils pouvaient tirer de ces Combinaisons-Mathématiques, et bien que n'en comprenant pas le quart, ils les exportèrent chez eux pour en faire un fructueux commerce en devenant des mages en leur pays, capables de prédire l'avenir en lisant dans les astres !

Les Grecs s'en emparèrent à leur tour, et Osiris et Ptah devinrent Neptune et Zeus.

C'est de cette époque que commence une distinction très nette entre les deux disciplines que sont à notre époque l'astronomie et l'astrologie. Et curieusement, le premier antagonisme évident qui a animé les astronomes contre les « charlatans » a été une méconnaissance de la réalité des Combinaisons-Mathématiques-divines. La réciproque fut vraie, les astrologues ayant perdu eux-mêmes de vue la réalité cosmique des configurations célestes, les laissant aux mains de ceux qui n'étaient, pour eux, que d'aveugles illuminés ! Et les deux semblèrent inconciliables et résolument ennemis, se contentant d'essayer de résoudre leurs problèmes différents dans leur chapelle respective !

Le Moyen Age a fleuri de sorciers et astrologues en tous genres, qui composèrent des cartes du ciel carrées.

En notre époque contemporaine, où les astrologues veulent se singulariser à l'extrême avec des inventions telles qu'une treizième constellation, ils laissent la critique aisée aux savants astronomes.

Plusieurs autres points fondamentaux sont à l'origine de cette opposition irréductible, semble-t-il. La première est celle de l'*héliocentrisme*, mot barbare, dont hélios est le nom grec du Soleil. Les astronomes disent avec juste raison que l'astre du jour étant le centre de notre système solaire, et les planètes comme la Terre tournant autour de lui, il est vain de dresser une carte du ciel où le globe est à l'envers puisque l'être humain sur la terre est le centre du monde. Ce vaste mouvement céleste héliocentrique est le sens réel, le seul valable pour eux, puisqu'un observateur placé sur le Soleil verrait la progression « réelle terrienne et planétaire ».

Les astrologues, assez embarrassés il faut bien le dire, ont rétorqué des explications évasives : leur science ne s'occupait pas de ce mouvement de rotation-là, mais de celui qui faisait tourner la Terre sur elle-même, et qui était géocentrique. Le Soleil et les planètes servant alors à leurs calculs en une géométrie inversée qui leur fait dire que ce sens apparent, par rapport à un mouvement de l'écliptique zodiacal, est bien la réalité de l'avenir en marche.

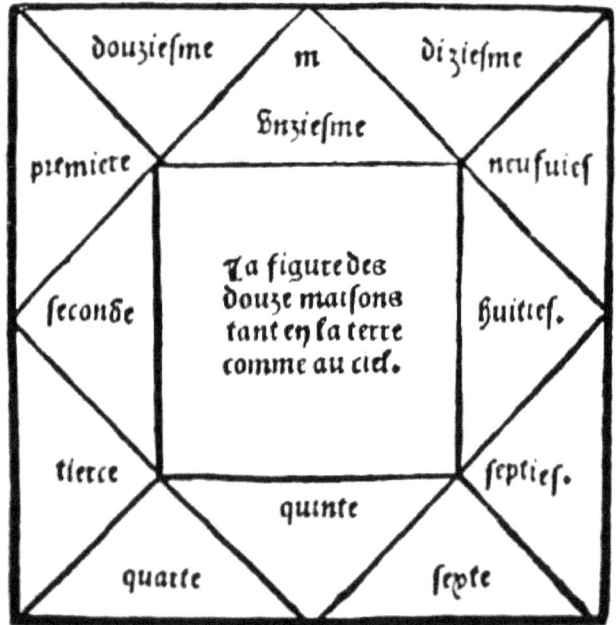

Sans épiloguer dans cette controverse entre deux disciplines qui devraient être sœurs, mais où l'astronomie ne comprend que des savants et l'astrologie beaucoup de charlatans et peu de chercheurs convaincus, il convient donc de faire le rapprochement unitaire qui revalorisera l'astrologie par rapport à l'astronomie en revenant au point de départ le plus antique : le Zodiaque de Dendérah.[4]

Je sais que cette réalité dérange trop certains esprits chagrins dont les convictions profondément ancrées, quant à leur suprématie, n'admettent nullement « qu'une peuplade vouée au barbarisme de ce temps-là » ait pu avoir des notions astronomiques et des règles de vie au moins aussi développées que le sont les nôtres !

Bien des grognements de mépris ou de fureur retentiront à la lecture de ces lignes. Mais ces défenseurs d'un monothéisme seul possible depuis le début de la chrétienté n'ont certainement jamais mis le pied sur le sol égyptien, sinon ils auraient eu l'occasion d'étudier les civilisations prédynastiques et pharaoniques, ne serait-ce que superficiellement comme les touristes toujours extasiés. Cela aurait suffi à leur démontrer l'étroitesse de leurs vues. Quant à ce qu'impliquent les documents authentiques, étalés sans forfanterie dans les musées internationaux autant qu'en Égypte, écrits en hiéroglyphique et narrant plaisamment la parfaite Connaissance des mouvements de l'Univers et de leurs rôles primordiaux sur la Vie terrestre, mieux vaut ne pas soulever ce problème qui leur est inaccessible !

Quelle passionnante étude, bien qu'encore énigmatique pour la plupart des lecteurs de ce livre que celle des Combinaisons-Mathématiques-divines dont l'astronomie moderne apprend les fondements les plus solides pour l'initiation de la géométrie et

---

[4] Lire, à ce propos, *Le Zodiaque de Dendérah*, du même auteur, aux Éd. du Rocher (1980).

de l'arithmétique, même de nos jours. Elles établissent les preuves irréfutables de la réalité des enseignements légués par la plus antique des civilisations qu'un Dieu-Unique ait engendrée. Quelques instants de réflexion suffiraient déjà à faire comprendre les prémices combinatoires, rien qu'en la contemplation béate des différents papyrus astronomiques ou mathématiques de ce temps, tellement lointain pour nous, qu'il apparaît irréel.

Cicéron, déjà, confirmait que les Grands-Prêtres de l'Égypte consignaient, dans leurs Archives sacerdotales, tous les accidents apparaissant dans le ciel, persuadés qu'ils étaient de la réapparition des mêmes phénomènes après un temps plus ou moins long. Il ne s'agissait donc pas de théories célestes, mais bel et bien de méditations effectuées sur un nombre incalculable d'observations, grâce aux annotations déjà portées par rapport aux configurations célestes.

Lorsque Sénèque, après tant d'autres, nous dit qu'Eudoxe apporta d'Égypte en Grèce la connaissance du mouvement des planètes ainsi que l'année de 365 jours 1/4 qui lui permirent de composer son « traité sur les vitesses des sphères homocentriques » et que Conon, l'habile géomètre ami d'Archimède, avait rassemblé les dates des éclipses solaires conservées par les Égyptiens (*ab Aegyptiis servatas*); pourquoi nier, contre toute logique, que ce peuple ait le premier transmis la Connaissance et la Sagesse à tous les autres ?

Sans remonter jusqu'à un temps antérieur au Grand Cataclysme, ni à l'Exode qui s'ensuivit pour amener les Survivants jusqu'à Dendérah, la lecture d'écrits tels que les *Textes des Pyramides* permet de situer astronomiquement, donc avec une grande précision, les principales datations. Et c'est certainement ce Principe rigoureux qui a permis la conservation des annales. Les points de repère établis grâce aux Combinaisons-Mathématiques de Sirius, par exemple, justifient les règnes des Ancêtres en une chronologie exacte, et ce depuis

Osiris, l'Aîné de Dieu. Cette Fixe, comme nous le verrons plus loin, bénéficia chez les antiques Égyptiens d'une importance capitale dans la vie quotidienne de chaque être sur les bords du Nil. Elle annonçait, entre autres, l'arrivée des grandes crues permettant aux riverains de se préparer à l'évacuation. Ils le faisaient d'autant plus volontiers qu'à leur retour, un limon bienfaisant s'était déposé permettant l'obtention d'une culture abondante et riche.

Ce point primordial est d'ailleurs pertinemment relevé par le grand Hérodote dans son *Histoire* (livre 2, tome 1, page 182 de la traduction de M. Larcher) qui en déduit astucieusement que la géométrie est née là par cette opportunité :

Les prêtres me dirent encore que ce même roi Sésostris fit le partage des terres, assignant à chaque Égyptien une portion de terrain égale et carrée, qui serait tirée au sort, à la charge néanmoins de lui payer tous les ans une certaine redevance.

Si le fleuve enlevait à quelqu'un une partie de sa portion, il allait trouver le scribe du roi, et il lui expliquait ce qui était arrivé. Ce prince envoyait alors sur les lieux des arpenteurs pour calculer de combien l'héritage était diminué ou augmenté, afin de se faire payer la redevance en proportion de la nouvelle surface. Voilà, je crois, l'origine de la géométrie, qui a passé de ce payslà dans la Grèce.

Diodore de Sicile, Diogène Laërce, Apollodore, et tant d'autres écrivains gréco-latins des premiers siècles, dont Clément d'Alexandrie, vantèrent de semblable façon le savoir et la connaissance mathématique des Égyptiens, sans se rendre compte que l'origine était unique : l'observation, puis l'étude, et enfin le calcul des Combinaisons-Mathématiques-divines qui, comme ce sera vu durant tout un chapitre, comporte une connaissance parfaite de la géométrie pour des dimensions angulaires bénéfiques ou maléfiques notamment.

C'est pourquoi la « redécouverte » de Galilée, dans les années 1625, du mouvement réel de la rotation de la Terre, permit de rétablir les données astronomiques par rapport aux antiques définitions égyptiennes qui en tenaient déjà compte dans leurs copies sur papyrus. En effet, les mouvements complexes de notre globe par rapport au reste de l'univers exigeaient deux dessins circulaires du ciel opposés et contraires en apparence tout au moins. Nous savons aujourd'hui que cela représente le phénomène de la précession des équinoxes, dont le lent, très lent mouvement, fait balancer la Terre comme une toupie, sur son axe incliné, et en la faisant reculer sur elle-même en quelque 25 920 ans avant que le même point terrestre ne se retrouve au même emplacement angulaire dans l'espace. C'est cette période que les Égyptiens appelaient la Grande Année, terme repris plus tard par Platon. De même le temps de la révolution de Sirius, qui est de 1 461 années solaires, s'appelait l'Année de Dieu. C'est toute cette conception originelle de la Connaissance des Combinaisons-Mathématiques-divines, devenue bien plus tard avec Ptolémée et Manilius l'astrologie, qui constitue la teneur des chapitres suivants.

Car l'influence astrale, celle qui tombe rudement sur nos crânes depuis que nous sommes nés, ne dépend que pour une faible partie de ce mouvement planétaire qui préoccupe tant nos astrologues. Elle découle en tout premier lieu d'une source émettrice bien réelle, dénommée dans les textes égyptiens par la hiéroglyphique imagée Ceinture. Ce terme représente les douze constellations zodiacales qui emprisonnent littéralement notre système solaire à une distance moyenne de 80 à 120 années de lumière, tout notre système solaire, comme le fait une large ceinture autour de notre corps.

Cette Ceinture étant fort éloignée de la Terre, et donc de nos préoccupations quotidiennes, a été perdue de vue en tant que réalité palpable, si je peux me permettre cette image. Car la conjonction des douze constellations qui la forment a une influence prépondérante sur les âmes humaines terrestres dont peu de personnes ont idée, et dont les savants commencent seulement à percevoir l'importance. Chacun de ces douze systèmes astraux, semblables au nôtre, mais à une échelle supérieure, gigantesque même, comporte aussi son propre Soleil autour duquel il tourne et gravite. Mais dans ces Douze de la Ceinture zodiacale, les globes solaires sont d'une immensité telle qu'une image est difficilement perceptible à notre compréhension ! Par exemple, pour la constellation du lion, le Soleil est l'étoile Régulus, dont le diamètre est *34 000fois supérieur au nôtre !*... Cela revient à dire que si ce Régulus était en lieu et place de notre Soleil, il n'y aurait aucune planète dans notre système solaire : Mercure, Vénus, Mars et la Terre, seraient réduites en cendres impalpables. Quant à Jupiter et Saturne, elles ne seraient que cendres volant dans une atmosphère de plusieurs milliers de degrés.

Et cela appelle un approfondissement quant aux rayonnements dégagés par ces douze soleils de la Ceinture. La lumière qui s'en dégage et qui est un rayonnement, une source émettrice de rayons spécifiques, a le même point de chute après un parcours de 80 à 120 années de lumière : notre système solaire. Et ce sont notre Soleil et ses satellites, nos planètes, qui interfèrent et renvoient ces influx sur la Terre.

Un laboratoire soviétique, près de Moscou, spécialisé dans l'étude des rayons cosmiques, a pu prouver que certains d'entre eux, en provenance, justement, de la constellation du Scorpion, mettaient 1/240e de seconde pour traverser l'écorce terrestre dans sa plus grande largeur, soit 12 000 kilomètres.

Leur puissance est donc énorme ! Si l'on songe que les infrarouges et les ultraviolets, sans parler des rayons X et gamma, totalement invisibles, ont pourtant une force de frappe admise bien qu'inimaginable, alors pourquoi ne pas admettre ce que les Égyptiens percevaient déjà sans réserve : l'influence des Douze de la Ceinture céleste agissant sur les corps humains, ou enveloppes charnelles, comme générateurs engendrant les esprits humains des Parcelles divines ? Dans les textes antiques, dans *l'Évangile selon les Égyptiens*[5] les Douze représentent le Cœur de Dieu insufflant l'âme à ses créatures.

Les Douze parviennent sur la Terre à la vitesse de 300 000 kilomètres à la seconde, imprégnant toutes les enveloppes charnelles qui naissent d'une trame indélébile, différente pour chaque être puisque l'angle de frappe diffère. Le petit homme qui naît se rebelle d'ailleurs contre cette trame qui prédéterminera sa vie humaine, en criant et en pleurant dès que le cordon ombilical est coupé. Cela est primordial quant à la détermination de l'heure de naissance et sera étudié plus loin, car tant que le petit bébé est relié à sa mère, il n'est pas encore doté de son âme et n'est par conséquent pas encore un humain. Le moment précis de cette naissance est donc vital. Ensuite seulement intervient la position relative des planètes par rapport à la Terre. Que ce soit la Terre qui tourne, ou qu'apparemment ce soit le Soleil par la perception visuelle humaine, étant donné que ce vaste mouvement interplanétaire s'effectue dans le même Espace et dans le même Temps, la position et les rapports respectifs des Errantes et des Fixes resteront strictement les mêmes tant en géométrie qu'en arithmétique : *la triangulation et le nombre de degrés seront strictement identiques, que ce soit le Soleil ou la Terre qui soit le nombril du monde !*

---

[5] Cet évangile originel est paru aux Éd. René Baudoin, sous le titre *Le Livre de l'Au-delà de la Vie*, du même auteur.

Cela se comprenant sans plus argumenter, il est aisé d'édicter un premier axiome, celui que les Égyptiens antiques avaient formulé à leur façon en l'appliquant à leur manière puisque l'astrologie et l'astronomie n'existaient que sous le même vocable de Combinaisons-Mathématiques-divines. Cet axiome est :

« Que ce soit le sens apparent du mouvement cosmique utilisé en astrologie, ou le sens réel des astronomes, les rapports mathématiques existant entre notre ciel et notre terre resteront strictement identiques. »

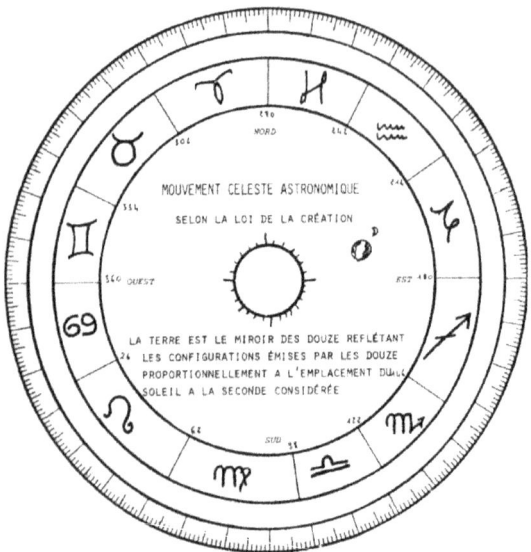

La seule différence primordiale de cette inversion est d'ailleurs corrigée dans toutes les bonnes cartes du ciel par l'opposition des points cardinaux : le nord étant indiqué au sud, et l'ouest au levant, comme dans le dessin ci-après :

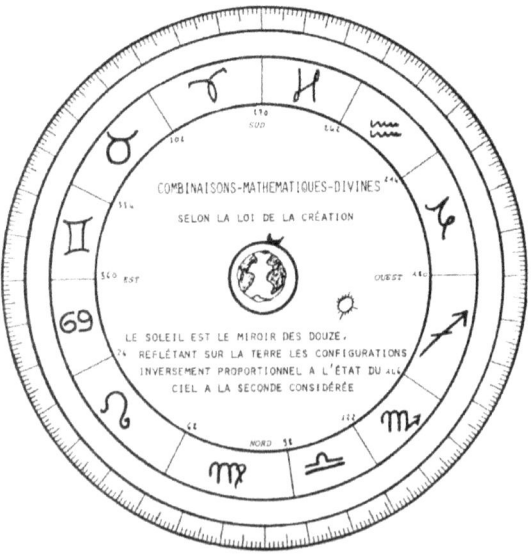

Mais en dehors de cette facilité prise pour la visualisation gravée sur les murs, comme le faisaient les Égyptiens, ou sur papier avec l'aide du dessin d'une carte de nativité, comme le pratiquent nos modernes astrologues, il reste bien des points de calculs qui sont laissés délibérément de côté, alors qu'ils étaient scrupuleusement observés dans cette antiquité reculée qui nous semble si lointaine que ses enseignements n'ont pas eu le mérite d'être appliqués de nouveau !

Le premier point qui sera étudié est évidemment la carte du ciel qui servira de base à l'étude astrale d'une naissance. Or, ce dessin est calculé d'une manière fort différente, puisque les Douze ayant chacune une influence différente et une longueur différente dans le ciel, auront *une plus ou moins grande longueur en degrés dans le cercle zodiacal qui servira de base au dessin.*

Plusieurs auteurs grecs ayant séjourné en Égypte, et notamment à Alexandrie, où les bibliothèques conservaient les précieux documents de la Connaissance, ont rapporté de leurs études cette « anomalie », mais pour la tourner en dérision. Hypsidès, le plus connu d'entre eux, va même jusqu'à citer des longueurs :

Bélier et Poissons : 21° 2/3

Taureau et Verseau. : 25°

Gémeaux et Capricorne : 28° 1/3

Cancer et Sagittaire : 31° 2/3

Lion et Scorpion : 35°

Vierge et Balance : 38° 1/3

Peut-être cet Hellène a-t-il inventé purement et simplement cette progression illogique en mathématique céleste, ou peut-être les prêtres qui lui enseignèrent ces chiffres étaient-ils circonspects et doués du même humour que celui qui les avait poussés à donner à Eudoxe une sphère composée de deux moitiés de ciel différent, toujours est-il que la réalité est tout autre. Elle est décrite dans *Le Zodiaque de Dendérah*, aussi sera-t-elle juste rappelée ci-dessous pour mémoire :

Cancer et Gémeaux : 26°

Lion et Vierge : 36°

Balance et Scorpion : 24°

Sagittaire et Capricorne : 34°

Verseau et Poissons : 28°

Bélier et Taureau : 32°

Ce sont les dimensions communiquées ci-dessus qui fragmentent les deux dessins de cartes déjà introduits dans ce texte, et ce sont elles qui seront employées désormais tout au long de cet ouvrage pour expliquer l'étude des Combinaisons-Mathématiques-divines qui ont servi de base à l'astrologie chaldéenne et babylonienne, avant de servir, encore plus déformées, à nos astrologues modernes.

Le deuxième point, et non des moindres puisqu'il introduit la notion du phénomène céleste appelé précession des équinoxes, est celui de l'inclinaison de la Terre sur son axe, de 23° 21'. Il ne faut pas oublier que les ancêtres de ces Égyptiens vécurent sur un continent qui fut rayé de la carte du monde lors d'un Grand Cataclysme, et que l'étude du ciel remontait à une époque des plus reculées. Or, à la suite de ce bouleversement géologique, les savants s'aperçurent que non seulement le Soleil naviguait dans le ciel à reculons, mais que la position du toit céleste s'était inclinée d'un certain angle par rapport à la précédente. Ainsi s'était instaurée une nouvelle période cyclique où la durée des heures de jour et de nuit variait, tout autant que l'hiver et l'été suivant les endroits. Depuis douze millénaires environ, l'axe d'inclinaison de la Terre est de 23° 27', qui reculeront d'autant le point de départ zéro de ce qui constituera le thème astral, dont voici le spécimen type :

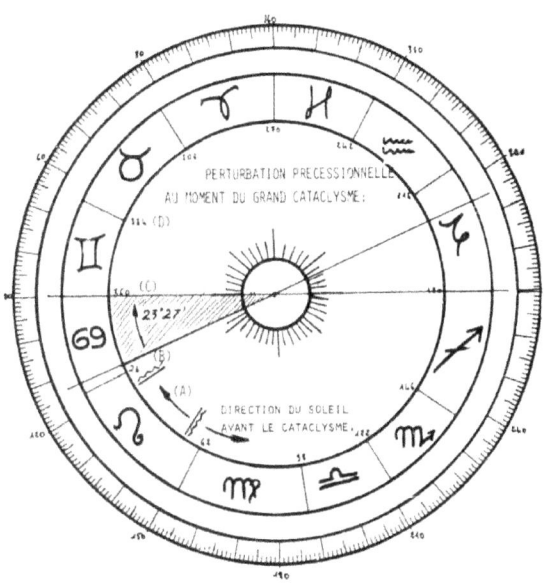

Le Soleil, qui avançait dans le ciel, recula de 23° 27' lors du Grand Cataclysme : en A. Le Cancer, en B, dernier signe zodiacal, devint le premier : celui de la Renaissance. Les Survivants partirent à la recherche d'une seconde patrie, et l'étude des CombinaisonsDivines, ne reprendront qu'avec l'entrée solaire au dernier degré des Gémeaux, en C, qui débutera la longue période d'antagonisme de deux clans fratricides se rendant concurremment vers un Deuxième-Cœur-de-Dieu : l'Égypte. L'union ne se réalisera qu'avec l'entrée solaire en Taureau en D. C'était le Nom céleste d'Osiris, qui étendra sa protection à ses descendants, les Pêr-Ahâ, ceux que les Grecs phonétisèrent en Pharaons, ou Fils de Dieu.

Le troisième point est celui de la précession des équinoxes dont les lois physiques font reculer la Terre sur elle-même dans l'Espace de quelque 50" 4/10e chaque année, soit d'environ UN DEGRÉ TOUS LES 72 ans, et de 360° en 25 920 années. C'est pourquoi le point de repère mathématique constitué par l'Étoile Polaire, dans la constellation de la Grande Ourse, qui devrait donc être une Fixe est bien fluctuant dans le Temps.

Laissons donc pour l'instant ces phénomènes astronomiques pour étudier l'incidence astrale des effets précités dans les Combinaisons-Mathématiques-divines, qui en découlèrent :

1) La Ceinture des Douze d'inégales longueurs, figurant le grand cercle dit astrologique, représente bien la figuration zodiacale de l'Équateur céleste, ou Écliptique.
2) Le Soleil navigue, apparemment à nos yeux, devant les douze constellations de cette Ceinture. Ce sera le chemin effectué par l'astre solaire dans sa révolution apparente annuelle, au rythme d'1/12e par mois.
3) Ainsi, les mois zodiacaux seront eux aussi d'inégales longueurs comme le sont les Douze de la Ceinture.
4) En revanche, et c'est aussi une donnée essentielle qui sera amplement développée, les douze Maisons dites astrologiques, qui permettent de calculer dans le Temps l'à-venir de tous les aspects d'une vie, *sont toutes les douze d'une longueur égale de TRENTE DEGRÉS*, dont le départ du calcul sera constitué par l'Ascendant. Et cela est d'autant plus logique et normal que lesdites Maisons n'ont rien à voir avec les signes qui délimitent le Temps, et les douze constellations qui emprisonnent notre Espace.

Cependant, cet Ascendant qui fixe le degré servant au calcul de la Maison 1 est le plus important du thème, et il devient d'une réalité évidente puisqu'il appuiera le départ de toute l'interprétation du thème dessiné. Cet Ascendant, ou Maison 1, bien que situé à gauche, sera l'angle oriental : le point cardinal Est. Il portera l'abréviation ASC pour éviter toute confusion.

Le point cardinal Ouest, délimitant l'horizon occidental, sera donc situé sur la droite, et bornera la Maison 7, dont l'abréviation sera DSC pour Occident, Couchant, ou Descendant.

De même le point cardinal Nord figurera au bas du thème, et celui du Sud en haut, comme sur la représentation ci-après :

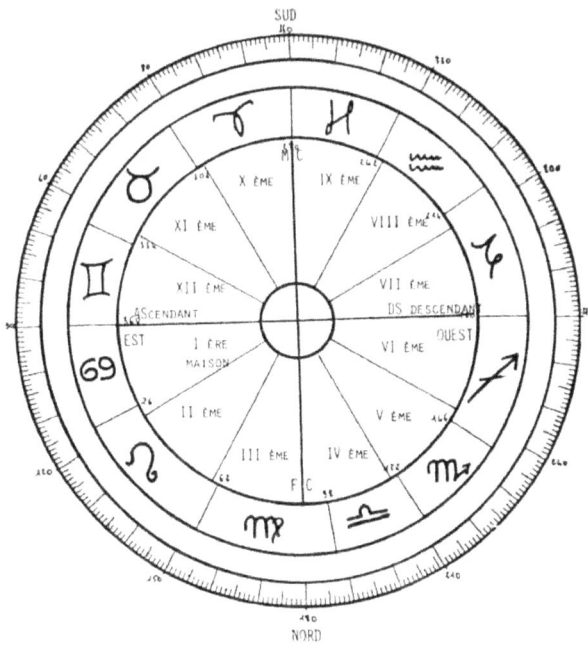

Comme il est aisé de le remarquer, dans les intervalles des quatre cardinaux ont été dessinées les huit Maisons intermédiaires, de sorte que le cercle zodiacal complet comporte douze Maisons divisées symétriquement à partir de l'Ascendant, correspondant en valeur Temps aux douze Signes et dans l'Espace aux douze constellations.

Des siècles et des siècles d'observations des configurations géométriques particulières aux Douze de la Ceinture, par les Maîtres de la Mesure et du Nombre de l'Égypte, ont permis, dans le cadre des douze Maisons déjà partagées également, de trancher ces « animateurs du Destin » en deux sous-groupes, également fixes.

A) Le partage du grand cercle par une ligne fictive centrale, donnant une partie orientale et une occidentale. La première, comprendra l'Ascendant ou AS, et donc les Maisons 10 11 12 et 12 3. La seconde comprendra le point Descendant ou DS, et les Maisons 4-5-6 et 7-8-9. La première partie sera le Méridien du couchant, et la seconde celui du levant.

L'intéressant à noter d'ores et déjà, c'est que la position des planètes qui y figureront permettra de déterminer *de visu*, instantanément, certains traits primordiaux qui seront développés par la suite, lors du calcul de toutes les données astrales.

Il en va de même pour le deuxième sous-groupe :

B) Le partage du grand cercle par une *ligne d'horizon* existant déjà puisqu'elle figure l'AS/DS. La partie du dessus, contenant les Maisons 12-11-10-9-8 r 7, encadre le MC symétriquement de part et d'autre. Elle figurera la contenance diurne des planètes. La partie du dessous contient les Maisons 6-5-4-3-2etl, encadrant le FC symétriquement de part et d'autre. Elle figurera la contenance nocturne des planètes.

Là aussi, par un simple coup d'œil, le « Maître » habitué à cette lecture visuelle y verra la différence primordiale de comportement du psychique, déterminé par les planètes qui y figurent.

Disons simplement pour l'instant qu'il est infiniment plus avantageux de posséder dans son thème de naissance le plus grand nombre possible d'Errantes, donc de planètes, dans les

Maisons du dessus de l'Horizon, donc éclairées par l'astre du jour : le Soleil.

Dans cette configuration spéculative, les planètes sont favorisées de prime abord par une évolution au sein de Combinaisons-

Mathématiques bénéficiant sans entrave des rayons solaires, influençant donc plus librement les natifs en puissance fluidique pour augmenter leur chance, leur gain, leur situation, etc.

Lorsque au contraire les Errantes se trouveront sous l'horizon, les maisons « nocturnes » ne bénéficieront des influx qu'au travers d'une couche pesante et épaisse, impure et souvent viciée, qui en transformera évidemment la signification.

Cependant, il ne faut rien exagérer, et si l'expérience prouve qu'un thème affligé de la présence de la majorité des planètes sous la Terre est peu avantageux pour le sujet, il faut néanmoins considérer les choses dans les détails, car il sera toujours préférable, par exemple, d'avoir le Soleil dans le champ de la Ire Maison c'est-à-dire dans l'Ascendant, sous l'horizon, s'il n'est pas proche de celui-ci, que de l'avoir sur l'horizon, en XIIe Maison qui, nous le verrons plus loin, est une Maison maléfique, c'est-à-dire consacrée aux significations malheureuses de l'existence.

De même, des planètes bénéfiques en IIe Maison (sous la ligne d'horizon) avec la partie de fortune, seront toujours plus avantageuses que des planètes quelconques ou même bénéfiques en XI' au-dessus de la ligne. Chaque Maison sera de 30°, car leurs participations aux Combinaisons-Mathématiques-divines ne dépendent pas des influences astrales et pas plus du mouvement des Errantes ni de la Terre.

En conséquence, la Ire Maison partira du 1er degré de l'AS et ira jusqu'au 30e, la IIe du 31e au 60e ; etc., et ce, sans se préoccuper de l'endroit « de l'espace » où débute le 1er degré de l'AS dans les constellations.

La valeur de ces douze Maisons de 30° sera essentielle pour la détermination réelle de l'influence astrale des douze Soleils de la Ceinture. Ils émettent dans l'Espace, à travers le Temps, et il faut que les récepteurs humains reçoivent cette communication impérative comme des condensateurs appropriés. Ce sera le rôle des Maisons astrologiques par rapport aux pointes des

Combinaisons-Mathématiques-divines (trigone, carré, etc.). Leur départ comme leur arrivée dans les divers aspects géométriques dessinés préciseront les effets futurs qui se feront sentir sur la santé, la famille, la société, la fortune, etc.

La prédétermination, bénéfique ou maléfique, d'un thème astral, sera basée sur les propriétés propres à chacune des douze Maisons, en rapport avec la première dont la position dans la constellation fixera la suite des Errantes dans leurs positions respectives. Ainsi, chacun des instruments de la destinée voulue par Dieu aura élu domicile à son moment précis, calculé pour l'heure de naissance voulue. Et de ce fait, l'astronomie rejoint l'astrologie sans animosité, pour le bien de tous.

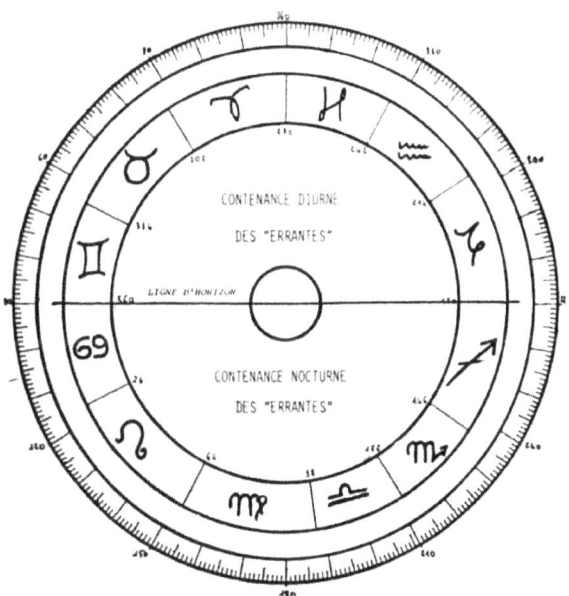

CHAPITRE DEUXIÈME

LES ERRANTES DU SYSTÈME SOLAIRE

Selon les antiques Égyptiens, les Errantes étaient au nombre de sept, le Soleil étant inclus parmi elles, du fait de sa navigation céleste journalière, qui semblait en faire le luminaire du jour, au même titre que la Lune était celui de la nuit. Les autres Errantes étaient : Mercure, Vénus, Mars, Jupiter et Saturne. Là s'arrêtait le nombre des déterminateurs du Destin.

Dans ces conditions, où se tenait la Fixe, Maîtresse du Destin, qui permettait d'organiser les calculs du thème de chaque natif ? Bien plus loin que notre système solaire et en dehors de l'influence des Douze quoique parfaitement visible et douée de qualités exceptionnelles puisqu'il s'agissait de Sirius, l'éblouissante Sep'ti ou Sothis en phonétisation grecque, dont il sera question tout au long du chapitre suivant.

Pour leur utilisation courante moderne, les sept Errantes ont été répertoriées selon le degré de rapidité de leurs déplacements dans le ciel journalier, tel que présenté dans le tableau ci-dessous :

Ces deux Errantes qui sont les Luminaires accomplissent leur révolution céleste, ou navigation circulaire qui sépare en une certaine durée leur retour au même emplacement dans l'espace, en 27 jours 1/2 environ pour la Lune et 365 jours environ pour le Soleil. Le temps exact sera vu plus loin. Quant aux cinq autres Errantes, ce sont :

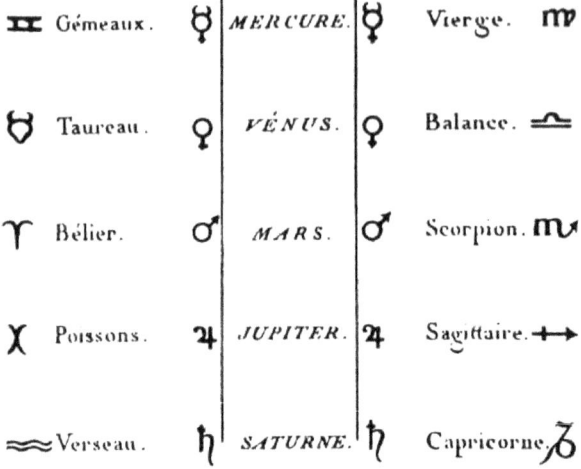

Leur révolution ou mouvement est de :

Mercure : 87 jours

Vénus : 234 jours

Mars : 686 jours

Jupiter : 12 ans

Saturne : 29 ans

Autrement dit, chaque planète fait un tour complet du Zodiaque dans les délais indiqués ci-dessus. Ces délais ont servi à fixer « l'Ordre de Vitesse des Planètes » utilisé pour le calcul des Combinaisons-Mathématiques-divines. C'est le mouvement moyen, ou pas moyen, qui définira pour chaque Combinaisons-Mathématiques, et pour chacun des sept, l'aspect par rapport aux six autres.

Sachant pour l'instant que c'est la Lune qui se déplace apparemment le plus vite dans le ciel (de 12 à 15° par 24 heures) et Saturne le plus lentement (de l'ordre de quelques minutes seulement) les dominateurs des aspects bénéfiques et maléfiques seront toujours, et dans l'ordre ci-dessous :

La Lune, par rapport aux six autres ;

Mercure, par rapport à Vénus, au Soleil, à Mars, à Jupiter et Saturne ;

Vénus, par rapport au Soleil, à Mars, à Jupiter et Saturne ;

Le Soleil, par rapport à Mars, à Jupiter et Saturne ;

Mars, par rapport à Jupiter et Saturne ;

Et Jupiter par rapport à Saturne.

Il est malheureusement nécessaire, tout au long de cet ouvrage, de conserver la terminologie grecque d'énonciation des noms de planètes ainsi que des différents termes dits astrologiques, sous peine de rendre incompréhensible au lecteur, même érudit, toute la conception céleste des antiques Égyptiens. Mais les noms hiéroglyphiques de chacune des Errantes et des Fixes existent bel et bien, et ils ont une signification bien précise, reprise d'ailleurs très souvent par les Hellènes. Voyons donc succinctement les noms des Sept Errantes, celui de Sirius, la Fixe, ayant déjà été énoncé : Sep'ti, ou Sothis en grec.

La Lune, qui est Iset, s'écrit : ☾

Le Soleil, qui est Râ, s'écrit :

Mercure est « Hor-Set'Ahâ Ptah II, qui s'écrit :

En cette lointaine période où les Combinaisons-Mathématiques-divines furent révisées après le Grand Cataclysme, ce nom fut donné à la fois pour commémorer la victoire d'Horus sur son oncle Set qui avait assassiné son père Osiris qui ressuscita grâce à Ptah, et pour confirmer les aspects bénéfiques de cette planète qui assura la victoire d'Horus et permit la renaissance des lettres en Ath-Kâ-Ptah. D'où la dénomination grecque de Mercure par la suite, Thoth étant la phonétisation d'Atêtâ, le fils du premier roi de la première dynastie pharaonique, qui rétablit le calendrier et la hiéroglyphique en son pays.

Arrive ensuite Vénus, ou Hor-Hen-Nout :

Cette Errante représente l'Amour au suprême degré du dévouement envers sa famille et son prochain. Cette Reine-Vierge, qui enfanta Osiris le Fils de Dieu, se dévoua jusqu'à la mort pour l'Aîné de celui-ci : Horus. C'est pourquoi les Grecs, bien plus tard, identifièrent Vénus en tant que déesse de l'Amour, et non à sa mère

Nout, alors qu'Isis est la personnification de la Lune dans la constellation du Scarabée devenue plus tard le Cancer, comme cela sera expliqué plus loin.

Vient ensuite la planète rouge, qui avait déjà cette appellation caractéristique sous les premiers Égyptiens. Il s'agit bien évidemment de Mars, ou Hor-Tesch, l'Horus meurtri :

Cette Errante représente toute l'ardeur guerrière d'Horus en lutte contre son oncle assassin de son père, et qui, pour le vaincre lui aussi, lui creva un œil d'un coup de lance, lui fracassa l'épaule droite d'un coup de masse et lui cassa également un genou. Quelle plus belle image que celle de cette planète rouge reflétant l'homme ensanglanté et sortant vainqueur de cette lutte sans merci ?

Jupiter, ou Hor-Chêta, est l'avant-dernière :

Elle personnifie la Renaissance des survivants ayant échappé au Grand Cataclysme, en permettant le renouveau durant deux périodes annuelles bien précises, que les observateurs notèrent toujours dans les Annales comme étant le signe divin de la bienveillance de Ptah.

La plus lointaine, Saturne, est Hor-Sar-Kher, ou :

Cette dernière est la plus éloignée, et elle est notée comme ayant les influx inversés d'Hor-Chêta, c'est-à-dire de Jupiter, ainsi que cela sera détaillé plus loin.

De toutes les observations effectuées il y a plus de dix mille années, il en est sorti une sorte de Grand Livre qui a englobé l'étude et la Connaissance de toutes les Combinaisons-Mathématiques-divines, ayant déclenché les grands événements de ce peuple élu et béni de Ptah. Et durant les millénaires qui suivirent jusqu'à la réintroduction de l'Écriture sacrée, chaque chose céleste trouva sa place et ses configurations géométriques dans l'échiquier terrestre, tout comme les pions mis en place sur un jeu de dames très sophistiqué de cette même époque lointaine. Ainsi, par exemple, les textes gravés de Dendérah indiquent, pour une même naissance, Vénus et Mars en aspect trigone, c'est-à-dire en influence bénéfique, ou en aspect de quadrature, donc très mal influencé; il ne devra être pris en considération pour calculer la valeur à venir de cette Combinaisons-Mathématiques que l'Errante qui a le mouvement journalier le plus rapide dans le ciel.

De même, si l'une ou l'autre est en mouvement rétrograde, et cela sera vu plus loin, ce sera toujours celle dont le mouvement apparent de recul sera le plus rapide, qui sera prise en considération. Et alors que chez les Égyptiens cette évaluation n'était que visuelle, de nos jours tous les éphémérides en donnent la calculation arithmétique à la seconde près !

Ajoutons, pour en terminer avec ce problème, que si dans l'exemple cité plus haut avec Vénus et Mars, la première est rétrograde et l'autre non, ce sera Mars qui dominera la Maison où il se trouve placé ; et que si c'est le contraire, il y aura du retard dans la réalisation des prévisions avancées dans le domaine afférent à ladite Maison. Cela est d'une logique évidente puisque le recul qui n'est qu'apparent entraîne cependant un retard dans l'arrivée des influx des Douze.

Lorsque les aspects présentent des degrés stationnaires, cela signifie une expectative pour ne pas faire évoluer de son propre choix un événement dans un sens ou dans l'autre par rapport à la signification de la Combinaison-Mathématique. Il ne faut pas oublier que la Lune et le Soleil ne sont jamais rétrogrades, mais que selon l'époque ils sont plus rapides ou plus lents dans leur navigation céleste, d'où un influx renforcé ou diminué selon le cas.

Le Soleil a une navigation plus rapide de fin octobre au début de mars, ce qu'avaient très bien remarqué les antiques Égyptiens en parlant, pour cette période, des jours courts. Il est bon de savoir que fin décembre l'astre de nos journées effectue, en quelques heures seulement, une distance angulaire céleste de $1° 1' 11"$, alors que durant les journées les plus longues, à la fin juin, il ne progresse plus dans le ciel que de $0° 57' 16"$.

La Lune, quant à elle, durant sa navigation mensuelle de 28 jours, parcourt jusqu'à 150 certains jours, et diminue jusqu'à $11° 51'$ certains autres. Là aussi, aujourd'hui, les tables des planètes, dans les éphémérides, fournissent toutes les données exactes sans calcul personnel à effectuer.

Toute cette arithmétique apparemment fort compliquée dans la circulation des Errantes dans le ciel, concurremment à la puissance des influx reçus sur Terre depuis les palpitations des Douze de la Ceinture, permet de mieux comprendre la mathématique céleste qui l'anime. Cette complexité est tout à fait logique, si l'on admet que le Créateur s'en sert pour animer les corps de ses créatures de prédilection en les dotant d'une âme différente. Comme il y a plusieurs milliards de ces enveloppes charnelles humaines, les imbrications qui les personnalisent doivent être extrêmement précises dans leurs complications.

La nature astrale des Douze de la Ceinture, transmise par l'entremise des Combinaisons-Mathématiques-divines aux Errantes en mouvement perpétuel, différent pour chacune, arrive sur la Terre sous une forme impalpable, invisible, comme le sont les rayons X, les infrarouges et les ultraviolets, pour frapper violemment, à la vitesse de quelque 300 000 kilomètres à la seconde, la toute jeune enveloppe humaine qui vient d'être détachée du corps de sa mère. Dès ce moment une âme éthérée, appelée Parcelle divine par les antiques Égyptiens, a pris possession du corps pour devenir un être humain à part entière. Chacune d'elles est douée d'une conception différente, tant par l'angle de frappe du cortex cervical qui sera particulier pour chaque natif, que par le lieu où se produit la naissance.

Dès qu'une enveloppe charnelle naît du ventre d'une femme, c'està-dire dès l'instant précis où le cordon ombilical qui la retenait sous la tutelle d'une autre âme : sa mère, la tête au-dessus du corps, devenue autonome, est fortement imprégnée de la puissance rayonnante éthérée des Douze, selon les Combinaisons-Mathématiques facilement calculables ensuite, qui lui deviennent propres.

Ce sera donc essentiellement ces Combinaisons de naissance, avec leurs positions dans tel ou tel signe zodiacal par rapport à leurs emplacements dans l'une des Douze de la

Ceinture et par rapport aux dignités planétaires des Errantes que le Pouvoir-divin prédéterminera la trame de base qui fera agir sa vie durant le cerveau humain dans un certain contexte de mode de pensées personnelles. C'est cela qui permettra également de dresser une carte de nativité, puis de l'interpréter sans commettre d'erreur. Il ne faudra jamais oublier que la formidable puissance rayonnante créative en provenance des Douze formait déjà une entité bien réelle il y a dix mille ans, et que celle-ci figurait la Toute-Puissance de Ptah : le Dieu-Un, Créateur de toutes choses sur la Terre comme dans le Ciel.

Il a été parlé, quelques lignes plus haut, des dignités planétaires des Errantes. Ce sont les emplacements qui leur ont été assignés par les antiques Égyptiens après des siècles et des siècles d'observations et de calculs que nous appellerions aujourd'hui des statistiques. Ces dignités sont aussi appelées Exaltations. Le tableau précédent montrait la double dignité des cinq planètes et le trône spécifique de chacun des deux luminaires, tel que l'imagination des astrologues du Moyen Age concevait ce principe.

Mais il en allait fort différemment chez les antiques Égyptiens, car selon les Maîtres de la Mesure et du Nombre, qui consignaient toutes les données, la domiciliation des Errantes suivait l'évolution du ciel équatorial. Ce qui appelle évidemment plusieurs explications puisque cela fait *deux* cercles dirigés en sens opposés. Les deux groupes de triangulation représentent la domiciliation des Errantes, la première par rapport au Zodiaque antique selon les Égyptiens, alors que celui qui est à l'extérieur est la représentation dite classique des astrologues professionnels.

Une observation concerne le point de départ des deux cercles zodiacaux opposés. Ils ont la même origine en Cancer, ce qui permet de comprendre les erreurs commises par les anciens auteurs spécialisés, tel Manilius qui a fait autorité en la matière.

L'observation suivante concerne les figures géométriques découlant des triangles bénéfiques primordiaux. Chacun de ces trigones englobe un trapèze qui comporte le signe zodiacal antique accolé à son domicile planétaire. En outre, sur la pointe opposée, est attenant le triangle qui montre la domiciliation à prendre en considération.

Cela peut, à première vue, apparaître complexe, mais pour ceux qui désirent pousser plus avant l'étude de cette astronomie selon les Égyptiens, la seule connaissance de la table ci-dessous suffira, si l'on admet la modification du zodiaque lors de l'entrée du Soleil en Taureau, après celle des Gémeaux et du Cancer primordial :

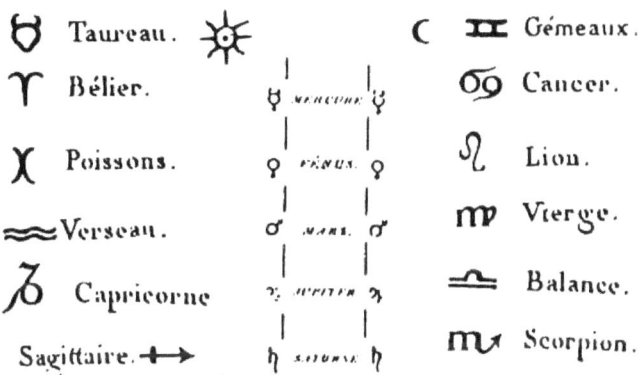

C'est donc de cette complexité apparente qu'apparaîtront les âmes éthérées, qui s'affineront au fur et à mesure de leurs progressions dans le temps de vie terrestre. De la naissance en temps réel de ces Parcelles divines découleront les influences prédéterminatrices des Combinaisons-Mathématiques destinées à mettre en mouvement les actions de l'esprit et leurs manifestations physiques sur la Terre.

Cette trame imprégnée à la naissance permettra certains calculs arithmétiques qui viendront compléter les figures géométriques avant de commencer n'importe quelle interprétation. Et il n'est nul besoin d'être polytechnicien pour les mettre en œuvre. Un simple calcul mental, tel que le pratiquaient les antiques Maîtres de la Mesure et du Nombre, suffit. Chaque aspect, fortuné ou infortuné, est ainsi annoté. Pour la valeur des planètes et des Maisons, et leurs rapports entre elles, voici les deux clés qui permettent d'obtenir un aperçu rapide, et en quelque sorte visualisé mentalement, pour obtenir une première information valable sur l'ensemble du thème à étudier, et « voir » s'il est d'emblée bénéfique ou maléfique.

Les douze Maisons seront notées de 1 point à 12 points, mais dans l'ordre suivant :

Maison   I   = 12 points,
Maison   II = 6 points,
Maison   III = 3 points,
Maison   IV = 9 points,
Maison   V   = 7 points,
Maison   VI = 1 point,
Maison   VII = 10 points,
Maison   VIII= 4 points,
Maison   IX = 5 points,
Maison   X   = 11 points,
Maison   XI = 8 points,
Maison   XII = 2 points.

Ceci est le premier calcul facile à faire, qui se précisera par l'addition au chiffre d'une Maison quelconque avec celui de l'Errante dont voici la nomenclature chiffrée :

– si la planète est Saturne, la Valeur chiffrée de la Maison telle qu'indiquée ci-dessus sera multipliée par 5 ;

– si la planète est Jupiter, la valeur de la Maison sera multipliée par 4 ;

– si la planète est Mars, la valeur de la Maison sera multipliée par 3 ;

– si la planète est Vénus, la valeur de la Maison sera multipliée par 2 ;

– si la planète est Mercure, la valeur de la Maison sera multipliée par 1 ;

D'autre part, et ceci est très important :

– si c'est la Lune, il faudra multiplier par 6 et y ajouter 12 ;

– si c'est le Soleil, il faudra multiplier par 7 et y ajouter 12.

Le chiffre total pouvant être atteint sera de 360 points. La valeur moyenne devra être de 180. Au-dessous elle sera « débilitante », audessus elle sera « exaltante ».

En débilité, ou en exil, l'essence même du thème sera viciée c'est-à-dire que l'activité du natif risquera fortement d'être entravée par des manifestations plus ou moins négatives des Planètes qui en sont les causes. Cela nécessitera une plus grande force de volonté pour passer outre et obtenir le succès, en choisissant les dates les plus favorables, car il convient pour clore ce préliminaire valable pour tous les êtres humains, de se rappeler cet adage antique : « Les Astres inclinent, mais point n'obligent. » En conséquence, il est permis à tous, non seulement d'espérer en une vie terrestre meilleure, mais d'œuvrer afin qu'elle se réalise pleinement.

En exaltation, ou en trône, c'est-à-dire avec une valeur supérieure à 180, toute l'interprétation du thème sera vivifiée. Les mouvements des Planètes deviendront pratiquement tous positifs, et le succès sera évident à condition de se maintenir dans la ligne déterminée.

Quelques exemples caractéristiques illustreront mieux les calculs, ceux de trois personnages illustres, bien évidemment connus de tous. Le quota de 250 signifie de prime abord meneur d'hommes, grand chef ou dictateur. Car il ne faut jamais oublier que le total maximum de 360 n'est possible que pour les Grands Sages, possesseurs de la Connaissance. Or, les grands hommes peuvent n'être menés que par l'ambition !

Mais ici, il s'agit de Jules César, de Napoléon Bonaparte, et de Charles de Gaulle, qui totalisent respectivement 253, 273 et 241 points. Preuve significative s'il en est besoin : la Sagesse ou la Connaissance laisse le pas au soldat dans les trois cas et Bonaparte lui-même avec ses 273 points terminera mal. Voici ces trois thèmes, sans plus de commentaires, cet ouvrage approfondissant l'astrologie selon les Égyptiens. Seule annotation : les constellations ont leur grandeur réelle pour ces exemples et l'Ascendant et les Maisons sont justes par rapport à la position des planètes.

Le dernier calcul planétaire important dans un thème, est celui de la domiciliation des Errantes. Il était logique de prévoir une nature différente pour chaque planète, et par conséquent un meilleur rapport d'attirance des influx en provenance des Douze, et de leur réverbération vers la Terre... En somme, ce domicile attitré d'une Errante pour une constellation zodiacale, en est la « Dignité », car elle s'y trouve comme chez elle, y épanouissant à son aise les éléments bénéfiques. Ces Dignités ont été déjà détaillées auparavant, aussi n'y reviendrons-nous que pour justifier leurs deux domiciles, l'un diurne, en exaltation, et l'autre nocturne, comme en exil. Cela est valable pour les cinq planètes, le Soleil et la Lune étant respectivement Maître du jour et de la nuit.

Jules César, né le 12 juillet 101 Av. J.-C., à Rome à 14 heures

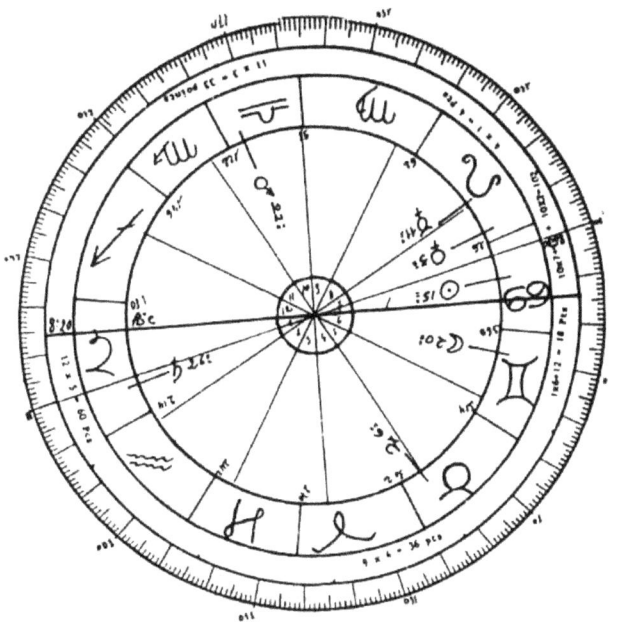

253 points − Ascendant 8°25 du Capricorne

Napoléon Bonaparte, né le 15 AOUT 1769, à Ajaccio, à 11 heures.

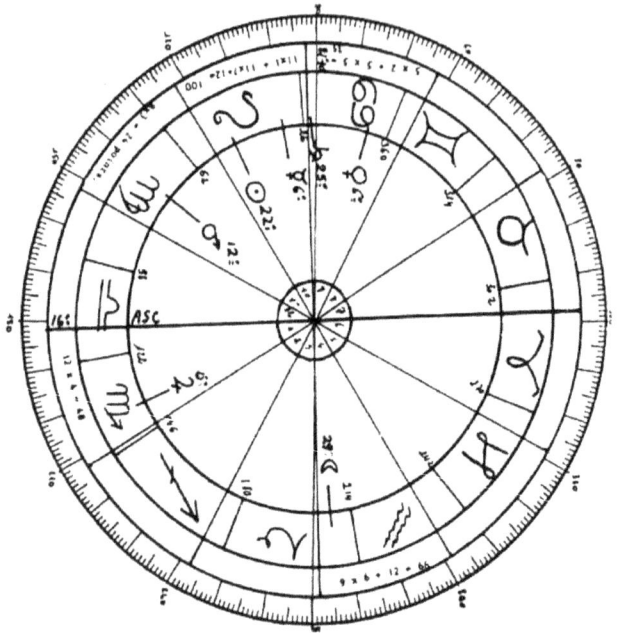

273 points – Ascendant 16° de la Balance

Charles de Gaulle, né le 22 novembre 1890, à Lille, à 4 heures.

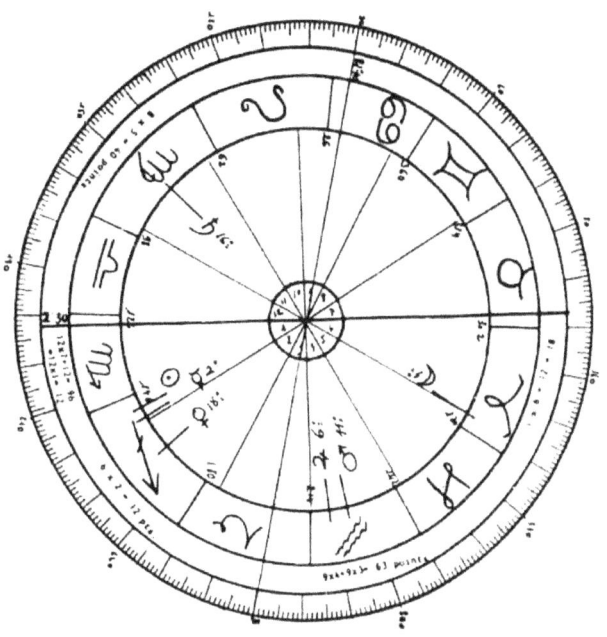

241 points – Ascendant 2°50 du Scorpion

Tout un symbolisme amplement développé par ailleurs,[6] a permis de mieux comprendre ce que la mythologie grecque a déformé hideusement en l'enfermant dans un hermétisme absurde et indigne de la Connaissance. Ajoutons simplement que dans leur signe diurne et pair, les planètes dites masculines imprègnent les cortex cervicaux d'une préconscience plus forte qui rendra leurs décisions moins subjectives aux influences de tiers; tandis que dans leur domicile nocturne et impair, les braves Errantes rendront les actions plus indécises. Ces assertions confirmées par les faits durant des milliers d'années

---

[6] Il s'agit de l'importante *Trilogie des Origines* à paraître aux Éd. Omnia Veritas.

ont fait l'objet d'observations poussées. Il est indéniable que les planètes dans certaines Combinaisons-Mathématiques et dans certains signes, éprouvent un dynamisme très particulier qui modifie les influx qu'elles renvoient. Chacune d'elles le fait différemment, selon son mouvement ordinaire, en fournissant selon ses configurations chroniques un accroissement de force vitale, portant ainsi au plus haut niveau le comportement mental d'un être durant une période donnée. Mais le contraire est tout aussi valable lorsqu'il y a opposition d'influx. Dans ce cas, l'humain qui sera concerné se sentira mal à l'aise et il devra éviter à tout prix de prendre des décisions importantes durant la même période.

Chaque signe est donc « gouverné » d'une manière assez complexe en apparence, par plusieurs Errantes à tour de rôle et durant des durées inégales dans un espace plus ou moins long. L'arbitraire n'y a cependant aucune place et chacun s'y trouve admirablement cadré.

Les notations exactes concernant cette nomenclature très précise se sont retrouvées à Dendérah, en Haute-Égypte, et elles tiennent compte d'une part de la longueur différente des Douze de la Ceinture, et d'autre part, du départ de la grande année équinoxiale en Cancer, ce qui déroutera peut-être les spécialistes qui n'ont pas encore eu connaissance de ces faits. Le lecteur simplement passionné par l'étude du ciel n'aura, lui, aucun mal à comprendre les tenants et les aboutissants de cette mathématique céleste qui reste bien à la portée de celui qui cherche à améliorer son existence. Voici donc ce texte original évidemment transcrit en français moderne :

SIGNES	DEGRÉS	PLANÈTES
CANCER	de 21 à 25°59'	Vénus
LION	de 0 à 5°59' de 6 à 11°59' de 12 à 17°59' de 18 à 23°59' de 24 à 29°59' de 30 à 35°59'	Saturne Mercure Mars Jupiter Vénus Saturne
VIERGE	de 0 à 5°59' de 6 à 11°59' de 12 à 17°59' de 18 à 23°59' de 24 à 29°59' de 30 à 35°59'	Jupiter Mars Mercure Vénus Saturne Jupiter
BALANCE	de 0 à 4°59' de 5 à 9°59' de 10 à 14°59' de 15 à 19°59' de 20 à 23°59'	Mercure Mars Jupiter Saturne Vénus
SCORPION	de 0 à 4°59' de 5 à 9°59' de 10 à 14°59' de 15 à 19°59' de 20 à 23°59'	Mercure Mars Jupiter Vénus Saturne

SIGNES	DEGRÉS	PLANÈTES
SAGITTAIRE	de 0 à 5°59' de 6 à 11°59' de 12 à 16°59' de 17 à 22°59' de 23 à 28°59' de 29 à 33°59'	Jupiter Mars Mercure Saturne Vénus Mars
CAPRICORNE	de 0 à 5°59' de 6 à 11°59' de 12 à 16°59' de 17 à 22°59' de 23 à 28°59' de 29 à 33°59'	Saturne Mercure Jupiter Vénus Mars Mercure
VERSEAU	de 0 à 5°59' de 6 à 11°59' de 12 à 16°59' de 17 à 22°59' de 23 à 27°59'	Saturne Jupiter Mercure Mars Vénus
POISSONS	de 0 à 5°59' de 6 à 11°59' de 12 à 16°59' de 17 à 22°59' de 23 à 27°59'	Saturne Jupiter Mars Vénus Mercure
BÉLIER	de 0 à 5°59' de 6 à 13°59' de 14 à 20°59' de 21 à 26°59' de 27 à 31°59'	Jupiter Saturne Vénus Mars Mercure
TAUREAU	de 0 à 5°59' de 6 à 13°59' de 14 à 20°59' de 21 à 26°59' de 27 à 31°59'	Saturne Jupiter Mars Mercure Vénus
GÉMEAUX	de 0 à 5°59' de 6 à 10°59' de 11 à 14°59' de 15 à 20°59' de 21 à 25°59'	Saturne Mars Mercure Vénus Jupiter
CANCER	de 0 à 5°59' de 6 à 10°59' de 11 à 14°59' de 15 à 20°59'	Saturne Mercure Mars Jupiter

Ce tableau est un des points les plus importants pour accéder à une parfaite compréhension des Combinaisons-Mathématiques-divines et de leur interprétation selon les antiques Maîtres égyptiens, entre les aspects des Sept Errantes et le Soleil qui n'est pas ici une Fixe, car la véritable sera celle que nous appelons Sirius.

CHAPITRE TROISIÈME

LA « FIXE » : SIRIUS

Le fait primordial, dans cette conception la plus antique des influences astrales selon les Égyptiens, réside dans la primauté de l'étoile de première grandeur Sirius, qui était la Sothis des Grecs, et hiéroglyphisée en : ⋆ ⋆, d'où la phonétisation classique en égyptologie de : Sep'ti. Cette Fixe déterminait les cycles rythmiques terrestres, et marquait de son empreinte l'écoulement du Temps, traçant ainsi indélébilement les Combinaisons-Mathématiques-divines, calculables à l'avance et permettant en conséquence de ne point troubler l'harmonie qui doit régner entre le Ciel et la Terre. Le Soleil, pour cette raison majeure, n'était considéré que comme l'une des Errantes, faisant ainsi partie des Sept.

Afin que le lecteur assimile bien cette donnée nouvelle qui est essentielle pour la parfaite compréhension de cette partie de la Connaissance parvenue jusqu'à nous par l'entremise des gravures des temples égyptiens effectuées par les initiés de la nuit des âges, il convient de pénétrer plus profondément dans le domaine contemporain de la physique astronomique, en étudiant la découverte fondamentale de ces premiers Maîtres de la Mesure et du Nombre, qui fut la Lumière zodiacale, plus tard appelée « apparition lumineuse céleste et magique » et qui est scientifiquement étudiée aujourd'hui en tant que rayonnement des étoiles lointaines.

Comme cela a été vu dans plusieurs ouvrages précédents, tout notre système solaire est totalement emprisonné, à une distance d'environ cent années de lumière, par une véritable ceinture de constellations, située à l'équateur de notre ciel visible. Les douze groupes d'étoiles, aux formes typiques, ont été agrémentés de noms plus ou moins mythologiques par les Égyptiens, avant d'être adoptés, bien plus tard par les Babyloniens, les Perses, les Chaldéens, puis par les Grecs dont la symbolisation nous est restée. Ces douze constellations ont été nommées, dans les textes hiéroglyphiques : les Douze, et forment ainsi la Ceinture. C'est elle qui envoie non seulement un mélange d'influx qui détermine la Parcelle divine, ou Âme, qui permet l'étude des Combinaisons-Mathématiques, mais c'est également elle qui provoque cette Lumière zodiacale dont nous allons parler ici.

De par l'inclinaison de l'axe terrestre, cette Lumière n'est pas visible en Europe, ou très au sud, en Sicile et en Sardaigne. En revanche, elle est constante dans les régions avoisinant le tropique du Cancer, celui-là même que suivirent les rescapés du Grand Cataclysme pour parvenir jusque sur les bords du Nil. Quotidiennement, ce rayonnement lumineux apparaît, à peu de jours près, chaque matin, avant le lever du soleil et à l'Orient; et chaque soir à l'Occident, peu après le coucher de l'astre resplendissant.

Il ne s'agit nullement là d'un mirage, ou d'un effet quelconque d'optique, car cette Lumière zodiacale se présente sous la forme d'une gigantesque pyramide, dont la pointe part très précisément d'un point élevé de la voûte céleste et non de l'endroit où se lèvera le Soleil. Et de ce zénith minuscule descend un rayonnement clair, parfaitement visible et comme irradiant dans l'aube ou le crépuscule, qui finit par s'étaler sur le sol terrestre en une base géométrique formant un magnifique triangle.

Cette vision lumineuse extra-terrestre dure un peu plus d'une demi-heure en Haute-Égypte, et plus précisément depuis l'observatoire du temple de Dendérah. La meilleure visibilité de ce phénomène a lieu durant nos mois d'hiver : décembre et janvier. Au crépuscule, notamment, où la nuit étend son manteau très rapidement, lorsque la luminosité apparaît dans sa rigoureuse géométrie pyramidale, tombant d'un point précis de la Voie lactée, la puissance divine montre sa véritable splendeur à celui qui s'en abreuve. Puis l'effet cesse subitement, et la nuit noire fait cligner les yeux, avant que ne surgissent les milliards d'étoiles dans un ciel translucide.

Presque à chaque voyage, j'ai eu l'occasion d'observer ces faits, et en chaque occasion, cette lumière pyramidale « quasi magique » parce que suspendue dans le ciel, me surprend par ce qu'elle a pourtant de tangible et de vivant malgré une apparence surnaturelle.[7]

Nous avons vu avec quel soin minutieux l'étude des mouvements célestes était pratiquée et avec quelle patience le moindre phénomène était observé et annoté scrupuleusement dès les temps les plus reculés en terre égyptienne, il est impensable que cette Lumière zodiacale n'ait pas fait l'objet de dissertations poussées entre les Grands-Prêtres et les Maîtres de la Mesure et du Nombre. C'est pourquoi il faut admettre inconditionnellement la connaissance de cette luminosité d'apparence extraordinaire et céleste, à forme pyramidale parfaite, bien avant la construction des fameuses pyramides.[8] Tout comme il faut reconnaître également que ses propriétés physiques et ses influences psychiques étaient répertoriées pour

---

[7] Ce problème surprenant a déjà fait l'objet de nombreuses études de l'éminent égyptologue allemand H. Brugsch, et son compatriote H. Gruson ; son livre *Im Reiche des litchter* en parle abondamment.

[8] Le mot « pyramide » n'a en lui-même aucune signification. Sa hiéroglyphique signifierait aujourd'hui « l'Aimé vers qui descend la Lumière » comme je l'ai expliqué dans *Le Grand Cataclysme* (p. 64 et suiv.). C'est pourquoi ce symbole triangulaire servait en calcul, comme dans le papyrus de Rhind, pour trouver le volume des troncs pyramidaux.

le plus grand bien des hommes. En fait : *cette Luminosité zodiacale était le signe divin de la puissance créatrice du Créateur sur ses créatures terrestres.*

C'est pourquoi, dès l'origine de la retranscription en langue sacrée de la hiéroglyphique, des Textes saints puis de toutes les annales et archives, le rayonnement créateur était symbolisé par un triangle pointe en haut (▲) rappelant à tous, instantanément, par la simple vue, que ce signe était celui de l'Amour créateur spécifique à notre humanité.

Sirius, que la hiéroglyphique nous montre avec trois idéogrammes, comprend le fameux triangle. Toutes les descriptions astronomiques présentent cette étoile, cette Fixe, comme la plus importante de toutes. Elle délimite très précisément une longue année de 1461 révolutions solaires qui est qualifiée d'Année de Dieu. Elle rythme la marche du temps, n'ayant pas un lever régulier à l'horizon. À Dendérah, cette étoile apparaît chaque année avec un peu plus de six heures de retard, ce qui fait que toutes les quatre années, elle revient avec un jour de retard et qu'il convient alors de décompter une journée supplémentaire. C'est en quelque sorte l'année bissextile, mais avec une précision bien meilleure qu'avec le Soleil puisqu'au bout de 1 461 révolutions solaires Sirius, qui est apparue 1460 fois, est en conjonction très exacte avec notre astre du jour. En revanche, avec nos années bissextiles, il faut toutes les fins de deux siècles rajouter quelques heures, et le décompte du temps reste cependant inexact !

Sirius, ou Sothis, ou Sep'ti, s'écrit : ▲ ⋆ ♪. Cette hiéroglyphique était compréhensible il y a six millénaires, même par les enfants ne sachant pas encore lire, car le dessin était des plus significatifs : c'était *la lumière rayonnante inondant la terre des Parcelles divines avant le lever du jour grâce à Sirius.*

Il a été vu par ailleurs en détail⁹ que la voûte céleste () n'avait eu cette reproduction hiéroglyphique qu'après le Grand Cataclysme. Auparavant, et avec justesse, il se dessinait : , puisque la Terre ayant basculé sur elle-même, tout avait été mis dessus-dessous, et le Soleil depuis avait paru reculer au lieu d'avancer dans le ciel. C'est ce phénomène que nous appelons astronomiquement la précession des équinoxes.

C'est pourquoi, ce cataclysme s'étant produit lors du passage équinoxial du Soleil dans la constellation du Lion, il y a quelque douze millénaires, les Douze rétrogradèrent, et le Soleil qui semblait avancer en Lion, se mit à en reculer. D'où ces représentations très nombreuses de deux lions dos à dos pour rappeler éternellement ce bouleversement cataclysmique dû à la colère divine et en inspirer une salutaire crainte de chaque instant. Dans la reproduction cidessous, il est aisé d'en reconnaître le symbolisme, avec l'ancien ciel portant la Terre entre les deux lions, et le nouveau ciel surmontant le tout.

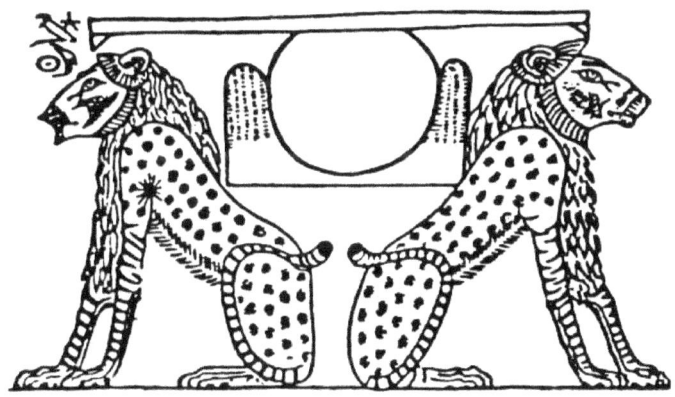

Ou bien encore, dans le dessin ci-dessous, où commence d'apparaître, sous le nouveau ciel et la nouvelle Terre

---

⁹ Relire à ce sujet la *Trilogie des Origines*, du même auteur.

émergeant de l'abîme et du chaos, le fameux rayonnement pyramidal qui prend forme : c'est la Vie renaissant sous le deuxième ciel.

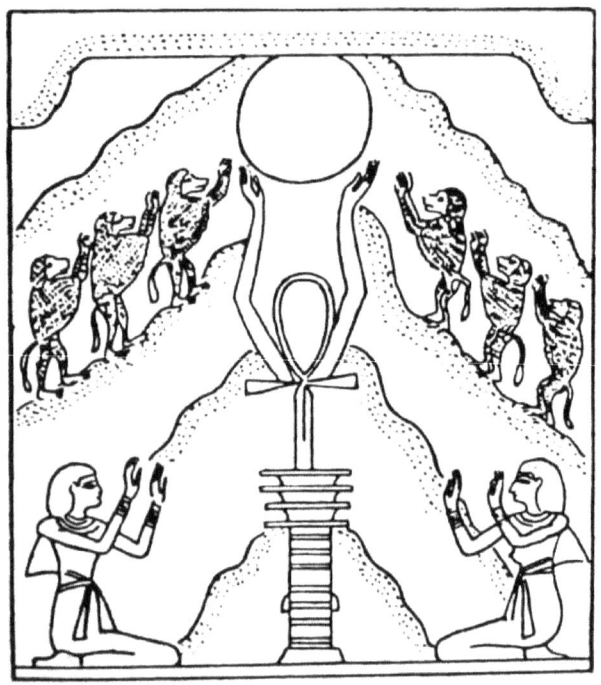

Et l'égyptologue italien, très connu en son temps, Ernesto Schiaparelli, publiait à Rome en 1884 un travail important : *Il significato simbolico delle Pyramidi Egiziane*. Dès la page 7, il remet en cause la signification des fameuses « petites pyramides » appelées par ses collègues « benben ». Or, cet éminent chercheur remarque que le sens est tout autre, se référant plutôt au lever ou au coucher d'un astre vers lequel le défunt aimerait se diriger. M. Schiaparelli continue son exposé par ces phrases :

Finalmente, nella faccia orientale di une piccola piramide del museo di Torino, vedesi rappresentata nell'alto una piramide che sorge fra due monte (figure A), *e sotto ad essa il defunto Consu, che la sta adoran do insieme ad altro persone della sua famiglia, rappresentazione parallela a quella del sole nascente* (![benben]) *che vedesi ripetuta su lia maggior parte degli altri* « *benben* ».

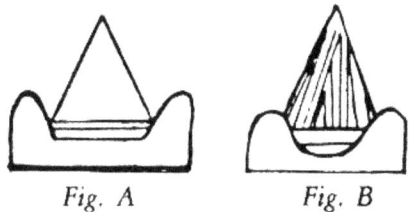

Fig. A   Fig. B

La figure B, quant à elle, est extraite du *Dictionnaire mythologique* de M. Lanzone, à propos de rayons lumineux extraterrestres. Il est recopié d'un des papyrus de la Bibliothèque vaticane. Enfin, voici soumise à votre méditation cette autre reproduction, plus significative encore, effectuée par M. Rossellini, dans un des tombeaux de la Vallée des Nobles, à Thèbes. Le rayonnement pyramidal est bien le lien des Ames vivantes et survivantes :

Dans tous les cas où cette forme triangulaire se base sur le ciel, ancien ou nouveau, les textes se rapportent immanquablement au rayonnement en provenance des Douze par l'intermédiaire de Sirius. Les Égyptiens des temps les plus reculés le vénéraient comme instrument de Ptah, c'est-à-dire du Dieu-Un. Ce ne fut qu'après le Grand Cataclysme qu'il y eut une espèce de transmutation de la « matière », effectuée par les Rebelles de Seth, qui devinrent les adorateurs du Soleil, gardant le symbolisme hiéroglyphique du ciel retourné, mais en faisant de la boule en équilibre le Soleil et non le nouveau globe terrestre !

Un nouveau tournant sera pris lors de l'arrivée des frères de Joseph en Égypte, lorsque le pharaon s'engage à leur donner ce qu'il y a de meilleur comme terres aux bords du Nil, afin qu'ils puissent manger la graisse du pays sans avoir à regretter la contrée qu'ils ont abandonnée.[10] Et Jacob ainsi que Joseph et les soixante-dix membres de la famille s'installeront dans cette terre providentielle de Gosen, ou le territoire de Gessen biblique, dont la base quadrilatère était très exactement celle émanant du rayonnement issu du ciel chaque matin et chaque soir dans la région du delta du Nil, ainsi que l'explique en détail la note annexée au présent chapitre.

Un sanctuaire splendide fut d'ailleurs érigé en cet endroit, et son nom se passe de commentaires : ⌂𝕽.La ville elle-même, dans les listes géographiques, s'écrit : ⌐'⌂⩓⩨. Il est le même dans la stèle d'El-Arish, avec encore plus de détails sur cette consécration, l'appelant la « ville du crépuscule ».

Quant à M. Brugsch, qui a soulevé le problème de cet important effet rayonnant, il écrivait aussi dans son *Thésaurus*, à la page 51, que « la fête de la fin du triangle avait lieu au vingt-deuxième jour lunaire » tel qu'il l'avait recopié sur les murs du temple de Dendérah. Or, dans cet édifice essentiellement dédié à Isis et à Nout, Dames patronnant le Ciel, il s'agit des influx lunaires transmis conjointement au rayonnement en

---

[10] Cette note importante est reportée à la fin du présent chapitre.

provenance des Douze depuis le retournement cyclique en Lion, soit :

Le triangle est donc significatif du rayonnement, le texte ci-dessus se retrouvant par exemple dans le tombeau de Mêrenrê, accompagné du dessin ci-dessous, qui signifie indubitablement l'adoration du Fils de Dieu (Pêr-Ahâ, ou pharaon en grec) devant le rayonnement qui fait de son âme une entité éternelle sous le nouveau ciel, à la suite du deuxième pacte d'alliance signé par ses Pères.

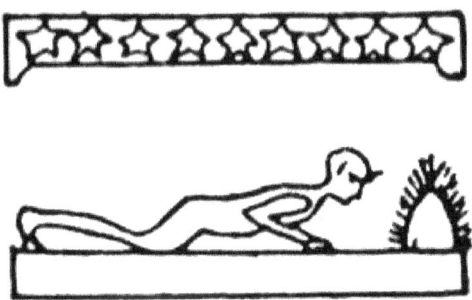

Cela bien compris, voyons le cheminement qui a permis de superposer Sirius comme chronométreur de notre temps au Soleil, centre de notre système.

Ainsi que je l'ai démontré à plusieurs reprises dans mes écrits précédents, Sirius, ou Sothis, déterminait depuis toujours l'année vraie de 365 jours et quart par le fait qu'elle apparaissait chaque année avec un retard de six heures sur sa venue précédente. Elle perdait donc un jour très exactement tous les quatre ans. Nous savons par de multiples écrits et décrets, et ce jusqu'à l'époque chrétienne, sans aucune discussion possible, que le jour du « lever de Sothis » arrivait à ces moments précis, avec des retards calendériques de 226 jours, 270 jours et même 309 jours dans l'année ordinaire de 365 jours. Il fallait donc bien que ce soit cette année elle-même qui ait été avancée dans l'année vraie jusqu'à concurrence de ces déplacements, sinon tout autre arbitraire aurait dérangé le calendrier annuel par rapport à l'année naturelle voulue par Dieu, ayant pour seul résultat d'avancer le jour du lever de Sothis, ce qui était impensable puisqu'il constituait le départ de l'Horloge divine pour une nouvelle année.

Le fonctionnement calendérique de l'année dite « vague », à laquelle il fallait ajouter cinq jours épagomènes prouve admirablement la Connaissance des Anciens sur le parfait déroulement du temps ! Il faut être aussi analphabètes que le furent les « spécialistes » qui traitèrent ces Anciens de barbares pour l'utilisation d'une année de 360 jours, car le fait même d'ajouter cinq jours épagomènes prouve à lui seul qu'ils avaient parfaite compréhension de la mécanique céleste qui voulait les 365 jours pour que l'humanité vive normalement ! Cette certitude acquise permet de considérer les Égyptiens antiques avec un *a priori* de civilisation plus avancée que la nôtre, car, il y a six millénaires, que faisions-nous ? Et comment vivions-nous ?... Je ne ferai pas l'injure de le rappeler ici !

Le visiteur qui s'arrête sur les terrasses du temple de Dendérah, et qui se place dans la salle à ciel ouvert, contiguë à celle où se trouve la copie du fameux Zodiaque, ne peut qu'admirer respectueusement le travail qui s'effectuait là, dans les diverses reconstructions successives qui précédèrent l'actuelle. Dans ce lieu d'observation, sous un ciel d'une limpidité exceptionnelle, toute la nuit se passait à scruter la voûte céleste. Outre le rayonnement pyramidal provenant d'un point fixe émanant de la Voie lactée, rien n'échappait aux Maîtres et à leurs élèves encore novices. Toutes les planètes voyaient leurs mouvements strictement calculés et répertoriés. De plus, certaines encoches permettaient de délimiter rigoureusement le déplacement de Sep'ti, ou Sirius, dès la disparition du bloc lumineux pyramidal. En effet, c'était à ce point fixe précis bien que changeant au fil des jours de l'année, qu'apparaissait alors cette étoile très brillante de première grandeur.

Sirius est surnommée la Canicule, ou le Grand Chien, qui vient du latin : Canis Majoris. L'apparition de cette Fixe dans le ciel de Dendérah, en plein été, déterminait le moment du début de l'inondation et de la fertilité des terres données par Dieu aux rescapés du « Premier-Cœur ». Elle était le signe patent de la volonté divine d'accorder toute sa bienveillance à son peuple élu, tant que celui-ci obéirait à ses commandements. Sirius était en quelque sorte la clé de voûte de toute la conception de vie sociale sur la Terre.

Porphyre écrivait à ce propos la phrase suivante :

Pour les Égyptiens, le Verseau n'était pas à l'origine de l'année, comme il l'est pour les Romains. C'était le Cancer, car tout près de cette constellation se trouve l'étoile Sothis, que les Grecs appellent l'astre du Chien dont la néoménie est, pour les Égyptiens, le lever de Sirius, ce phénomène ayant présidé à la création du monde.

On s'aperçoit aisément des erreurs et interpolations commises par cet auteur lointain, mais le fond de vérité reste patent : le Cancer, ou plutôt le Crabe, et plus avant sous le nom de Scarabée, cette constellation a présidé au renouveau du « Deuxième-Cœur », après le long exode tout au long de la ligne imaginaire appelée tropique du Cancer, guidé par Sirius, qui est dans le prolongement de la Voie lactée, à la suite du Cancer, guidant chaque matin et chaque soir, par son rayonnement, les descendants des Survivants du Cœur-Aîné.

Ce qui est encore plus étonnant, et ne peut être taxé de coïncidence, est le fait que le lever héliaque de Sirius ayant permis de recommencer la datation, était celui de la conjonction de Sirius et du Soleil en Cancer, alors qu'elle se produisait en l'an 1600 de notre ère très exactement en constellation des

Poissons. Car, là encore, toute une base mathématique astrale a présidé à l'étude du ciel. Les Maîtres de la Mesure et du Nombre observaient le mouvement des astres depuis des millénaires, établissant ainsi des cartes du ciel extrêmement précises. Le temps n'avait aucune importance dans cette étude de l'espace où une conjonction de notre Soleil et de notre Sirius lointaine ne se produisait qu'une fois tous les 1 461 ans. Car la base de calcul la plus certaine pour le lever héliaque de Sirius étant celle annoncée par Censorinus en l'an 139 de notre ère, soit, avec les 1 461 années solaires ajoutées pour la révolution complète de cette étoile : l'an 1600 très précisément, ce qui ne peut être une autre coïncidence.

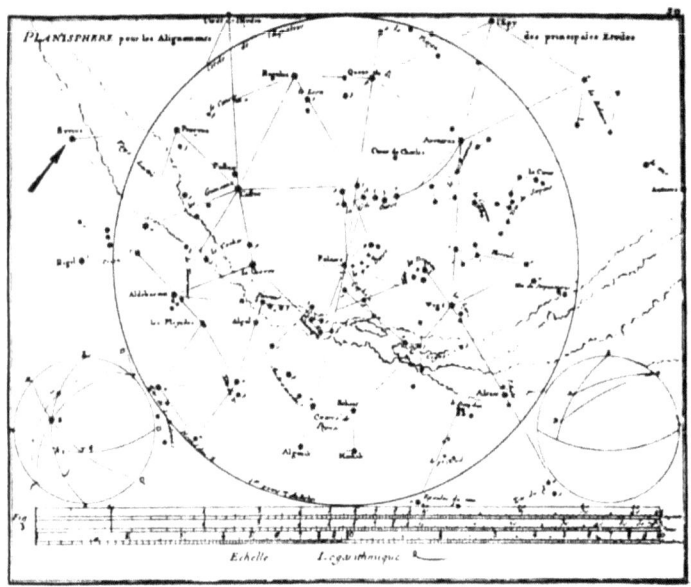

Vettius Valens, auteur grec du IIIe siècle, parle dans son chapitre 6 du *Traité du ciel*, de l'année de Sirius en ces termes :

Généralement, les anciens ont pris le dominateur de l'année et de tous les mouvements de l'univers, à compter de la néoménie de Thoth, car ils faisaient partir de là l'origine de l'année sothiaque, et plus précisément à compter du lever héliaque du Chien.[11]

Enfin, je rapporterai pour achever cet aparté littéraire antique, concernant l'astronomie vue par les Grecs, le fameux passage de l'Histoire de l'Égypte vu par Hérodote, lors de son voyage. Il a été si diversement commenté et de la plus horrible façon qu'il est bon de le citer, sans même y ajouter un commentaire, tellement il parle de luimême à quiconque a lu ma première trilogie, celle des Origines :

Jusqu'à cet endroit de mon histoire, les Égyptiens et leurs Grands-Prêtres me firent voir que, depuis leur premier roi jusqu'au règne de Vulcain, qui régna le dernier, il y avait eu trois cent quarante et une générations ; et pendant cette longue suite de générations, autant de Grands-Prêtres et autant de rois. Or, trois cents générations font dix mille ans ; car trois générations valent cent ans. Et les quarante et une générations qui restent au-delà des trois cents, font mille trois cent quarante ans. Ils ajoutèrent que, durant ces onze mille trois cent quarante ans, aucun dieu ne s'était manifesté sous une forme humaine ; et qu'on n'avait rien vu de pareil ni dans les temps antérieurs à cette époque ni parmi les autres rois qui ont régné en Égypte dans les temps postérieurs. Ils m'assurèrent aussi que, dans cette longue suite d'années, le soleil s'était levé quatre fois où il se couche maintenant ; et qu'il s'était aussi couché deux fois à l'endroit où nous voyons qu'il se lève aujourd'hui, que cela n'avait apporté aucun changement en Égypte ; que les productions de la terre et les inondations du Nil avaient été les mêmes ; et qu'il n'y avait eu ni plus de maladies ni une mortalité plus considérable.

Il est assez facile d'imaginer la méthode employée par les premiers Maîtres anxieux de rétablir un équilibre harmonique pour la vie humaine selon le déroulement des Combinaisons-

---

[11] Le 1 du mois de Thoth équivalant au plein été : le 21 juillet, d'où ce surnom de canicule pour parler d'une forte chaleur.

Mathématiques-divines, afin que le précaire accord de la nouvelle Alliance prenne effectivement corps. Dès qu'ils furent parvenus à l'endroit désigné par Ptah, qui était cette boucle du Nil où s'élèverait plus tard le temple de Dendérah, les Grands-Prêtres scrutèrent la voûte céleste pour définir les configurations des Douze et les mouvements des Errantes par rapport à la Fixe Sep'ti ou Sothis, ou Sirius.

Ces astronomes avant l'âge calculèrent à l'aide de leurs observations des sortes de tables fournissant la hauteur relative du Soleil et de Sirius, c'est-à-dire la hauteur qu'avait la Fixe au-dessus du Soleil, donc la différence quotidienne des hauteurs au-dessus de l'horizon entre notre astre solaire et Sirius, et ce à la latitude de Dendérah bien entendu.

Cela fut possible dès le premier jour de Thoth annonciateur de l'inondation grâce à l'apparition de Sirius resplendissant au-dessus de l'horizon, avant le lever du Soleil, et après la présence terrestre de la Lumière zodiacale pyramidale. Ce fut cette première visibilité de l'astre dit le Chien, car il était en quelque sorte le gardien fidèle des mouvements célestes, dès le premier jour de Thoth qui détermina avec exactitude par rapport à la position du Soleil, le lever héliaque de Sirius pour faire renaître le calendrier. C'est cet « angle de l'apparition sothiaque », géométriquement calculable, qui sert dans les mouvements des configurations célestes pour doser les influx qui en découlent sur les humains.

Cela permet de mieux comprendre à quel point tout événement était écrit en plusieurs exemplaires par les scribes administratifs et archivés. L'exemple typique est celui du document intitulé « Papyrus de Kahoun ». Sur ce feuillet est tracée la date sothiaque de l'an 7 du règne de Sénousrit III. L'écrivain consigne la copie d'une lettre adressée par un pontife du collège des GrandsPrêtres à un supérieur de temple, ainsi conçue : « Il te faut savoir dès à présent que l'arrivée glorieuse du lever de notre fidèle Sep'ti se produira cette année au mois 4 de Périt, et au jour 15. Fais connaître cette date à ton entourage, et affiche-la à l'entrée de ton temple afin que tes fidèles soient en joie ce jour-là et fassent les offrandes prévues. »

Cette missive du scribe de Kahoun porte à la fin du texte la date du mois 3 de Périt, jour 8. Ceci est prouvé et reconnu de tous les spécialistes en égyptologie. Ce qui revient à dire que cette circulaire administrative, en quelque sorte a été écrite afin que nul n'en ignore le contenu TRENTE-SEPT JOURS AVANT QUE L'ÉVÉNEMENT NE se produise, et donc que les calculs étaient bien effectués longtemps à l'avance !

La notification de la date du lever de Sirius, outre la prise en considération des cérémonies religieuses inhérentes à ce jour vénéré, répondait à des nécessités pratiques très importantes dans le calendrier de l'année mobile en tant que moyen *fixe* de repérage dans le temps.

Cette observation rigoureuse du ciel peut paraître étonnante et même impossible pour celui qui ne connaît pas les rudiments de notre astronomie. À ce propos, l'un des plus éminents astronomes du début du siècle dernier écrivait en 1817 dans son *Histoire de l'astronomie ancienne* :

« L'observation d'Arcturus, Orion, Sirius, représentative des époques de l'année naturelle, est très facile et ne nécessite qu'un peu d'attention, de bons yeux et un horizon libre. »

La situation si simplement décrite par le vieil astronome Ch. Delambre est souvent méconnue, aujourd'hui encore, par les égyptologues réfractaires à l'astronomie et donc à ce qu'ils dénomment avec un mépris certain « la théorie sothiaque », tentés qu'ils sont d'objecter qu'à une époque aussi éloignée que celle dont il s'agit, il est invraisemblable que les Égyptiens aient pu effectuer des mesures concernant le lever de Sirius. Or, la brillance de cet astre prouve qu'il est facile de l'observer à l'œil nu et de suivre chacun de ses mouvements.

D'ailleurs, le célèbre *Décret de Canope,* traduit en toute inconscience par ces mêmes égyptologues, spécifie bien l'astronomie presque scientifique dont sont entourées les évolutions de l'astre du Chien ! Il y est précisé que le lever de Sirius s'effectuera cette annéelà (la neuvième du règne de Ptolémée Evergète), le premier mois de Périt, au dix-septième jour. Ce décret fut bel et bien signé quatre mois et demi auparavant : le premier jour du deuxième mois de Shemnou...

Dans les plus grands temples comme dans les petites chapelles, les murs sont pleins des textes religieux qui prévoient pour des dates fixes certaines fêtes. À Dendérah, elles étaient prévues 1 460 ans à l'avance en ce qui concerne Sirius :

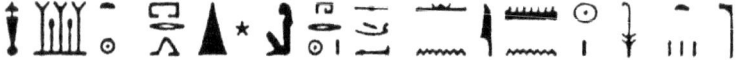

Le premier jour du mois de Thoth, à l'apparition de Sirius, après le départ de la Lumière, Grande Fête du renouvellement du Soleil porteur des influx divins.

Nous possédons également des textes qui permettent de retracer les cours d'astronomie donnés par les Maîtres à leurs élèves. Il est donc aisé de restituer dans sa version antique l'un de ces enseignements. Les élèves sont assis sur des bancs de pierre dans l'une des nombreuses salles de la Maison-de-Vie. Ils écoutent respectueusement celui qui leur parle, notant méthodiquement tout ce qu'ils ne seraient point capables de retenir :

« – Sep'ti, la plus brillante de toutes les Fixes, reste la plus éclatante de toute la création divine. Dans la mécanique céleste qui comprend des millions de rouages apparemment compliqués, les Combinaisons-Mathématiques-divines ont un mouvement d'horlogerie fort simple puisqu'elles ne dépendent que de la Ceinture des Douze, à l'intérieur de laquelle se meuvent les Sept et sur le tour desquelles intervient en dernier ressort l'influx de l'étoile dédiée à notre Bonne Mère Isis. »

Nous allons donc à présent entrer plus en détail dans cette Ceinture des Douze qui est aujourd'hui appelée plus prosaïquement Zodiaque, et dont le centre était occupé par la « Grande Chienne » :

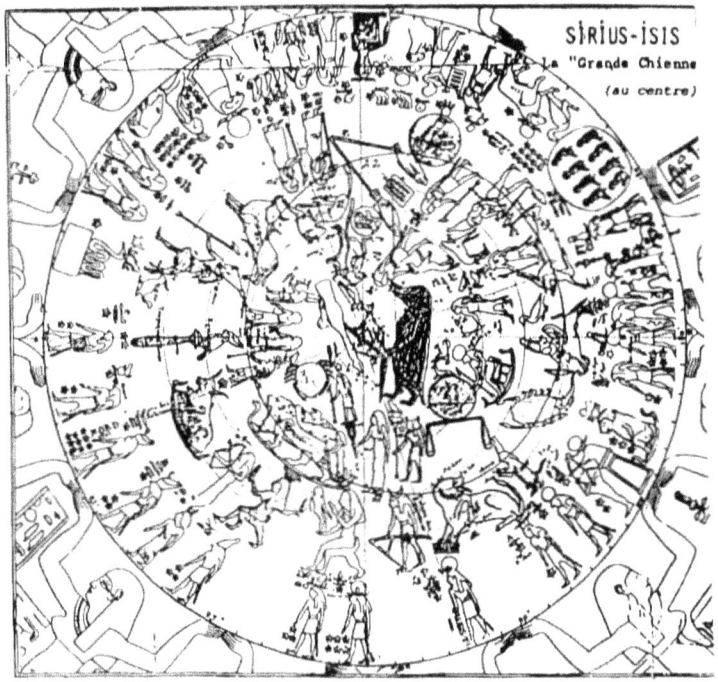

NOTE IMPORTANTE SUR LE RAYONNEMENT DE LA FIXE SIRIUS

Cette note, comme le lecteur en jugera, est la plus importante que je soumets publiquement depuis que j*ai entrepris de narrer cette longue fresque historico-religieuse qui constituera, dans quelques années, les fondements de la véritable *Histoire du Monothéisme*. Elle concerne la Lumière zodiacale, ce rayonnement qui touche la Terre à l'aurore et au crépuscule sous une forme pyramidale gigantesque, tel que cela a été décrit tout au long de ce chapitre. Elle émane sans conteste de la région céleste où se trouve la brillante Sirius, et nous parvient, irisée et toute-puissante de sa force rayonnante, au travers de la Ceinture des Douze constellations qui emprisonnent littéralement tout notre système solaire. Mais elle n'est parfaitement visible, pour des raisons que la physique astronomique a déjà amplement développées, qu'aux alentours du tropique du Cancer, cette ligne imaginaire bien connue, et seulement à l'aurore, une trentaine de minutes, et autant au crépuscule : avant le lever du Soleil et après son coucher.

C'est sa forme géométrique spécifique qui en a fait le signe céleste « Guide des Humains » et le lieu de sa provenance, l'originale Année de Dieu. Pour les rescapés des Survivants de l'Atlantide partant, durant un long exode de plusieurs millénaires, à la recherche de la terre promise par Ptah, le Dieu-Un, cette forme pyramidale était incontestablement le signe placé par Dieu au-devant d'eux pour leur montrer la route à suivre, tout au long de la vaste traversée du désert saharien jusqu'au « Deuxième-Cœur » (Ath-Kâ-Ptah, Aéguyptos, ou Égypte). Ce rayonnement à la fois visible et céleste, qui était toujours au-devant d'eux, matin et soir, prouvait à la fois la toute-puissance divine et la bienveillance de celui qui, d'en haut, pardonnait leur impiété et leur désobéissance en les guidant vers une seconde terre.

Cela est bien admis, mais ce qui est très surprenant, c'est qu'une fois de plus, l'Ancien Testament biblique s'est emparé de ce fait authentique, mais bien plus antique, pour le transposer au temps de Moïse ! S'il est bien évident que ce Législateur du peuple juif a été élevé dans toute la Connaissance égyptienne, il est non moins patent que son Exode en compagnie de son peuple vers une Terre Promise a un accent et une réminiscence certaine avec des temps bien plus anciens : ceux vécus par les ancêtres des pharaons des bords du Nil.

En outre, cette Lumière zodiacale, ce rayonnement céleste apparaît dans la Bible au livre de l'Exode. En effet, il est écrit au chapitre 13 et aux versets 21 et 22 :

Yahvé les précédait, le jour sous la forme d'une colonne de nuée pour leur indiquer la route, et la nuit en la forme d'une colonne de feu pour les éclairer; ils pouvaient ainsi poursuivre leur marche jour et nuit. La colonne de nuée ne manquait jamais de précéder le peuple pendant le jour, ni la colonne de feu pendant la nuit.

Il s'agit ici de la description biblique de l'Exode de Moïse et de son peuple, mais il est facile de décrire de même la longue marche des descendants de Geb et de Nout vers la nouvelle terre qui leur était promise par Ptah, avec la même description du rayonnement sous forme d'une colonne de nuée le matin, et de feu au crépuscule, le soleil couchant irradiant littéralement d'orange et de mauve ce rayonnement translucide.

Le chaînon manquant, celui qui relie les temps antérieurs aux bâtisseurs des pyramides à l'Exode de Moïse, justement à propos de cette symbolique pyramidale que devint la Lumière zodiacale, existe bel et bien. S'il n'apparaît pas à première vue, la cause en fut la façon descriptive parabolique de l'Ancien Testament, car le lien a pour nom : Joseph, qui fut en quelque sorte le superintendant hébreu du pharaon Apophis Ier, et dont le titre exact fut même vice-roi.

Tout le monde connaît l'histoire biblique de ce fils aîné de Jacob et de Rachel, vendu comme esclave par ses frères jaloux, à des marchands madianites qui se rendaient en Égypte en caravane pour y vendre leurs produits. Parvenus à la cour de pharaon, ils vendirent Joseph à Putiphar, l'eunuque chef de la garde personnelle du roi. Bien vite, il devint l'intendant de sa maison. Deux années s'écoulèrent avec des hauts et des bas pour lui, avant que pharaon, ayant eu un songe singulier, s'informât auprès de ses Maîtres des

Secrets du Ciel, de sa signification. Mais aucune réponse ne le satisfit. Ce fut Joseph qui, ayant accompagné Putiphar à une audience, résolut l'énigme des sept années d'abondance et de disette. À la suite de quoi, devant cet homme clairvoyant et habile, il lui confia l'administration du royaume.

Il ne fait nul doute qu'à partir de ce moment, Joseph put lui-même s'instruire de toute la Sagesse égyptienne. Il connut donc très rapidement tous les secrets stellaires, leurs pouvoirs et leurs effets maléfiques tout autant que bénéfiques. Aussi, la connaissance de cette Lumière zodiacale à forme pyramidale émanant de Sirius le laissa-t-elle rêveur. En effet, dans le nord de l'Égypte, chaque matin, et chaque soir, elle enveloppait une petite région particulièrement bénie pour toutes les cultures, le désert s'étalant à perte de vue tout autour de cette immense parcelle.

La famine qu'il avait prévue grâce au songe de pharaon, et évitée par des stocks importants de grains entassés dans des silos à cet effet en fit le vice-roi car il avait été la bénédiction de l'Égypte. Cette disette immense avait touché toutes les régions avoisinantes, dont le pays de Chanaan, habité par Jacob et ses autres enfants. Ainsi les frères de Joseph vinrent-ils sur les bords du Nil afin d'y acheter de la nourriture. Après plusieurs aventures, il pardonna à ses frères et leur demanda de revenir en Égypte avec leur père et toutes leurs familles.

Avec l'autorisation de pharaon, Joseph assigne aux soixante-douze personnes qui constituent sa famille, la Terre de Gessen, celle-là même qui se trouve placée sous la bénédiction de l'influx de la Lumière.

Car il ne faut point oublier que ce fut de cette Terre de Gessen comprise entre la branche la plus orientale du delta du Nil, dite la branche pélusiaque, et le désert immense, telle qu'identifiée sur la carte ci-dessus, que débuta le fameux Exode commandé par Moïse, qui connaissait lui aussi parfaitement l'influence de cette Lumière qu'il retrouverait chaque matin et chaque soir comme un signal divin qui lui montrerait qu'il marchait dans la bonne direction. D'où la colonne de nuée et celle de feu qui le guidèrent. Cela fit d'ailleurs dire à Aaron le premier Grand-Prêtre de cette nouvelle nation juive :

« Par l'Urim et le Tummim, nous sommes assurés de l'aide de Dieu. »

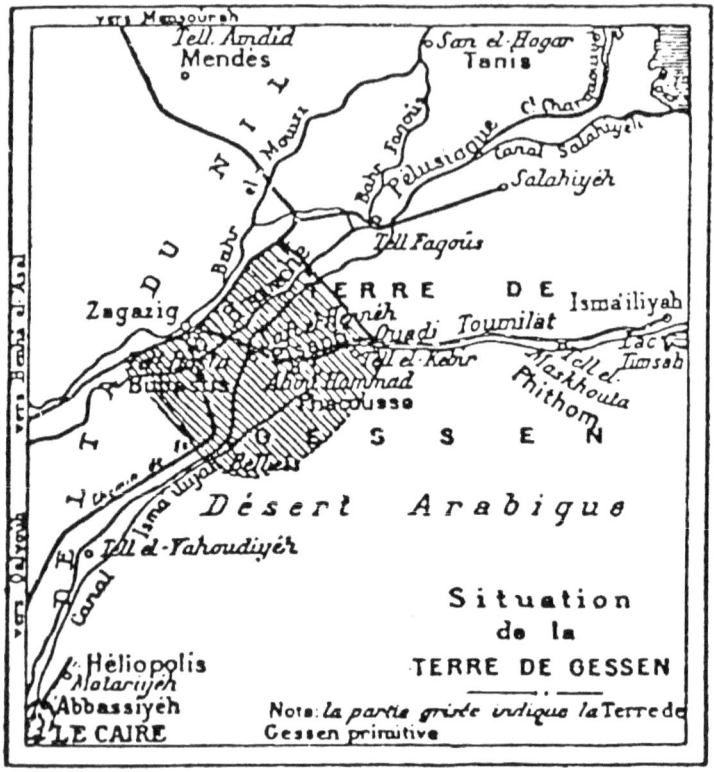

Or, « Urim », mot hébreu, signifie : Lumière, rayonnement; et « Tummim » : Accomplissement de la Vérité.

Note n° 2 sur le mot « pyramide » et son origine

M. Sylvestre de Sacy, qui fut l'éminent savant, en quelque sorte le professeur et le bienfaiteur de Champollion, était aussi un distingué linguiste qui parlait, entre autres, couramment l'arabe. Il nous a laissé une intéressante dissertation sur l'origine du mot pyramide qui n'a aucune signification précise dans aucune des langues qui sont les nôtres. Plus précisément en arabe, ce mot s'écrit *Haram*, qui signifie très ancien. Si l'on sait également que le mot sphinx s'écrit *Abou'l Hol*, qui veut dire « père de l'effroi », nous avons une vue plus saine de l'origine des monuments les plus antiques. Il convient de se souvenir, par exemple, que ce mot de monument, vient du latin *monumentum* qui signifie : avertissement.

Nous pouvons donc dire que la pyramide est un avertissement très ancien, et que ce serait en partant de cet « haram » que les Grecs, en y ajoutant « pi », ont obtenu le mot pyramide. La seule difficulté logique étant évidemment que les Hellènes connurent l'Égypte bien avant que les Arabes n'y pénètrent ! Voyons donc, avant d'en arriver à la véritable signification hiéroglyphique, les différentes étymologies proposées par les savants philologues qui se sont occupés de ce problème.

Tout d'abord M. Volney, dans son *Voyage en Syrie et en Égypte*, dérive ce mot de l'hébreu *bour* et *mit*, signifiant sépulcre et mort ; le mot *bour-ha-mit*, d'où serait dérivé piramis, voulant dire « caveau du mort ». M. Langlès, au contraire, dans ses savantes notes sur le Voyage de Norden en Égypte, fait de « pi », racine copte, le pivot central du mot pyramide, en y ajoutant chrom, c'est-à-dire le feu, supputant sur la disparition du « ch » en orthographe grecque, d'où « pirhom ».

Le nombre des savants du XIXe siècle qui se sont penchés sans succès sur l'origine du mot est tel que tout un livre ne suffirait pas à les nommer et à rapporter leurs théories. Pourtant, la simple logique voudrait que ce mot de « pyramis » vienne d'un pays voisin, la Chaldée ou l'Assyrie, pays limitrophe de l'Égypte, qui a toujours été en communication constante avec les habitants de ce pays. D'autant que sous le règne de Sésostris, par exemple, ces contrées faisaient partie intégrante du grand royaume des pharaons. Il est donc certain que dans la langue chaldéenne existait un mot pour nommer cette construction gigantesque que tous les voyageurs de l'époque connaissaient, et ce, bien avant qu'aucun Grec ne pénètre en ce pays et n'en donne un nom dérivé de celui qui existait déjà dans le langage populaire.

Or, ce mot existe, tant en chaldéen qu'en hébreu, pour désigner ce monument : c'est *amud*, qui a le sens de pilier ou de... colonne ! Ce qui nous ramène à la colonne de nuée ou de feu biblique qui guida Moïse. La véritable signification de Lumière rayonnante se retrouve sans aucun doute possible dans cette signification, qui pourrait être qualifiée d'ésotérique, certes, mais qui était reprise dans le langage populaire afin que nul n'oublie l'aide apportée par le ciel à la résurrection du peuple élu de Dieu. C'est ce mot qui, en copte, et à l'aide de « pi », est devenu *pi-amud*, phonétisé en pyramis et pyramide.

Reste sa signification en hiéroglyphique, que les lecteurs du *Grand Cataclysme* connaissent déjà, mais qui trouve ici une éclatante confirmation :

$$\text{MER} = \text{L'Aimé.}\ (\ \blacktriangle\ ^{\bullet}\ )$$

Nous sommes évidemment très loin des significations ambiguës, tendant à faire des silos à grains de ces pyramides, comme cela a été souvent avancé pour Joseph, oubliant toutefois que les monuments existaient déjà plusieurs millénaires avant la venue en Égypte de cet Hébreu qui finit vice-roi.

«Mer» est la contraction populaire d'un ensemble hiéroglyphique, c'est-à-dire uniquement utilisé en Langue sacrée, qui est :

SEQT BEN SHOU MER

et qui veut dire : *L'Aimé vers qui descend la Lumière.*

Cette construction de phrase ne fait aucun doute, car les quatre hiéroglyphes qui permettent d'en retrouver le sens exact se trouvent dans des papyrus mathématiques :

SEQT = demi-diagonale,

BEN = la perpendiculaire à la hauteur,

SHOU = l'arête de l'angle qui fournit le cosinus, MER = rapport entre les lignes des arêtes.

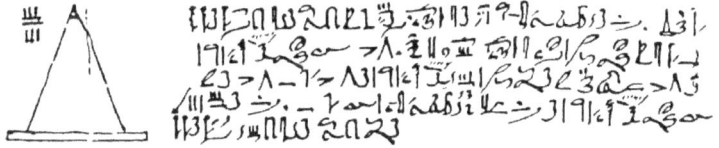

Problème du papyrus de RHIND : trouver la hauteur d'une pyramide dont on connaît la base et la pente.

MER qualifia donc concrètement la Lumière zodiacale, ce rayonnement extraordinaire de Sirius, en forme pyramidale et non conique, qui permet toutes les utilisations possibles en matière de calcul des Combinaisons-Mathématiques-divines. Elle reste «l'Aimée», celle qui influence bénéfiquement de ses effets les Descendants de la Triade divine et en général la multitude des créatures engendrées grâce au Créateur. Mais tout finissant par ne devenir qu'apparence des réalités tangibles, lorsqu'une nouvelle civilisation chassa après Cambyse ce qui restait de la Connaissance, les Grecs ne se préoccupèrent plus de la réalité pharaonique, ni de son monothéisme. Ils se contentèrent d'en expliquer quelques énigmes selon leur propre optique plus jeune de nombre de milliers d'années, laissant délibérément chez eux la rigoureuse logique qui aurait dû guider leurs pas. Et non content de déformer toutes choses, ils inventèrent de nouveaux dieux pour que ce peuple disparu passât pour « barbare » !

À noter en rappel, et pour achever cette note, le symbolisme de l'œil d'Iset, autrement dit de Sirius, dont les larmes gravées, en touchant le sol, assurent une résurrection et une nouvelle création. Là encore, le rayonnement de cette Lumière zodiacale qu'il conviendrait enfin d'étudier sérieusement apparaît en clair dans les gravures de Dendérah et de son temple de la Dame du Ciel, d'où cette belle fin de phrase qui pourrait sortir tout droit d'un évangile :

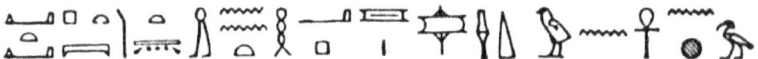

Ce que le ciel a donné à la terre pour l'élever à sa hauteur, l'humanité le doit à Hapy (le Nil). *Gloire au rayonnement céleste qui, seul, lui a transmis la Vie !*

De cette conception, d'ailleurs, apparaît aussi la résurrection d'Osiris au sein du ciel, et plus précisément dans la Voie lactée qui s'appelle aussi Hapy en hiéroglyphique. En effet, Hapy signifie Grand Fleuve, et si le Nil est le grand fleuve terrestre, la Voie lactée est le grand fleuve céleste ainsi uni à la Terre. Dans la gravure cidessous, on voit Osiris sur la Voie lactée (le serpent) avec Sirius à son côté, les cinq planètes et la croix de vie au-dessous, et en retrait les deux luminaires :

Note n° 3 sur le Zodiaque de Dendérah

Il faut avoir vu l'original du fameux Zodiaque de Dendérah, qui se trouve à une place d'honneur dans les salles d'égyptologie du musée du Louvre, à Paris; cela permet de mieux comprendre l'ampleur du travail exécuté sur l'ordre des Maîtres de la Mesure et du Nombre, par des ouvriers que nous qualifierions de « spécialisés » aujourd'hui !

La complexité des tracés et des gravures n'a d'égale que la précision des calculs réalisés à une époque si reculée qu'elle donne le vertige à qui veut bien y réfléchir ! Il suffit de contempler cette spiraloïde formant la Ceinture des Douze constellations du ciel pour déjà s'imaginer la valeur astronomique et scientifique de ceux qui sont à l'origine de l'astrologie : les antiques Égyptiens.

Voici les douze constellations de la Ceinture, en ombre noire sur le Zodiaque de Dendérah :

L'Astronomie selon les Égyptiens

ZODIAQUE
(DENDÉRAH)

CHAPITRE QUATRIÈME

LE ZODIAQUE SELON LES ÉGYPTIENS

Malgré toutes les polémiques qui se sont élevées dans les années 1820 à 1830 au sujet de l'antériorité du Zodiaque de Dendérah[12] il reste le monument le plus authentique de la science astronomique et astrologique égyptienne. La simple logique veut que tous les murs du temple où se trouvait ce planisphère ne comportant que des copies de gravures de textes qui remontent à la nuit des temps, il en aille de même pour le plafond de la pièce où figurait ce Zodiaque. En effet, des papyrus authentifiés et reconnus par tous les égyptologues parlent de *six* reconstructions successives suivant les mêmes plans remontant aux Suivants d'Horus, c'est-à-dire aux rois antérieurs à Ménès, le fondateur dynastique qui régnait il y a plus de six millénaires. Cela donne peut-être le vertige, mais il est nécessaire de voir que nous sommes loin d'être des intelligences supérieures, l'art de faire la guerre, des hécatombes et des holocaustes n'étant aucunement la preuve d'une civilisation avancée !

C'est pour éviter ce qui nous arrive, justement, que les Sages de l'Égypte préconisèrent l'obéissance aux commandements de la Loi de la Création, seule susceptible de préserver l'harmonie entre le Ciel et la Terre. Les Maisons-de-Vie spécialisées dans l'étude des Combinaisons-Mathématiques réglementant cette législation, en découlèrent. Ainsi naquirent les Prophètes : ce

---

[12] Relire *Le Zodiaque de Dendérah*, du même auteur, aux éd. du Rocher.

furent ceux qui savaient lire dans les Configurations célestes à venir, tant en ce qui concernait les mouvements combinatoires de notre globe terrestre au sein du système solaire et du cosmos tout entier, que dans les influx qui, ayant prédéterminé les actions humaines, les faisaient agir différemment que prévu selon les périodes. Et tous ces Maîtres, tous ces Patriarches, n'agissaient qu'en fonction des Textes sacrés impératifs, qui prévoyaient, pour tout manquement à cette discipline créée en même temps que la Création elle-même, un châtiment d'une impitoyable rigueur, encore plus horrible que le Grand Cataclysme qui effaça de la surface de la Terre le Cœur-Aîné : Ahâ-Men-Ptah, phonétisé Amenta, ou le Royaume des Couchés, des Morts, lors du renouvellement de l'écriture en Ath-Kâ-Ptah.

Cette hiéroglyphique, incontestablement le premier évangile monothéiste, est bien antérieure aux récits bibliques de l'Ancien Testament, ainsi que cela a été vu dans la note annexée au précédent chapitre. Ceci apparaîtra troublant au lecteur non averti, mais l'extrême ressemblance entre les Textes saints égyptiens et ceux de la Bible, leurs cadets d'au moins quinze siècles, est normale lorsque l'on sait que Moïse avait été élevé comme prince d'Égypte, et donc comme Grand-Prêtre de ce pays. Le début de la Genèse, que tout le monde connaît plus ou moins, en est un autre exemple typique :

« Au commencement, Dieu créa les cieux et la terre. La terre était informe et vide ; il y avait des ténèbres à la surface de l'abîme, et l'esprit de Dieu se mouvait au-dessus des eaux. Dieu dit : Que la lumière soit ! Et la lumière fut. »

Deux textes antiques des bords du Nil ont permis de reconstituer en une teneur identique l'Évangile selon les Égyptiens. L'un, d'origine solaire et idolâtre, l'autre théologique, voué au culte du Dieu-Un : Ptah. Il est donc aisé de retracer une image exacte de la figuration de la Création du monde, pour des temps antérieurs de plus de quatre millénaires à l'âge biblique :

« Au commencement, il n'y avait pas encore de ciel et il n'y avait pas non plus de terre; les hommes n'existaient pas car le Fils de Ptah n'étant pas né, aucune âme n'était engendrée. Il n'y avait pas non plus de morts puisqu'il n'y avait pas de vivants, ni aucun endroit pour les admettre vivants ou morts. Seuls les germes de toutes les choses vivantes ou inertes attendaient confondus dans le sein de l'Abîme (le Noun) ces germes portaient en eux la totalité des existences futures, mais ils flottaient dans un chaos informe, le néant (le Toum) en état inconsistant et instable, ne trouvant aucun lieu où se tenir. Et vint le moment attendu où Ptah créa son unique Création de Créateur : il engendra « dans son Cœur » tout ce qui existe, en totalité ! Pour cela, il se dressa hors du Noun (de l'abîme) de tout ce qui le composait, pour monter hors du Toum (le néant) et surgir de l'eau primordiale. Dès lors, Ptah prit son Nom d'Atoum afin que la Lumière brille, et Râ prit sa place dans le ciel afin que la Lumière fût. »

Il en va de même pour la cosmogonie mosaïque qui a repris l'ensemble plus antique encore des Égyptiens dont la Création en sept cycles a été amplement détaillée dans *Le Grand Cataclysme*. La prière la plus ancienne conservée sur les textes gravés de Dendérah se termine ainsi :

Car c'est Ptah seul qui a fait le Ciel et la Terre pour notre bonheur !

Car c'est Lui seul qui a repoussé les ténèbres pour faire de nous ses Fils de Lumière !

Car c'est Lui seul qui a animé notre âme avec son Souffle !

Ainsi l'âme insufflée par le Créateur aidé de ses Douze du ciel, a pris place dans le corps charnel !

Ainsi la Vie de l'Homme a été introduite dans les corps charnels avec cette Parcelle divine qu'est l'Âme !

Voilà pourquoi l'Homme est la créature de Ptah ;

Voilà pourquoi le Créateur a fait les plantes, les animaux, les oiseaux et toutes les choses qui vivent et qui respirent dans l'eau, dans l'air et sur la terre, afin de subvenir aux besoins des créatures du Créateur ;

Que l'Homme ne déshonore jamais le Modeleur qui l'a fait à son image !

Que l'Homme mange et boive selon son appétit.

Que l'Homme travaille pour être véritablement un homme et non une bête;

Que l'Homme prie et remercie son Créateur d'être un Homme !

Que l'Homme craigne la colère de Ptah pour toute désobéissance !

Et la gloire éternelle de Ptah continuera d'envoyer sa bénédiction à ses images par l'entremise des Douze.

Cette fin de prière à peine transposée pour notre XXe siècle passerait dans toutes les églises chrétiennes, sans froisser les esprits les plus puritains. Mais le but de cet ouvrage n'étant pas d'expliquer la continuité du monothéisme à travers l'Égypte et Moïse, jusqu'à Jésus, mais d'expliquer l'astrologie selon les Égyptiens, reprenons ce thème en parlant des Douze constellations inégales telles qu'elles ont été vues dans l'avant-dernier chapitre.

L'observation de cette Ceinture équatoriale de l'écliptique céleste ne suffisant pas pour calculer très exactement les Combinaisons qui en découlaient, un « Cercle d'Or » fut construit une première fois en Ahâ-Men-Ptah, puis une seconde fois en Ath-Kâ-Ptah, sur le site de Dendérah ou plus exactement *dessous*, endroit idéalement placé, là où le temple conserve encore tant de vestiges astronomiques, dont le planisphère en est le symbole et qui, lors de son arrivée à Paris est devenu le Zodiaque de Dendérah.

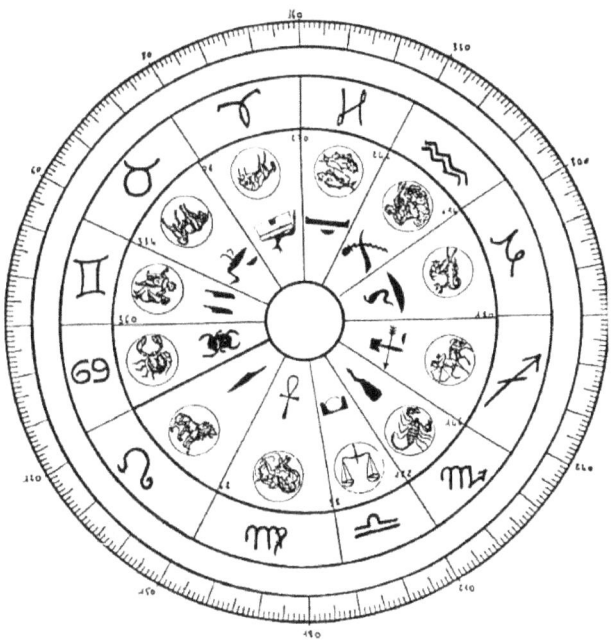

Il est bien difficile d'imaginer le gigantisme de cette construction que fut le Cercle d'Or, tant qu'il ne pourra pas être mis au jour, ce qui ne se fera qu'en 1982, les travaux de déblaiements des vestiges qui le recouvrent ne pouvant s'effectuer que lentement. Néanmoins, les données que nous possédons laissent bien présager de sa grandeur. Hérodote, qui qualifie ce Cercle d'Or de « Labyrinthe », le décrit assez bien avec trois mille chambres en deux étages. Il en a été donné une description plus exacte et bien détaillée dans le dernier tome de *La Trilogie des Origines*, aussi ne reprendrons-nous ici que la description des Douze formant le pourtour extérieur du Cercle d'Or : le Zodiaque. Les douze représentations célestes le sont en figurations symboliques de longueurs inégales. Elles forment véritablement l'Ancêtre de ce qui est devenu le Zodiaque des Grecs plusieurs millénaires après. À l'origine, les Douze avaient des idéogrammes différents pour la plupart, comme cela est parfaitement visible sur le Zodiaque ci-contre.

Le premier des douze signes astrologiques, celui qui commençait le Zodiaque selon les antiques Égyptiens, n'était pas le Bélier qui l'inaugure chez tous les astrologues de nos jours. Et ce, pour des raisons autant astronomiques, dues à la fameuse précession des équinoxes, que pour des faits historico-religieux, à cause du Grand Cataclysme qui ayant bouleversé la rotation de la Terre pendant que le Soleil était dans la constellation du Lion, n'a retrouvé sa nature même qu'avec la pénétration de l'astre solaire dans la constellation appelée depuis l'Antiquité chaldéenne seulement le Cancer.

Ce premier signe est donc celui du Renouveau de la Terre et de la Renaissance de son humanité élue de Ptah, en route vers sa deuxième patrie, qui s'appellera Ath-Kâ-Ptah ou le « DeuxièmeCœur-de-Dieu » : l'Égypte. Son symbolisme hiéroglyphique est un Scarabée, dont la phonétisation était Kheprer. C'est pourquoi, par toute une suite logique philologique hellène, puis latine, de Scarabée, cette constellation est devenue d'abord le Crabe, avant de s'appeler définitivement de ce nom épouvantable qui donne toujours le frisson : Cancer ! C'est pourquoi, s'il convient de s'imprégner de ces mythes gréco-romains, il faut s'en méfier et n'en extraire que la petite parcelle de vérité qui y reste incluse !

C'est pourquoi aussi, et précisément, la « redécouverte » par Galilée, en 1625, du mouvement réel de la rotation de la Terre par rapport aux antiques définitions astronomiques égyptiennes, ne change absolument rien dans la conception originelle du Zodiaque et des Combinaisons-Mathématiques-divines qui en découlent directement grâce à l'émetteur rayonnant de première grandeur qu'est Sirius. Ce ne fut que bien plus tard, près de quatre millénaires, que Ptolémée refit une composition mathématique du ciel, et Manilius fit, lui, ce qui devint l'astrologie.

Car l'influence astrale ne dépend pas plus du mouvement du Soleil et des planètes que de celui de la Terre. Elle dérive d'abord de la source émettrice propre à Sirius. Ensuite seulement intervient la position relative des douze constellations par rapport aux planètes de notre système solaire à un moment donné (heure de naissance, lancement d'un navire, départ en voyage, etc.) et pour un lieu spécifiquement déterminé (lieu de naissance, ou de lancement, etc.) et ce, en concordance avec les récepteurs Lune et Soleil. Que ce soit la Terre qui tourne, ou qu'apparemment ce soit le Soleil, étant donné que c'est toujours dans le même espace, durant le même temps, et à une distance égale, *la position en degrés restera toujours la même*. Cela se comprend sans plus argumenter, et par conséquent, le sens apparent utilisé par l'astrologie est bien véritablement le sens réel par rapport à notre ciel et à la Terre que nous habitons, sans avoir à inverser ce que Dieu, dans sa colère, a fait déjà reculer une centaine de siècles avant notre ère !

Assez d'exemples dans l'Égypte pharaonique permettent amplement de reconstituer le pourquoi de l'attribution du Scarabée au signe qui deviendra beaucoup plus tard celui du Cancer. Tout d'abord, la signification hiéroglyphique du dessin de ce coléoptère qui apparaît très souvent dans la Langue sacrée, mais qui reste un peu abstraite de par la confusion apportée par les égyptologues à n'y déceler qu'une seule interprétation au lieu de deux bien réelles pourtant. Clairement, une synthèse expliquerait que le scarabée symbolise « la naissance à l'existence selon les seules directives du Verbe Créateur ». Plus simplement encore, et dans le même contexte : « avoir été, être, et devenir par soi-même ». L'idée maîtresse était de sauvegarder les générations survivantes du Grand

Cataclysme, et issues du Fils de Dieu, avec leur renouvellement humain unificateur. D'où des notions opposées des deux clans ennemis (les descendants d'Osiris et de Seth) sur l'existence et la création, l'être et le non-être, ayant engendré une méconnaissance du Bien au profit d'une connaissance du Mal.

C'est ainsi que la figuration du scarabée en tant que symbole fut utilisée dès l'arrivée en Ath-Kâ-Ptah, à deux fins différentes dans les premiers temples érigés sur les bords du Nil.

À An-du-Nord, qui était l'Héliopolis grec, ce coléoptère a représenté « la manifestation éternelle et vivante du Soleil renaissant quotidiennement de sa propre combustion ». L'astre solaire, sous sa forme de scarabée, était admis comme le seul démiurge possible par les impies, ces fils rebelles de Seth, le demi-frère terrestre d'Osiris, qui était devenu athée, sans foi ni loi, après l'accession au trône par l'Aîné. Les scribes des temples de Ptah les qualifiaient simplement du terme peu envié d'immondes !

Les Suivants d'Horus, le fils d'Osiris, quant à eux, vénéraient Ptah, le Père Tout-Puissant de la Création et donc de toutes les créatures terrestres. Ils ne tombaient pas la face contre le sol, chaque matin, au lever du soleil, afin de le remercier d'apparaître en éclairant une aube nouvelle. Ils rendaient grâce, à genoux et mains jointes vers le ciel, au Créateur qui leur permettait de vivre sous le Soleil. Pour eux, l'astre du jour n'était qu'un des instruments de Dieu, destiné à éclairer éternellement le chemin de leurs vies terrestres. Et donc le scarabée, bien que symbole d'éternité, avait une tout autre signification dans les temples de Ptah. Ce coléoptère est gravé sur les murs comme sortant d'un néant fangeux ou bien de la demi-coupe terrestre représentant la surface, à reculons s'il porte un globe solaire entre ses pattes, ou bien comme sortant d'un cocon ou de la barque qui l'a sauvé du cataclysme pour aller de l'avant.

Le scarabée était donc le fil conducteur, en quelque sorte, des âmes terrestres visibles et des Parcelles divines célestes invisibles. Ce coléoptère figurait Ptah, seul capable de permettre l'accession à l'audelà de la vie humaine, pour survivre dans l'Éternité. Les divers papyrus qui ont été compilés pour obtenir ce qui s'appelle injustement *Livre des Morts* sont pleins de dessins de ce type. Ce signe était placé sous la protection de la Lune, symbolisée par Isis-Hathor.

Hathor n'était en somme qu'un des mille noms très saints de cette bonne mère d'origine divine qu'était Isis. Celui qui, parmi tous les autres, personnifiait le dévouement inlassable pour sa progéniture et l'amour maternel. Cela n'est pas une simple thèse ou une supputation de l'esprit moderne, mais une réalité tangible, même pour une mentalité contemporaine quelque peu sceptique. Il suffit d'admettre que nous n'avons rien inventé de neuf sous le ciel éternel, et que les hommes conservent les mêmes pensées originelles ! Aujourd'hui, nous qualifions la Vierge Marie de bien plus de mille noms, rien qu'en France : N.-D. des Sources, N.-D. des Tempêtes, N.-D. de la Neige, sans parler des Vierges noires, etc., et de la Bonne Mère à Marseille. Dans ce port méditerranéen, Marie porte le même pseudonyme affectueux que celui d'Isis à Dendérah, surnom ô combien glorieux pour magnifier l'influence lunaire, par essence bénéfique.

C'est pourquoi la jeune fille était représentée par la planète Vénus, et la mère ou l'épouse par la Lune. C'est pourquoi encore, dans la carte du ciel d'un natif, ou d'une native, ayant seul la Lune dans ce signe, c'est-à-dire aux influx plus puissants que ceux parvenant par l'entremise du Soleil, le côté affectueux et maternel sera vivifié. Ce ne fut que bien plus tard, sous les Lagides, que les Grecs transformèrent cela en leur conception mythologique. Ainsi, la Vénus déifiée remplaça Nout et Isis en une seule adoration idolâtre, comme du temps de l'empereur Antonin, où des médailles frappées à son effigie portaient au verso la belle Vénus et la Lune, aux côtés du Cancer, signe de naissance du roi. Mais cette équivalence la déforma totalement par des comportements orgiaques insensés, ceux-là mêmes qui firent les beaux jours des contes barbares et érotiques des premiers égyptologues ! Il faut bien comprendre qu'à cette époque encore récente, l'Église était toute-puissante dans ses décisions sans appel, et que l'Égypte ne pouvait avoir aucune antériorité au IIIe millénaire avant Christ, alors qu'il s'agissait d'ancêtres polythéistes et sauvages qui ne pouvaient rien avoir de commun, ni de près ni de loin, avec le monothéisme chrétien !

Mais Isis avait pour demi-frère Osiris, Fils de Ptah, donc Dieu, et de Nout, la Reine Vierge engendrée sous le Sycomore sacré ; c'est pourquoi à Dendérah, Nout et Isis superposées l'une dans l'autre indiquent le sens exact du point de départ du calcul de la date du ciel qui y est gravé avec les Douze de la Ceinture zodiacale.

Cela a été fait sciemment et délibérément par les antiques Sages, à l'usage des générations futures, pour les obliger à la réflexion. Il s'agit sans conteste de la nôtre ou de la suivante, car cela devrait rappeler, par notre comportement athée et impie, la colère divine qui s'est déclenchée, entraînant le Grand Cataclysme. Or, nous arrivons à un tournant avec l'entrée du Soleil en Verseau… très exactement pour le 18 février 2016.

Dans le sens précessionnel, celui que nous suivrons pour tous les calculs des antiques Égyptiens, venait ensuite la Constellation des Gémeaux, ou plutôt des Jumeaux. Cette dénomination personnifiait curieusement Osiris et Seth qui n'étaient que demi-frères. Pendant toute la navigation solaire rétrograde en Gémeaux, c'est-à-dire durant les 1 872 années que l'astre du jour passa dans ce groupe stellaire, des batailles sanglantes eurent lieu presque sans interruption, tout au long de la marche épuisante à la recherche du « Deuxième-Cœur ». Génération après génération, dans une haine farouche savamment entretenue, les combats sans merci réduisirent les deux populations malgré les très nombreuses naissances qui ralentissaient l'avance. Ce fut donc en l'an 4241 avant Christ, lors de la conjonction Soleil-Sirius ouvrant une nouvelle Année de Dieu que la paix et l'unification se firent. Et afin que nul n'oublie cette lutte stérile, les Maîtres de la Mesure et du Nombre décidèrent que cette constellation deviendrait celle des Jumelles : Iset et Nekbet, l'Isis et Nephtys des Grecs qui furent les deux véritables sœurs ayant donné leurs noms à ce groupe d'étoiles.

Ainsi furent réconciliés les Adorateurs de Seth et les Suivants d'Horus, tous les descendants de leurs deux illustres géniteurs se trouvant indissolublement unis par des liens célestes indestructibles ! Tout au moins pensaient ainsi ceux qui signèrent le pacte pour sauver cette multitude qui ne tarda pas à se montrer ingrate peu de temps après en renouvelant leurs attaques verbales.

C'est pourquoi il y aurait beaucoup à dire sur les réminiscences émanant de la dénomination hellène de Castor et Pollux, les deux frères « nés » de Zeus et de Léda ! Mais cela n'étant pas le but de cet ouvrage, nous ne nous étendrons pas plus sur cette recherche d'antériorité, car il est patent que la première pierre ayant servi à construire les premiers temples grecs n'était pas encore extraite d'une carrière qui, d'ailleurs, n'existait elle-même pas, alors que les édifices religieux les plus prestigieux de l'Égypte se dressaient dans toute leur splendeur sacrée !

Cette période solaire en Gémeaux délimite donc une période de troubles et de luttes, tendant toutes vers une recherche essentielle : celle de la Paix et du Bonheur perdus.

Aussi, en symbolisant par Osiris et Seth les Jumeaux, les GrandsMaîtres ont-ils voulu montrer, et démontrer, l'influence opposée pour cette période entre le Bien et le Mal; le Conscient et l'inconscient qui tendent à la destruction, puis à la reconstruction inévitable pour ceux qui désirent survivre à défaut de vivre tout simplement dans l'esprit et les commandements de la loi divine. Cette conception remarquable de l'intelligence des uns et de l'ignorance des autres devrait servir d'exemple concret; mais malheureusement l'aveuglement impie de ce qui devrait être un ordre naturellement céleste de la nature terrestre sert aujourd'hui à convaincre d'une abstraction inharmonique de l'univers !

Tous les natifs des fameux Gémeaux horoscopés comme tels en font la triste démonstration durant la première période de leur vie. Certains sont susceptibles de retrouver un parfait équilibre : mais à quel prix ! Et ce n'est pas la lyre d'Apollon dans les mains de Castor ni la massue d'Hercule dans celles de Pollux, qui feront de ces natifs des « lumières intellectuelles ou spirituelles créatrices d'énergies réalisatrices d'une intelligence où la Force et l'Esprit se donnent la main » ! Car c'est ce qu'écrivait un astrologue connu, répétant d'ailleurs ce que disait un antique auteur latin dix-huit siècles avant lui.

En réalité, ces deux étoiles brillant d'une couleur spectrale bien différente montrent à l'œil nu l'opposition, ou la dualité, existant entre les deux types de natifs. Les uns, qui posséderont une nature physique puissante, apprécieront le côté matériel de l'existence avec une tendance naturelle à s'épancher et à se faire des amis; tandis que l'autre, plus aérienne de nature, vivra isolément, retirée d'abord dans ses études, puis dans ses recherches. Ce fut d'ailleurs ceux nés sous cette conception de l'esprit qui devinrent les meilleurs GrandsPrêtres de l'Égypte antique.

Sur le Zodiaque de Dendérah, il est aisé de voir que les Jumeaux sont ici Ousir et Iset, c'est-à-dire Osiris et Isis, le fameux couple qui donna naissance à Horus, honorant ainsi les bords du Nil de la fameuse Triade divine. Or, Dendérah, avec son temple de la Dame du Ciel était le temple primordial de la nouvelle Humanité.

C'est dans cette même optique de conciliation qu'il faut voir l'emblème des Jumeaux retenu par les deux clans pour l'écriture des premiers textes saints, dont la hiéroglyphique était : ⁣ ⁣. C'était la représentation symbolique des deux âmes semblables par leur origine : celle d'Osiris et celle de Seth, unis grâce à la même mère, Nout, dans une seule adoration. Ces âmes, redevenues pures, furent décrétées identiques afin que nul ne puisse remettre en cause l'une ou l'autre. Et l'Errante que nous appelons Mercure par la grâce des Grecs devint la porteuse des influx de l'Esprit du Bien et du Mal.

Le principal tableau de l'espèce de planétarium du Ramesseum de Saqqarah permet de se faire une juste image de l'appellation de Mercure en ce temps de la IIIe dynastie, sous le pharaon Djeser, c'est-à-dire au beau temps des Adorateurs du Soleil, soit il y a plus de 5 000 ans. En ce temps-là, Mercure s'écrivait encore en hiéroglyphique ( ) ce qui se lit aisément comme « Étoile des DeuxAmes du Monde terrestre ».

Mercure n'a repris que sous la XIe dynastie son appellation antérieure de « Hor-Sep-Ptah » : , autrement dit « Horus-Fils-de-Dieu par Sirius. » Il ne fait nul doute que l'influence astrale des radiations transmises par cette planète est très particulière puisqu'elle agit sur les Parcelles divines que sont les âmes, selon ses aspects combinatoires bénéfiques ou maléfiques par rapport à chaque mètre de terrain terrestre, cette Errante voyant ses influx changer radicalement de cap quatre fois par an. D'où cette nécessité suprême de parvenir à n'importe quel prix, fut-ce à celui du massacre total de l'un ou l'autre clan, sur la nouvelle terre promise les premiers afin de s'en assurer le contrôle unique avant l'entrée du Soleil dans la constellation du Taureau, dédiée à Osiris. C'est pourquoi ce furent les Suivants d'Horus qui vainquirent les Adorateurs du Soleil, permettant la Renaissance des enfants de Ptah...

La félonie de Seth est maintenant bien connue. Il attira son demifrère dans un traquenard. Jaloux de la suprématie accordée à Osiris, fils de Dieu, par Geb son père à lui, il tua celui qu'il considéra comme l'usurpateur de son trône terrestre d'un coup de couteau après que ses sbires l'eurent transpercé de coups de lances. Afin qu'il ne puisse renaître, et que son âme pourrisse dans son corps, Seth l'emprisonna immédiatement dans une peau de taureau. Il la fit jeter ensuite à la mer espérant que les poissons finiraient par tout manger. Mais cette peau, fermée hermétiquement, joua un rôle conservateur. Osiris ressuscita sur Ta Mana, lorsque les survivants du Grand Cataclysme parvinrent sur cette terre providentielle d'un nouveau jour ! D'où la déification symbolique de la peau de taureau pour une autre constellation, puis de l'animal lui-même, lors de l'arrivée en Ath-KâPtah, qui reste encore aujourd'hui l'emblème de ce signe. Les Maîtres de la Mesure et du Nombre purent, là encore, admirer respectueusement, la somme des « coïncidences » qui s'imbriquant les unes dans les autres sans laisser un seul interstice, traçait non seulement la destinée globale de l'humanité, mais celle de chaque créature terrestre.

Dès la plus haute Antiquité d'ailleurs, au temps d'Ahâ-Men-Ptah, qui fut en quelque sorte l'Eden terrestre avant que la colère divine ne se manifeste, la prophétie accordant une naissance céleste au dernier roi de ce pays était attendue comme un signe. Geb, tel était le nom de ce monarque des derniers jours, accepta cet édit du Créateur, allant même jusqu'à en faire son héritier royal au détriment de son véritable fils qui naîtra après Osiris, de son épouse Nout, mère cependant des deux garçons.

C'est pourquoi, la hiéroglyphique de Geb fut introduite avant de céder la place à celle du Taureau. Geb prenant la paternité terrestre du fils du Dieu-Un : Ptah, pénétra de ce fait dans le Panthéon céleste. Il s'agit évidemment de sa forme terrestre, hiéroglyphisée par un jars, appelé populairement sous son nom générique : l'oie ( ).

Cette constellation dédiée à Geb fascina, durant plus de quatre millénaires, ce peuple tiraillé entre deux idéaux : l'un qui était essentiellement religieux, et l'autre furieusement idolâtre, mais qui, tous deux, désiraient utiliser les mêmes symboles et une imagerie identique !

Le corps massif de l'oie, au cou raide et court, avec ses tarses plus élevés et portés en avant, lui permet de très bien marcher sur la terre ferme, pour y prendre une assise ferme. En outre, l'oie possède une ouïe d'une finesse remarquable, d'une vigilance extrême, ce qui lui permet de vivre longtemps. Pour toutes ces qualités, il est indéniable que le choix des Maîtres était le bon pour personnifier Geb, le dernier roi de la Terre d'Ahâ-Men-Ptah, devenue ensuite Amenta, le royaume des Endormis, des Couchés, ou plus prosaïquement le Domaine des Morts. Et afin que nul n'ignore cette iconographie, les anciennes gravures des temples portaient encore la figuration de Geb surmontée de l'oie.

C'est pourquoi cette configuration astrale, connue aujourd'hui comme étant le Taureau, changea bien souvent, et de figuration et de nom.

Au gré des fluctuations qui se produisirent au cours des 32 dynasties et de l'avènement de chacun des quelque 400 pharaons qui tinrent en leurs mains le Sceptre des Deux-Terres : Ath-Kâ-Ptah et Ahâ-Men-Ptah, c'est-à-dire par la toute-puissance exercée sur les vivants et les morts, des changements de plus en plus radicaux, tant dans la politique que dans l'administration religieuse, se produisaient. Chaque nouveau début de règne était ainsi marqué par des martelages innombrables dans toute l'Égypte, sur les murs de tous les édifices bordant le Nil sur plus de mille kilomètres, afin d'effacer le nom des Impies ou des Immondes, suivant que le roi était de l'un ou l'autre clan, et qu'il était ou non un fervent partisan de son « Aîné ». Plusieurs tentèrent de concilier toutes les opinions en rapprochant autant qu'ils le pouvaient les deux pratiques religieuses.

Ainsi, Osiris, sous sa forme de Taureau céleste, était vénéré à Andu-Nord (Héliopolis, la ville du Soleil des descendants de Seth) avec un Soleil entre ses deux cornes, ainsi qu'un bronze conservé au musée du Louvre le démontre. De même en fiât-il sous le règne de la fameuse Hatschepsout dont on peut voir à Deir-el-Bahari dans la chapelle d'Hathor de son temple funéraire le culte rendu à l'époux d'Isis toujours sur sa barque sacrée.

Plus sournoisement encore, les allitérations se multiplièrent dans la hiéroglyphique. Ainsi dans les nomenclatures des temples, l'écriture se modifia suivant que l'origine était Geb (l'oie) ou Ptah comme à Dendérah :

| Adorateur du Soleil | Suivants d'Horus |

Seule la signification de la Ceinture des Douze au sein de la Voie lactée avait gardé le même symbolisme englobant les âmes et Geb :

La constellation du Taureau elle-même eut à subir les vicissitudes des renouveaux et des décadences. À l'époque gréco-romaine, cela empira du fait de l'introduction en Égypte de la mythologie hellène et l'imagerie ne porta plus que l'avant du taureau, la tête cornue, le poitrail, ainsi que les deux pattes de devant, afin de laisser libre cours à l'imagination populaire d'y voir ou le taureau, ou la vache symbolisant Isis, la Vache céleste, l'épouse bien-aimée qui se transforma en Vénus-déesse, rejoignant l'enseignement des GrandsPrêtres de l'Égypte qui faisait de l'Errante du même nom grec, la dominatrice bénéfique de la constellation. Mais à l'origine, elle s'appelait dans la hiéroglyphique : Hor-Hen-Nout (𓉱𓄿𓇳𓏏) dont la principale caractéristique était l'amour immense de la grand-mère pour son petit-fils Horus, amour qui a été jusqu'au plus grand sacrifice conté par les Annales égyptiennes. Nous sommes donc loin de la Vénus aux pires orgies introduite par les Grecs à leur époque décadente !

D'autres jeux de mots hiéroglyphiques le confirment, tel celui qui signifie : Grand Fleuve, et qui est Hapy. Hapy est le nom du Nil, mais aussi celui de la Voie lactée à laquelle il ressemble. Aussi, à l'arrivée d'Osiris dans le Royaume des Bienheureux, la position qui lui fut assignée fut celle de la constellation du Taureau, qui prit donc le même nom de Hapy, dont les Grecs firent Apis en phonétisant du mieux qu'ils le purent. D'où une triple dénomination avec une seule écriture pour les trois. Pour les vivants de l'époque, même pour les enfants en bas âge, il n'y avait aucune difficulté dans le contexte d'une phrase, d'en comprendre la signification exacte. Mais pour des étrangers n'ayant auprès d'eux aucun prêtre pour leur servir de traducteur, l'énigme restait complète !

L'exemple frappant d'aujourd'hui en est ce bâton dont un bout est incandescent et qui est barré par deux traits rouges. Dans le métro, le train, ou n'importe quel lieu public, même un enfant en bas âge sait à cette vue qu'il y a une interdiction de fumer ! Mais dans deux mille années, lorsque plus personne ne fumera car les dangers sont tels que la culture du tabac aura disparu, ceux qui verront ce hiéroglyphe ne le comprendront plus, et Dieu seul pourrait dire aujourd'hui l'interprétation qui en sera faite par les futurs « francologues » !

Mais l'exemple le plus frappant de cette divinisation du taureau, parce que représentation terrestre d'Osiris, vient de Saqqarah, près du Caire. Depuis les premières fouilles effectuées par A. Mariette et son équipe, qui ont permis de mettre au jour le Sérapéum, ou mieux, la nécropole des taureaux, soixante-quatre tombes grandioses ont été mises au jour, racontant l'histoire pharaonique non sur une période de quelques décennies ou quelques siècles, mais sur plus de trois millénaires !

C'est ainsi qu'à chaque mort d'un taureau, non seulement de grandes festivités étaient organisées pour ses funérailles, mais des milliers de jeunes bêtes, en provenance de tout le pays, arrivaient en grandes formations à Saqqarah, comme cela est abondamment expliqué sur plusieurs sites funéraires.

Comble d'humour probablement involontaire des Anciens, un signe a subi l'ire hellène : celui du serpent, ou Hapy-Hapy « le Taureau Double » devenu Apophis. En fait, ce reptile figurait la voûte céleste avec toutes ses circonvolutions : avance et rétrogradation des planètes, etc.

Cela dit, les textes nous apprennent que celui qui naît durant la période affectée par le Soleil et Vénus sera bon sans être généreux pour le seul plaisir de montrer ses richesses; qu'il appréciera beaucoup les satisfactions morales et sensuelles dans sa vie amoureuse avec son épouse; qu'il aura des tendances pratiques bien aspectées pour accomplir tous les genres de travaux, même les plus durs, ce qui lui permettra de parvenir avec plein succès aux plus importantes réalisations dans tous les domaines.

Mais le Zodiaque circulaire du temple de Dendérah n'est pas seul à fournir les éléments astrologiques. Il en existe un second, aussi important, mais qui est partagé en deux bandes rectangulaires de six constellations, dans la salle hypostyle, sur les murs occidentaux et orientaux, le signe du Cancer débutant bien évidemment au Levant, et le Lion s'achevant au Couchant, désignant ainsi le Grand Cataclysme. Or, ces deux bandes comportent une sorte de frise inférieure, où sont figurés les décans, au nombre de 72, et les Fixes qui, au-delà de la Ceinture des Douze, ont une influence certaine sur le comportement de la nature terrestre et de l'esprit humain.

En ce qui concerne la constellation du Taureau, il y a le groupe d'étoiles que nous appelons Orion ou « le Géant », comportant huit étoiles, et qui est situé sous la constellation du Taureau en regardant au sud. Deux sont de première grandeur, quatre de deuxième grandeur, les deux autres étant perceptibles à l'œil nu, mais bien moins. Ce qu'il faut savoir, c'est qu'Orion est dérivé d'Horus, qui est le Géant et dont la hiéroglyphique est simplement l'épervier, ou Hor, donc Horus.

Voyons à présent la navigation en Bélier, qui fut un bouleversement d'un autre type, et qui finit par amener l'avènement de la chrétienté, 2 304 années plus tard...

CHAPITRE CINQUIÈME

SETH : LE DIEU AMON DE L'ÈRE DU BÉLIER

Avec l'entrée du Soleil en Bélier, une ère absolument nouvelle débute pour l'Égypte. Elle durera 2 000 ans ! Les prêtres de Ptah, le Dieu-Un, savaient tous de longue date que la protection divine dont ils bénéficiaient en même temps que leur peuple issu d'Osiris et d'Horus prenait fin. Le Taureau céleste n'était plus au Zénith et il ne recouvrait plus de ses influx ceux du Soleil.

À nouveau, pour éviter l'invraisemblable imbroglio éroticoburlesque dans lequel se sont laissé entraîner les égyptologues, il faut retourner aux sources et les développer amplement tout au long de ce chapitre, car elles forment la clé de la Connaissance qui enclenchera l'avènement du Messie avec la fin de l'ère du Bélier et l'entrée du Soleil dans la constellation des Poissons qui, en hiéroglyphique, était celle du nouveau ciel venu grâce à Nout.

La citadelle du Dieu-Bélier Amon est connue du monde entier tant sous son nom grec : Thèbes, que sous les noms fastueux sous lesquels les touristes découvrent Karnak, la cité religieuse; Louxor, la ville habitable; et toute la Vallée des Morts, de l'autre côté du Nil. Cet ensemble formait encore du temps d'Homère « la ville aux cent portes d'or » !

Mais les constructeurs de la première cité, certainement importante, lui donnèrent le nom de Ouasit), autrement dit : la Métropole de Sit. C'était les Rebelles de Sit, les

Descendants d'Ousit, le demi-frère cadet d'Ousir, qui, en arrivant, se bâtirent en quelque sorte leur capitale. Ils y adorèrent le Soleil, en souvenir de leur illustre précurseur qui les avait guidés par chefs interposés fervents de ce même culte, génération après génération, à l'extrémité de cette énorme boucle formée par le Nil et au centre de laquelle se trouvait Dendérah, mais tout au nord.

Très vite, probablement lors de l'unification obtenue par le premier pharaon Ménès, Ousit ne fut plus que le nom du quartier habité par les Rebelles, alors que l'ensemble de la ville prenait l'appellation de « La Reine du Couchant » : Nouit-Amen.

Men veut dire « couché » et Amen : le Couchant. Dans le nom célèbre du pharaon appelé par les Grecs Aménophis, il y a les hiéroglyphes Amen et Hotep, ce qui signifie la Paix du Couchant. Et le Couchant est cette terre à jamais engloutie par la colère divine, et qui, par le bouleversement de l'axe terrestre lors du Grand Cataclysme, est passée du levant au soleil couchant. C'est pourquoi ce Royaume Aîné le premier, Aha-Men-Ptah, devenu dans le *Livre des Morts* : l'Amenta par phonétisation, est le royaume des Couchés, ceux qui se sont endormis sous la mer.

Puis elle s'appela les Descendants du Couchant ( ) soit : PêrAmen, probablement par bravade contre les Pêr-Ahâ ou les Descendants de l'Aîné, que les Grecs phonétisèrent en pharaon ! Le Pêr-Ahâ étant le descendant d'Osiris, « l'Aîné de tout le peuple de Dieu », le Pêr-Ahâ ou pharaon était le fils de Dieu. Or, le Pêr-Amen était le descendant de Sit devenu Seth en grec, et le symbole créateur solaire, Amen, devint aussi le nom du « dieu » Soleil.

Là aussi, lorsque les égyptologues voulurent à tout prix interpréter des hiéroglyphes encore intraduisibles pour eux, ils ne purent conserver cette dénomination d'Amen pour indiquer l'invocation au Soleil, alors que ce même Amen servait à la chrétienté dans ses prières ! Et c'est pourquoi d'Amen, il fut fait Amon !...

Après cette digression nécessaire, ajoutons les noms qui furent donnés à Louxor et à Karnak : Apet (𓎼𓏤𓇳) et Apet-Asou (𓎼𓏤𓇳).

Ce schéma hélas simplifié vu le peu de place qu'il est possible d'accorder à ce point en cet ouvrage, voyons l'exacte influence d'Amen devenu Amon par la grâce des premiers égyptologues, gênés par les similitudes et les réminiscences dans leur environnement chrétien.

Les Maîtres de la Mesure et du Nombre, tous dévoués à Ptah, le Dieu-Un, le Tout-Puissant, le Créateur, le Grand-Potier, le GrandModeleur des créatures et de toutes les choses animées ou inertes, étaient ce que nous appellerions aujourd'hui des Prophètes. Ils lisaient l'avenir dans le mouvement des astres d'après les configurations géométriques développées entre elles. Il s'agissait de ces fameuses Combinaisons-Mathématiques-divines qui avaient l'avantage de pouvoir être étudiées sur Terre grâce à un Cercle d'Or, qui était le Zodiaque.

Cette recherche très poussée permettait à ces Maîtres de prévoir non seulement les moments bénéfiques ou maléfiques de leurs dirigeants, dont le Pêr-Ahâ, Fils de Dieu, devait être sans cesse relié harmoniquement au ciel, mais de prévoir également les instants fatidiques où les grands bouleversements de la nature étaient susceptibles d'intervenir pour changer le cours de la vie si les humains, devenus impies et aveugles, oubliaient Ptah et ses Commandements.

Or, ces Maîtres, qui étaient aussi les pontifes de Ptah, c'est-à-dire les chefs suprêmes religieux du monothéisme, savaient que l'ère favorable pour leur Dieu s'achevait en cette date qui en notre calendrier julien était en mai 2304 avant notre ère. Ils savaient par ailleurs que la nouvelle ère qui commencerait à ce moment avec l'entrée du Soleil en Bélier s'achèverait cette fois avec la destruction totale de ce qui avait été le peuple élu de Ptah.

Ces Maîtres, n'étant évidemment pas immortels, enseignaient les secrets du ciel à des élèves triés sur le volet, mais dont certains, surtout lors de l'unification des deux clans fratricides, étaient des princes qui descendaient directement de Sit devenu Seth. Ils pensaient agir avec une grande sagesse, mais ils firent entrer la gangrène dans leurs chairs ! Aussi lorsqu'ils furent devenus à leur tour des Prophètes d'Amon, ceux-ci eurent beau jeu de visionner l'avènement des « Fils du Soleil », de ceux de Seth lors de l'arrivée du Soleil en Bélier, et ce, sans crainte de se tromper !

C'est ainsi que la philosophie antique commence à mêler Soleil et Couchant avec Bélier, Renouveau (pour les adorateurs de l'astre du jour). Dès lors, en quelques siècles Amen, le Soleil Couchant, céda la place à Amen le Bélier fêtant ainsi l'entrée dans l'ère victorieuse pour ceux de Seth. C'était en quelque sorte un défi, une bravade à l'encontre de ceux de Ptah, ce Dieu miséricordieux ayant permis une punition exemplaire de ses ouailles au profit des Impurs ! Amen le Dieu-Bélier était né pour une longue période : Gloire à Amen qui devint Amon en notre XIXe siècle seulement !

Ce que nous connaissons donc de cette période solaire du Bélier est surtout d'origine sethienne que l'on retrouve bien dans le nom même d'Ouaset puisque le symbole de Seth y figure : les oreilles du chacal desquelles sortent l'âme (la plume) du nouveau peuple dirigeant. Le chacal étant la représentation iconographique de Seth, et non le chien noir qui est l'attribut d'Anepou, devenu Anubis en grec.

C'est ainsi que le chacal assis sur toute l'Égypte symbolisa la figuration de la constellation du Bélier dans l'astronomie antique des anciens Maîtres :

Et si la Thèbes antique n'était plus qu'un fabuleux champ de ruines pour des visiteurs tels que Strabon, Platon, et tant d'autres, ses fastes passés restaient à la démesure de ce qu'avait été cette capitale dédiée au Bélier pendant deux millénaires. Tous les pharaons descendants de Seth furent enterrés dans son immense nécropole, y compris le fameux Séti premier, le père de tous les Ramsès. Il y a la Vallée des Rois, celle des Reines, celles des Nobles, sans parler de plusieurs sites funéraires éparpillés tout autour sur cette rive occidentale du Nil, c'est-à-dire au long de l'immense falaise du Couchant, là même où le Soleil éclaire toutes les « Entrées des demeures des Endormis », en route pour l'Au-delà de la Vie, donc vers l'Éternité bienheureuse.

Ce symbolisme issu de la réalité éclate aux yeux. C'est la longue recherche d'une disposition du lieu, semblable à celle qui permettait de rejoindre les « Aînés » engloutis depuis des millénaires, là-bas, en Ahâ-Men-Ptah.

Au moment où le Soleil quittait le Taureau Céleste pour pénétrer dans le Bélier, le Pontife du collège des Grands-Prêtres, fataliste devant la volonté céleste représentée par les Combinaisons-Mathématiques-divines, laissa les Impurs Adorateurs du Soleil s'implanter solidement, sans appeler à son aide les troupes du pharaon. D'ailleurs, celui-ci avait fort à faire, tant par les invasions des Ethiopiens, par le sud, qui sentaient le moment propice pour étendre leurs territoires, que par les fameux Hycksos, ces tribus sémitiques d'origine séthienne qui, elles, savaient que leur heure était enfin arrivée pour prendre en main les destinées d'Ath-Kâ-Ptah, l'Égypte : le « Deuxième-Cœur-de-Dieu.» Ils commémoraient comme il le fallait l'avènement du Soleil durant la navigation le long de la Constellation dédiée justement à Seth par le Chacal, mais qui, par bravade redevenait celle du Bélier, symbole qui allait se dresser désormais de toutes parts et notamment dans cette « Ouaset » qui prenait une importance cruciale.

En effet, cette Ouaset ou Thèbes devint en quelques décennies non seulement la plus grande métropole d'Égypte, le plus important domaine religieux des Adorateurs du Soleil-Bélier, mais aussi la capitale des nouveaux souverains pharaoniques des XVIIIe et XIXe dynasties dont les Ramsès furent les plus grands. Seul, Aménophis IV, en devenant Akhénaton et en voulant rétablir un culte unique où le Soleil reprendrait sa place d'instrument de Dieu, Aton, créa un moment de panique chez ceux d'Amon. Mais un moment seulement !

Le Soleil se levant chaque matin dans la constellation du Bélier ne pouvait favoriser ce retour à un temps passé, même en faisant de Ptah, un Aton resplendissant ! Et cette « ancienne-nouvelle » religion retomba dans l'oubli !

Le complexe compris dans le nom de Thèbes-Ouaset avait une étendue de 45 kilomètres sur 18 en axe nord-sud. C'était le domaine d'Amon le Bélier, extérieur au domaine religieux (Karnak) qui était en quelque sorte exterritorialisé, en tant que possession personnelle de « Celui qui était Couché » :

Un gouverneur royal régissait le domaine d'Amon, qui avait un maire sous ses ordres et un administrateur général. 168 000 personnes travaillaient uniquement à faire valoir les biens du domaine et il semble de ce fait que le chiffre d'un million d'habitants, généralement avancé, comme population globale d'Ouaset, soit *au-dessous* de la vérité.

Au moment où le Taureau était à son apogée, Ouaset n'était qu'une petite bourgade pas connue. Les quelques tombeaux mis au Jour, datant de la XIe dynastie, ne mentionnent sur aucun mur, et encore moins dans la hiéroglyphique, le nom d'Amon.

En revanche, le nom antique de Dendérah, de ses lieux de culte, ainsi que ceux de Nout et d'Isis-Hathor, y sont partout répertoriés avec vénération.

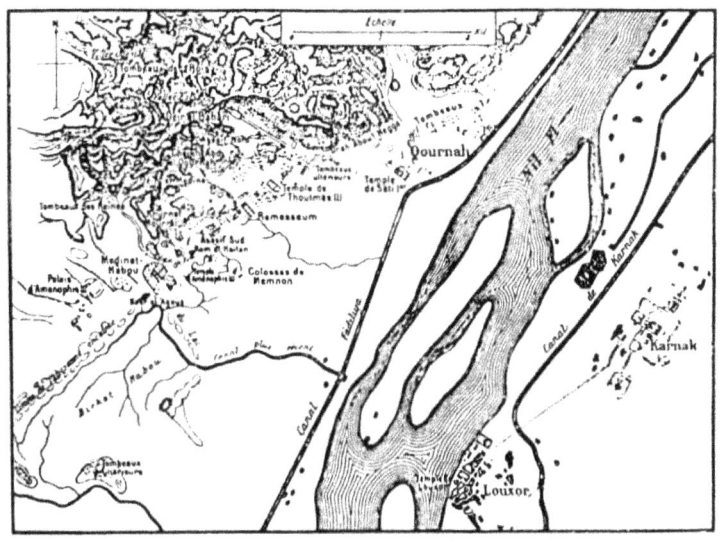

Plan d'ensemble de Thèbes

Ce ne fut qu'à partir de la XIIe dynastie que s'implanta Amon, en prévision du « futur à venir » inéluctablement quelques siècles plus tard. Le premier pharaon qualifié d'usurpateur fut celui qui prit comme nom royal : Amen-em-Hat, qu'il ne faut pas confondre avec celui qui apparaîtra bien plus tard, justement avec le Soleil en Bélier, et qui fonda la dynastie des Amen-Hotep dont le quatrième tenta de rétablir la religion divine. Bien des erreurs communes, tant chronologiques qu'historiques, proviennent du fait que les Grecs les appelèrent tous les Amenophis !

Ce fut indubitablement le premier des Amen-em-Hat, qui en prévision institua le culte du Bélier, localement, afin de ne choquer aucun des prêtres de Ptah encore dans toutes leurs gloires. Et, Ouaset devint le chef-lieu de cette province. C'est pourquoi, déjà dans l'Ancien Testament biblique, il est fait état d'On-Amon pour cet endroit précis (Jérémie, XLVI, 25).

Le temps s'écoula, accumulant les décennies, puis les siècles. Et l'ère du Taureau achevant son cycle rythmique, le développement de la Ouaset primordiale s'amplifia désormais à une allure très vive. L'invasion des Hycksos par le Sinaï favorisa cet élan du clan séthien. Il ne faut point oublier que les descendants du Rebelle, instruits de toute la Sagesse par ceux-là mêmes qu'ils allaient supplanter et tenter de détruire, n'avaient jamais désespéré, puisqu'ils savaient que leur « dieu » Soleil ne tarderait pas de les diriger vers la victoire définitive qui leur avait si souvent échappée.

La période de plus de deux siècles que dura la tenue du Sceptre par les rois pasteurs sémites appelés ultérieurement les Hycksos, favorisa grandement l'essor du culte solaire dédié à Amen, ou Amon, dans cette Ouaset en pleine expansion. La ville éclatait de toutes parts, et il en allait de même dans la cité religieuse, devenue la « Cité du dieu Bélier » : Karnak. Et afin de commémorer Amon, tous les temples furent reliés par des allées bordées de béliers gigantesques, sculptés sur des socles en granit ou en grès suivant les époques.

Les Juifs faisaient d'ailleurs du bélier un de leurs cultes, rapprochant pour y parvenir sans imiter les Égyptiens, le fameux sacrifice d'Abraham qui finit par égorger un bélier au lieu de son fils. Et dans la terre de Gessen, les Hébreux descendants de Jacob et Joseph accueillirent avec une grande satisfaction ces Hycksos dès leur arrivée. De nos jours, ils seraient taxés d'avoir été des collabos, mais leur cas était totalement différent du fait de l'esclavage qui commençait à leur être durement imposé, tout comme aux autochtones ayant une autre croyance religieuse que celle devenue d'État. Ce rapprochement de tous les adorateurs du Soleil et du Bélier était donc prévisible.

Lorsqu'Ahmès, à la suite de multiples exactions, devint général en chef des armées égyptiennes, puis s'empara du trône pour fonder ce que les historiens appelèrent la XVIIIe dynastie, la religion ne fut plus que le prétexte à l'emprise exercée sur le peuple et sur tout le pays. C'est pourquoi, ne croyant en rien, il choisit l'adoration au Soleil, qui le laissait libre d'entraves. Et s'il bouta hors des frontières les Hycksos pour rester seul maître de l'Égypte, il se concilia les faveurs des pontifes de Karnak, devenue de son temps une immense citadelle entourée de hauts murs.

Les Amen-Hotep, ou Amenhophis, qui suivirent en firent un véritable joyau que les Ramsès achevèrent d'ériger.

Thouthmès IV, qui s'intercalera dans cet imbroglio de la XVIIIe dynastie, et dont on peut encore admirer aujourd'hui le somptueux édifice qu'il fit élever à la gloire d'Amon, fait dire à son propos sur un des murs du temple :

« Je t'ai donné force et puissance sur toutes les terres étrangères; j'ai répandu ton esprit et ta terreur sur toutes les contrées ; ton effroi le long des quatre piliers du ciel ; j'ai multiplié l'épouvante que tu jettes dans les cœurs ; j'ai fait retentir le mugissement de ta voix parmi tous les chefs des nations ennemies du Deuxième Cœur ; et toutes les nations sont sous ton joug. »

Suit le long hymne à Amon le Bélier. Nous sommes bien loin de la théologie primordiale. Désormais, les pharaons n'ont plus rien de Fils divins ! Ils utiliseront tous l'ère solaire en Bélier comme justification de leurs seules soifs de gloire. Le protocole royal fait état du titre de Fils d'Amen-Râ qui devient alors le dieu légitime.

Seul le quatrième des Amenophis tenta de rétablir l'ancien culte de Ptah le Dieu-Unique sous une forme susceptible de recueillir tous les suffrages : il prôna Aton. Pour y parvenir, il rompit avec Ouaset et construisit une nouvelle capitale : El-Amama. Mais le pouvoir des prêtres de Thèbes était tel que cette rébellion contre Amon ne dura que peu d'années. Et Amon retrouva sa toute-puissance avec les Ramsès. Rien ne pouvait s'opposer au Bélier tout-puissant dans le ciel comme sur la Terre ! Et cela dura jusqu'à l'invasion des Perses menés par Cambyse en 525 avant Christ, c'est-à-dire durant encore un millénaire.

À partir de ce moment, ce fut la fin de l'Égypte; ceux de Ptah n'avaient plus de pouvoir, ni de force. Quant à ceux d'Amon, ils savaient qu'ils arrivaient à la fin de leur cycle solaire, et ils ne firent plus rien pour résister ou même tenter d'aller à contre-courant.

Ce bref résumé de deux mille années d'histoire égyptienne permettra de mieux comprendre le pourquoi et le comment des études astronomiques des premiers Maîtres de la Mesure et du Nombre, qui prophétisèrent tous ces événements sans risquer de se tromper. C'est pourquoi cette astrologie selon les Égyptiens mérite toute l'attention de ceux qui s'intéressent non seulement à l'à-venir de notre globe terrestre, mais à leur propre avenir.

Voici donc la prédestination des Douze fournie lors du passage du Soleil devant la constellation du Bélier qui était celle de l'avènement de Seth et de la victoire complète de ses descendants.

Les natifs de la période mensuelle du Bélier étaient tous, sans exception, marqués par ce signe dit de feu qui favorise les vies hérétiques, rebelles, contestataires. C'est ce qui explique ici sa position de quatrième constellation, et non la première. En réalité, les premiers astrologues babyloniens et chaldéens, bienheureux de se faire passer pour des mages, prétendaient que le Bélier était le premier de tous car le Soleil avait commencé son circuit céleste au premier degré de la constellation du Bélier.

Le Zodiaque de Dendérah, dans sa description de la carte du ciel d'un jour très précis, pourtant éloigné de dix millénaires, le présente catégoriquement comme la quatrième.

Bien évidemment, chaque Errante ayant un emplacement précis dans la seconde même où le cordon ombilical est tranché net, et les Combinaisons-Mathématiques-divines intervenant, de plus, profondément dans le schéma de naissance, la prédominance du Bien ou du Mal peut s'équilibrer parfaitement. Seule la planète que nous appelons Mars à la suite des Grecs est capable de transformer suivant sa propre situation céleste toutes les sortes d'influx.

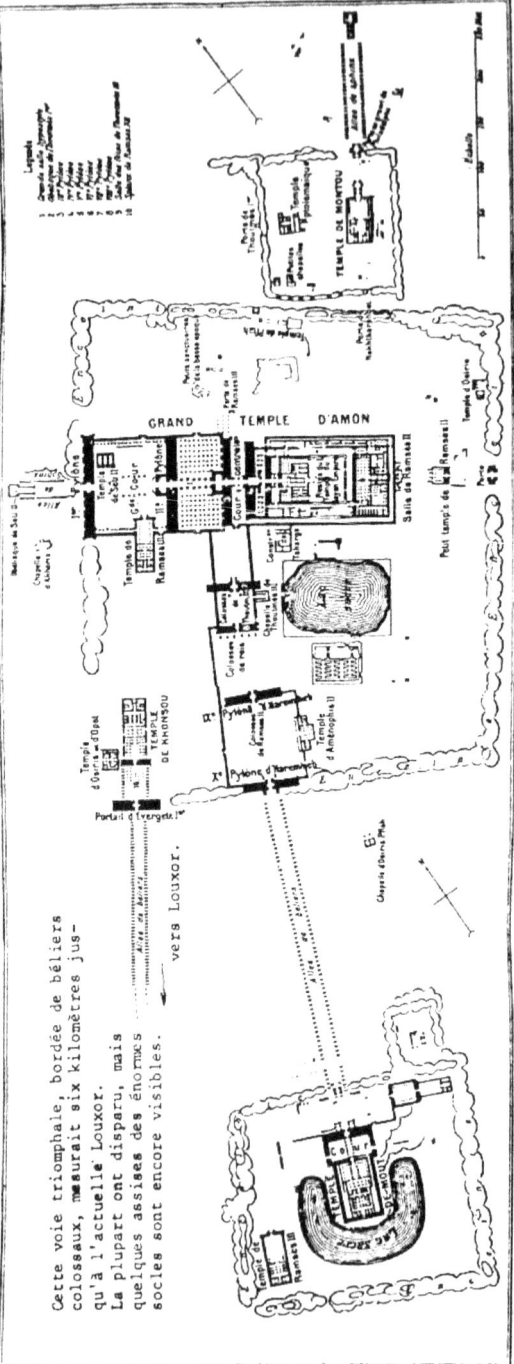

En hiéroglyphique, elle s'écrivait : ✶†]⁀⁻, ce qui peut se phonétiser par « Hor-Py-Tesch », c'est-à-dire « Horus ensanglanté ». Ce qui est devenu pour nous la « planète rouge » était il y a dix mille ans la planète sanglante qui avait sauvé Horus d'une horrible mort, ayant perdu un œil et ayant eu l'autre œil blessé lors de la mémorable bataille qui l'opposa à Seth, son oncle. C'est de la valeur même et du symbolisme titanesque de cette épopée qu'est issue la mythologie de Mars, dieu de la guerre et de la victoire.

C'est pourquoi, à l'origine des temps, le Bélier-Seth, exalté par Mars, avait une signification précise et d'autant plus exacte. Bien des mouvements qui paraîtraient désordonnés trouvent alors une justification. La tête, qui est le siège de la Parcelle divine, autrement dit l'Âme, possède des impulsions inconscientes, sous forme d'intuitions sensitives en faveur d'une justice vengeresse notamment.

Cela tend à prouver que le Bélier pur sera rarement un intellectuel, aucune décision ne pouvant dépendre de pensées mûrement réfléchies. Les choses de l'esprit leur seront parfaitement étrangères, et elles n'auront aucun poids dans leurs mouvements, ni dans leurs actes. Si, de plus, l'Errante Hor-Py-Tesch se trouve dans la première Maison du natif, celle appelée aujourd'hui Ascendant, il est évident que les influx aussi puissants que bénéfiques interviendront à hautes doses. Les résultantes obtenues par les diverses configurations célestes dépendant de cette planète seront des qualités exceptionnelles qui influenceront dans le bon sens toutes les réalisations.

En notre époque contemporaine, les exemples abondent, dont celui du Soviétique Nikita Khrouchtchev pourrait être le prototype ! Dans le même style, il y a Lénine, né lui le 10 avril, dont le Mars en Bélier en fit un révolutionnaire adulé par des millions de gens encore de nos jours. Une liste très longue pourrait être établie. Extrayons simplement quelques noms d'entre les plus connus : Albert 1er, Max Ernst, sainte Thérèse d'Avila, sans oublier Murât, Napoléon III, et Charles Maurras, dont le thème se trouve, avec trois Errantes dont Mars, dans le Bélier.

Comme il est impossible de connaître les dates de naissance des personnages illustres de l'antiquité égyptienne, et que les pharaons sont tous, quant à eux, nés en Lion, il n'y a aucun moyen de dresser une liste valable signe par signe de ce temps-là. Mais il n'y a aucune raison pour que les éléments d'études des Combinaisons-Mathématiques que nous possédons ne soient pas utilisables actuellement, d'autant que les traits de caractères fort bien typés se retrouvent chez les natifs concernés.

Nous avons vu, dans le tableau qui fait fin au deuxième chapitre, la position des Errantes maîtresses des signes, dans leur quota spécifique de degrés zodiacaux, partant du vingt et unième degré du Cancer. Pour le Bélier, voyons en détail l'influence qu'ont les cinq planètes sur les thèmes de naissance des descendants de Seth-Bélier :

De 1 à 6° compris : Jupiter. Tous les natifs de ces six premiers degrés devront prendre garde aux influences renforcées de Jupiter en Bélier. La tendance des mauvais aspects qui en découleront sera un orgueil hautain, méprisable pour lui-même, qui attirera vers la personne des haines tenaces et des jalousies féroces. De plus, sur le plan physique, non seulement les maux de tête seront nombreux, mais les maladies ayant la tête pour origine, et plus particulièrement les yeux, seront nombreuses. Seuls des aspects favorables dans les Combinaisons-Mathématiques entre Jupiter et Mars pourront effacer ses aspects nocifs, tel le trigone par exemple, qui est une distance de 120° entre les deux Errantes, à un ou deux degrés maximum près. Alors l'agressivité seule subsistera, permettant peutêtre au natif de surmonter les aspects difficiles dans les moments troubles, et d'accéder au succès.

De 7 à 13° : Saturne. Les natifs sont sous l'influence déjà nocive de cette Errante aux retombées souvent catastrophiques, dont Van Gogh pourrait être le prototype. Toute sa vie il a été obsédé par un but à atteindre, sans pouvoir jamais y accéder. Aucun des aléas maléfiques ne lui a été épargné et ce ne fut que sur le tard, tout en restant méconnu et méprisé, qu'il put réaliser l'œuvre d'art que nous lui reconnaissons aujourd'hui. Les natifs qui ont cette configuration dans leur ciel de naissance seront plus volontiers des ouvriers manuels spécialisés, forgerons ou soldats. En cette époque lointaine tout au moins, car de nos jours il existe bien d'autres métiers aussi nobles où les mains assureront la primauté, et souvent l'envie de ces natifs. Succès et revers se succéderont, tout comme les protections et les défaveurs. Mais là encore, un bon trigone de Saturne avec Mars peut changer en bien le cours de la fatalité des événements. En tout état de cause, la seconde partie de la vie, après trente-six ans, sera nettement plus avantagée sur le plan du travail et de l'affection. Au point de vue physique, les généralités sont identiques à celles vues plus haut pour les natifs des six premiers degrés du Bélier.

De 14 à 20° : Vénus. Cette période, qui correspond à celle allant du 4 au 10 avril, est tellement influencée par cette prédominance planétaire que les natifs bénéficieront d'un autre état d'âme. Ils resteront des tourmentés, dans des domaines distincts et toujours passionnés. Tels avec des fins toujours tragiques : l'actrice américaine Bette Davis (5 avril 1908); Albert Ier de Belgique (8 avril 1875); ou Charles Baudelaire (9 avril 1821) qui peut servir d'exemple à lui seul pour expliquer les influx imprégnant les âmes de ces natifs.

Toute la gamme des sensibilités passera par ces ciels de naissance variant au fil des jours, des mois et des ans entre le maléfique et le bénéfique, entrecoupés de graves soubresauts... L'amour jouera un grand rôle, l'affection, l'amitié, la bonté, le dévouement, interviendront de plus pour troubler les généralités ci-dessus. Un goût certain pour les arts en tous genres habite ces natifs. Ce qui n'empêchera pas le despotisme latent et une grande vanité de se manifester dans les œuvres créées, sans parler d'une ivrognerie et d'une débauche toujours prêtes à se manifester. Une véritable intolérance religieuse empêchera ces natifs de se sentir à l'aise vis-à-vis des croyants, les poussant de ce fait vers une solitude angoissante.

De 21 à 26° : Mars. Ici, durant ces six jours, nous sommes dans la dominante de la planète sanglante d'Horus le Vengeur ! Ces ciels de naissance prédisposeront indéniablement à faire respecter la justice, à tout le moins donneront le désir d'être équitable. Ils seront de toute façon assez équilibrés eux-mêmes pour obtenir de tempérer les exactions commises dans leur environnement. Ils seront disciplinés, mais ils ne supporteront pas la servitude. Leur franchise sans ménagement leur attirera bien plus d'inimitiés que d'avantages, mais ils ne s'en inquiéteront que lorsqu'il sera trop tard ! Cela est une espèce de malédiction divine à l'encontre des descendants de Seth, qui, tout en étant les Créatures de Dieu, s'en sont délibérément éloignés en niant cette paternité. Le signe évident écartant toute coïncidence est le nombre très important des natifs du Bélier, et plus particulièrement de ces six degrés qui ont des troubles de la vue ou ont perdu un œil.

De 27 à 32° : Mercure. Il est bon de rappeler que les constellations du Taureau et du Bélier ont une longueur céleste de 32° et non de 30°. Mercure était Thoth en Égypte, diminutif du nom du pharaon Athothis (Atêtâ en hiéroglyphique), qui fut le fils du grand Ménès, le premier roi de la première dynastie. Il vécut en 4200 avant notre ère. Ce fut lui qui rédigea le fameux *Traité d'Anatomie* dont il a déjà été parlé. Mais auparavant, il réinstitua l'Écriture sacrée (la hiéroglyphique) ainsi que la marche du Temps avec le calendrier. C'est pour toutes ces raisons qu'Athothis a été immortalisé en appelant le premier mois de l'année égyptienne : Thoth, qui est devenu au fil des légendes et des mythes dans les millénaires qui suivirent comme le dieu Thoth, qui devint Mercure.

Et là encore, il n'existe aucune coïncidence dans le désir divin de montrer sa suprématie. Thoth ayant rétabli l'écriture, il resta le protecteur, selon les Égyptiens, de tout l'art littéraire. Si, dans toutes les Combinaisons-Mathématiques où Mercure domine, l'écrivain est un roi, dans cette position « Seth-Bélier », le littéraire est ici des plus brimés dans cette portion, tout autant que l'artiste. Les exemples abondent, tels ceux de Chariot, Anatole France et Montherlant pour ne citer que ceux-ci faute de place. Charles Chaplin (né le 16 avril 1889) a été toute sa vie en butte à de très graves ennuis malgré une grande réussite. Il a même été poursuivi jusque dans la mort puisque sa tombe a été profanée. Il en a été de même pour Henry de Montherlant (né le 21 avril 1896) qui s'est suicidé pour mettre fin à l'absurdité et à sa maladie, après une vie d'écrivain exemplaire.

Si donc Mercure est bien aspecté par un trigone avec Mars, l'intelligence sera plus active, axée vers les côtés pratiques de la vie. La mémoire sera meilleure et il n'y aura aucune contradiction entre les possibilités littéraires ouvertes et le travail manuel d'art. Le jugement restera sain, éloquent et la parole persuasive. Ce natif possédera une facilité d'assimilation et d'adaptation aux divers changements susceptibles de survenir dans sa vie des plus étonnantes.

Mais il y aura peu d'élus ! En revanche, les configurations maléfiques avec Mars produiront une inconscience totale de la réalité, faussant tous les jugements des natifs possédant un carré ou une opposition avec la planète sanglante d'Horus par rapport à Mercure. Ils risqueront un anéantissement total, tel que celui survenu à l'Égypte elle-même lors de l'invasion des Perses ayant Cambyse à leur tête en 525 avant notre ère. Le Soleil arrivait aux quatre cinquièmes de sa navigation en Bélier, et plus personne ne se sentait le courage de tenter de remonter le temps à contre-courant ! Avec les deux Poissons, les temps à venir concerneraient l'avènement d'un nouvel Ahâ, d'un Fils de

Dieu qui serait protégé et sauvé sur les bords du Nil, mais qui régnerait sur un autre « Cœur »...

...Et l'Égypte sombra bel et bien en tant que « Deuxième-Cœur » et son peuple en tant qu'élu de Dieu. Et de la splendeur même des béliers, il ne resta plus pierre sur pierre pour commémorer la gloire de Seth. Seules subsistaient encore quelques têtes éparses dans le sable au moment où les égyptologues arrivèrent à Karnak, au début du XIXe siècle !

CHAPITRE SIXIÈME

NOUT : REINE DU FIRMAMENT À L'ÈRE DES POISSONS

Le Zodiaque de Dendérah nous montre la constellation des Poissons au zénith de son tracé. Il domine le ciel avec une évidence criarde telle que cela ne devrait pas nécessiter de grandes explications. Par surcroît, entre les deux vertébrés aquatiques se trouve, nettement inscrit dans un cadre rectangulaire, le hiéroglyphe des fortes inondations, à savoir trois lignes brisées en zigzag.

Tous nos calculs de base ayant tenu compte des différences calendériques survenues au fil des règnes, l'an zéro de notre ère correspond très exactement avec le jour de la naissance de JésusChrist, le symbole des Poissons, cette période se situant à la fin de l'année 2016. Elle achèvera UN monde et non LE monde, tel que les antiques nous ont légué cette date en même temps que leur Savoir. Ce que nous allons développer tout au long de ce chapitre.

Les petits prophètes de notre temps, en mal de copie, et surtout d'argent, abreuvent littéralement le public, par leurs écrits et leurs conférences sur cette fin. Une secte pseudo-religieuse s'y prépare pour tenter de survivre dans des abris creusés en des sites secrets. C'est pour 1982 assurent les uns, pour 1984 rétorquent d'autres, pas du tout assurent les troisièmes, c'est pour 1999 ainsi que l'a prédit Nostradamus ! Eh bien : non ! La situation en cette fin d'ère des Poissons est différente. Elle dépend des hommes eux-mêmes.

Dans cette *Astronomie selon les Égyptiens* l'étude stricte des Combinaisons-Mathématiques-divines a amené les antiques Maîtres à prévoir les mouvements astraux de l'an zéro à 2016 de notre ère, développant les rythmes en Pulsations Harmoniques Célestes, que voici :

PULSATIONS HARMONIQUES CÉLESTES

1) Cycles rythmiques de 36 ans :

SATURNE	1 à 36	253 à 288	.../...	1765 à 1800
VÉNUS	37 à 72	289 à 324	.../...	1801 à 1836
JUPITER	73 à 108	325 à 360	.../...	1837 à 1872
MERCURE	109 à 144	361 à 396	.../...	1873 à 1908
MARS	145 à 180	397 à 432	.../...	1909 à 1945
LUNE	181 à 216	433 à 468	.../...	1946 à 1980
SOLEIL	217 à 252	469 à 504	.../...	1981 à 2016

2) Cycles astraux de 5 ans :

(Année 1980 neutre pour essor du libre-arbitre humain)						
SOLEIL	1981	1988	1995	2002	2009	
VÉNUS	1982	1989	1996	2003	2010	
MERCURE	1983	1990	1997	2004	2011	
LUNE	1984	1991	1998	2005	2012	
SATURNE	1985	1992	1999	2006	2013	
JUPITER	1986	1993	2000	2007	2014	
MARS	1987	1994	2001	2008	2015	
(Année 2016 neutre pour essor du libre-arbitre humain)						

Comme il est aisé de le remarquer à la seule vue du tableau qui précède, l'énoncé est un raccourci saisissant de la totalité de l'ère des Poissons ! Le premier calcul, celui qui porte sur les tranches de 36 années définissant les influx des pulsations rythmiques célestes, anime la Terre depuis l'an 1 de notre époque chrétienne, ne le terminant qu'avec l'an 2016 inclus. Il présente simplement tous les éléments prévisionnels cycliques pour chacune des sept Errantes durant 36 années. Cette portion chiffrée n'a pas été choisie au hasard. Elle a fait l'objet de recherches et d'études poussées, où l'observation a joué un grand rôle dans cette antiquité reculée de l'Égypte. Ce « Deuxième-Cœur de Dieu », dans lequel rien ne pouvait être fondamentalement dû au hasard, avait justement remarqué que le ciel, lui aussi, vivait. L'univers possédait une espèce de cœur aux battements gigantesques, semblables à ceux de l'humanité, mais bien évidemment à une autre échelle. Et cela a donné une inspiration de 34 ans, suivie et précédée d'un temps neutre d'une année, soit un total de : 1 + 34 + 1 = 36 ans. Cela subissant en outre l'influence supplémentaire de l'une des sept Errantes durant une période de 36 révolutions solaires.

Cela donne une tranche complète tous les 252 ans (36 x 7). Ainsi, l'influence saturnienne sur une période a été de l'an 1 à 36, avant de reprendre de l'an 253 à 288 ; et ce jusqu'en l'an 1765, où Saturne a entamé sa dernière portion jusqu'en l'an 1800 pour terminer son pouvoir nocif en notre ère des Poissons.

Comme on peut le lire sur ce premier tableau, 1980 a été la dernière année, donc la neutre, en puissance de la Lune. Et 1981, est, elle, la première année, tout aussi neutre par conséquent, sous la domination solaire, qui achèvera l'ère en 2016. À quoi correspond cette neutralité en fait ? Il s'agit des temps morts durant lesquels les inspirations et expirations d'air dans le cœur stoppent un court instant avant de prendre un rythme inversé. Les Anciens avaient donc remarqué qu'à l'échelle cosmique, ces « temps morts » étaient en quelque sorte identiques, sauf qu'au lieu de durer un dixième de seconde avant que ne reprenne le mouvement respiratoire inverse, celui-ci restait en suspens une année complète. Pendant ces 365 journées, aucune influence spécifique ne dépendait des Fixes, ni par conséquent des Errantes. C'était l'Humanité tout entière, qui, par son comportement global en cette année-là, prédestinait en quelque sorte les fluctuations combinatoires célestes de son propre à-venir pour les 34 années futures.

Chacun des faits et gestes remarquables en bien ou en mal était collationné quelque part dans le ciel, en une espèce de courbe et de trame qui traçait ainsi la route bénéfique ou maléfique, et à tout le moins fort complexe au sein de laquelle chemineraient les influx des Douze, délimitant les Combinaisons-Mathématiques-divines. De sorte que, pour prendre un exemple contemporain, l'année 1980 ayant terminé le cycle lunaire, et l'année 1981 ayant commencé la pulsation solaire, le lecteur intéressé pourra examiner en détail tous les aspects physiques et politiques de ces deux révolutions annuelles, pour prévoir en gros les fluctuations à venir durant les 34 suivantes.

Ce qui amène à la compréhension du deuxième tableau qui sectionne la première période, à nouveau, en sept tranches planétaires mais de cinq années chacune. La dernière année étant doublement neutre bien qu'étant placée sous la tutelle de Mars en 2016. Il est ainsi parfaitement visible que 1981 sera sous la dominance du Soleil neutralisant les influx solaires, l'astre du jour commençant son périple de 36 ans. 1982 sera dominée par Vénus, ce qui contredit formellement ceux qui prédisent de terribles catastrophes pour cette année-là à cause des configurations astrologiques exceptionnelles qui se produiront au-dessus de nos têtes ! Or, de tout temps, les cataclysmes se sont produits sous une voûte céleste sereine et exempte de toute complication combinatoire. Sans entrer dans les détails sordides de telles interprétations publicitaires, rappelons ici que tous les amas planétaires, de siècle en siècle, ont fait l'objet de prévisions alarmantes ! Toutes ont été démenties par les faits, alors que les grands bouleversements n'ont jamais été prévus à l'avance par personne !

Les exemples célèbres de telles pratiques foisonnent. Afin de ne choquer aucun astrologue français, je ne citerai qu'un Allemand célèbre du XVe siècle : l'astrologue Johen Lichtenberger, qui, dans son écrit *Prognosticatio*, fit trembler de frayeur tout un peuple ai annonçant de terribles cataclysmes au moment des « colossales » (*sic !*) conjonctions Saturne, Mars, Jupiter et consorts, qui s'entremêlaient dans la constellation du Taureau pour amener les pires calamités sur la Terre !... Bien entendu, rien ne se produisit, et mal finit ce voyant !

Mais aujourd'hui, les prophètes en mal de prévisions astrologiques ne sont plus des analphabètes et leurs annonces sont effectuées de telle façon que tout en semant le trouble et même la peur dans bien des esprits, ils conservent une échappatoire en laissant planer un doute dans une certaine phrase qui passe inaperçue sur le moment, et qui leur permet de retomber sur leurs pieds !

Il en ira de même pour l'année 1984, où rien de cataclysmique ne se produira encore. Si l'on suit les textes antiques de l'Égypte, ce ne sera que l'an 2016 qui décidera de la suite logique du mouvement de notre globe terrestre. Et ce ne sera qu'en 2160, donc peu après le début de l'ère du Verse-Eau que cessera l'hésitation céleste entre le Bien et le Mal pour la suite de la vie humaine : l'Apocalypse de Jean, avec le choix entre l'Âge d'Or et la Fin d'un Monde ! Nous verrons au prochain chapitre que le Verseau est représenté dans le Zodiaque de Dendérah par Dieu tenant une urne avec la possibilité de déverser sur nous deux eaux différentes !

Pour l'instant, revenons à l'antiquité du signe des Poissons, qui était celui de Nout : ━━━. L'explication, antérieure de 4000 ans à l'arrivée du Soleil en Poissons dans ce signe, prouve, si besoin en est, l'intelligence supérieure à la nôtre d'un peuple pratiquement éliminé de la surface de notre globe aujourd'hui. Cette dénomination remontant à la vie dans cet Eden que fut Ahâ-Men-Ptah, était surtout destinée à maintenir présente dans tous les esprits la réalité impalpablement autrement de l'apport divin du Créateur à ses Créatures sur la Terre directement.

En effet, dans l'histoire d'Ahâ-Men-Ptah (appelée Atlantide bien plus tard par Solon, puis Platon) et de son peuple élu, le dernier roi, qui était Geb, devait épouser une jeune princesse : Nout. Par eux, et grâce à eux, une multitude renaîtrait dans une seconde patrie, un « Deuxième-Cœur » : Ath-Kâ-Ptah, donc l'Égypte. Ce qui survint selon les prophéties. Mais la princesse Nout, la veille de son mariage avec Geb, viola délibérément une règle fondamentale religieuse du pays : celle qui voulait qu'un certain endroit du jardin royal, le Nahi, ou enclos sacré, ne puisse être foulé que par le roi, Serviteur de Dieu, ou son épouse. Or, Nout ne l'était pas encore puisque le mariage ne devait avoir lieu que le lendemain. Et ce fut dans ce Nahi que Nout fut engendrée par Dieu alors qu'elle se reposait sous le sycomore sacré, et ce, bien qu'étant vierge. Ainsi fut conçu Osiris, fils de Ptah.

À ce titre, après le Grand Cataclysme et la mort de Nout qui avait auparavant donné encore le jour à Seth, puis à Isis et Nephtys, sœurs jumelles, cette dernière reine devint la Déesse du Ciel et la Protectrice de la multitude. De nombreux temples rappellent bien évidemment le symbolisme intégral de cette scène d'autant plus vénérée qu'elle s'est reproduite dans ce même signe pour le Christ. C'est incontestablement pour cette raison que les Maîtres de la Mesure et du Nombre ont affecté les mêmes faits aux mêmes lieux.

L'édifice religieux pharaonique étant, par essence, l'endroit où sont conservées toutes les traditions sacrées, le mieux était de prendre comme point de repère le temple de Dendérah, dont le nom hiéroglyphique est celui de la Dame du Ciel. Il est conjointement dédié à Nout et à Isis, englobées toutes deux dans l'appellation d'Hathor, qui signifie « Mère d'Horus ».

Une chapelle haut perchée, entre autres, retient particulièrement l'attention, car elle fournit à elle seule toutes les explications nécessaires à la compréhension de tous ces événements restés trois fois saints, et qui forment l'Histoire sacrée de la Triade divine. Ainsi, la gravure de la page suivante qui est figurée sur tout le mur ouest de ce sanctuaire, le haut touchant le plafond.

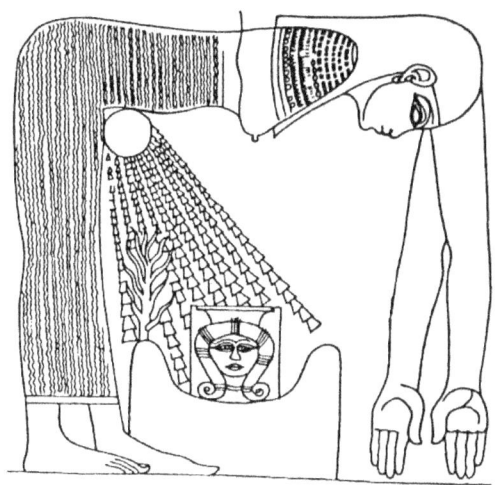

La forme féminine est sans conteste la Reine Nout, en tant que Protectrice de la multitude et de Dame du Ciel. De ses organes reproducteurs partent les rayons solaires personnifiant à la fois Geb, son époux terrestre, et les trois enfants qu'il lui donna. Dont Isis, celle qui est figurée dans le médaillon et qui naquit encore sous l'ancien ciel, celui qui existait avant l'engloutissement d'Ahâ-MenPtah, et dont la hiéroglyphique était encore opposée à la nouvelle :

Ce qui est très important à noter dans ce symbolisme, c'est la gravure du sycomore sur le bord supérieur gauche de ce ciel ancien. Il démontre qu'Osiris, marié à Isis, est tout autant le générateur de la multitude que le fut Seth. Nout ainsi figurée, bras et jambes tendus, fut ensuite stylisée en ce hiéroglyphe signifiant « ciel », et qui fut conservé, mais inversé, après le Grand Cataclysme. Ainsi, l'ancien ciel : devint le nouveau ciel :

Cela n'est pas simplement une supputation de l'esprit, mais se retrouve dans une autre salle tout aussi importante du même temple de Dendérah, où Nout porte sur son corps frêle la Mandjit, ou Barque Sacrée, celle qui a transporté les Survivants du Grand Cataclysme vers une autre terre. La gravure fournit à elle seule toutes les explications nécessaires :

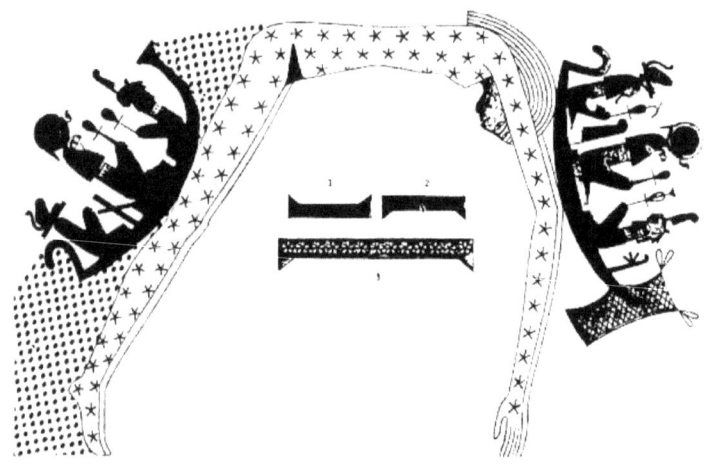

Cette gravure se retrouve d'ailleurs, sous une forme sensiblement identique dans bien d'autres temples que celui de Dendérah. Ce qui fait l'importance fondamentale de ce graphisme symbolique est qu'il est dépouillé de toute ornementation accessoire. Il n'a été réalisé que pour narrer l'Histoire primordiale et cruciale du peuple élu, qui fut réduit à l'anéantissement par sa propre impiété et son aveuglement. Ce dessin permet à la fois de revivre et de relire l'épopée des Survivants qui errèrent à la dérive avant d'accoster, grâce à l'acharnement de Nout pour tous ses enfants, vers un nouveau sol.

À la tête des rescapés exténués se trouvaient, d'une part, les trois qui formeront bien plus tard la Triade divine : Osiris, Isis, et leur fils Horus; d'autre part, il y avait Seth et ses partisans survivants, ceux qui devinrent les Immondes. Ainsi naquirent ceux qui forgèrent l'Histoire d'Ath-Kâ-Ptah et commémorèrent ce qu'ils avaient perdu ai Ahâ-Men-Ptah. Ils formèrent à eux seuls la multitude, en fondant les deux clans fratricides qui s'entre-tuèrent durant six millénaires sous les noms génériques de : Suivants, ou Serviteurs d'Horus; et de : Adorateurs du Soleil.

Nout, qui fut leur mère à tous, est ici représentée avec un corps constellé d'étoiles, afin de bien montrer le lien qu'elle assure entre tous les membres de sa postérité. Elle est un pont d'entente entre tous, comme elle est le pont entre l'Occident du ciel et l'Orient. Elle est la Dame, déesse du ciel, en quelque sorte la Voie lactée au sein de laquelle fut fomentée la colère de Ptah, origine de l'engloutissement du premier cœur édénique.

Reprenons donc l'explication du dessin ci-dessus, qui est essentielle pour une parfaite compréhension de cette astrologie selon les Égyptiens. Partons de la gauche, c'est-à-dire de l'endroit qui devint l'ouest au jour du Grand Cataclysme, et qui vit, par conséquent, non seulement la fin d'une civilisation extraordinairement avancée, mais aussi, et par contrecoup, la disparition totale du continent qui l'avait abritée !

La mer démontée ayant déchaîné toute sa puissance (les gros points figurés jusqu'à hauteur de la barque Mandjit), seuls les rescapés pointés par Dieu surnagent sans trop de mal de la furie ambiante, grâce aux barques insubmersibles. Sur la tête d'Isis est la plume d'autruche qui est le hiéroglyphe de l'âme et sur celle d'Horus est le nouveau soleil (en jaune éclatant sur la gravure originale). En retrait est figuré un corps anonyme surmonté de l'arrière-train du lion, signifiant bien évidemment la perte de tous les impies et aveugles qui furent endormis pour l'éternité dans ce qui est resté en écriture sacrée, par contraction phonétique d'Ahâ-Men-Ptah : l'Amenta, bien connue des spécialistes pour être le Royaume des Morts, mais qui est plus spécifiquement devenue la « Terre des Bienheureux de l'Au-delà de la vie terrestre », là où règne la paix de Ptah.

Parvenons à présent, avec la Mandjit orientale, à la fin de ce périple cataclysmique. Le cap difficile a été franchi grâce à une voilure de fortune. Les personnages ont la même position, sauf que les croix de vie ont pris une teinte vivante, que le corps à l'arrière a retrouvé la tête d'Osiris, assuré désormais de ressusciter après l'accostage, et qu'à la place des deux rames croisées sur le bateau de gauche laissant à Dieu le soin de la survie, il y a, sur celle de droite, la plume en gros plan, permettant aux âmes de la multitude de revivre aussi sur la seconde terre.

Ce bref résumé d'un ensemble historique amplement développé par ailleurs[13] devrait permettre de saisir toute l'importance accordée à Nout par les premiers Maîtres pour représenter ce signe et cette constellation qui deviendra bien plus tard celle des Poissons. Rien que dans le temple de Dendérah, où chaque portion de mur et de plafond est recouverte de hiéroglyphes contant le pourquoi et le comment d'une science déjà plusieurs fois millénaire, les textes foisonnent pour indiquer la toute-puissance de Nout dans les décisions combinatoires célestes. Rien que dans la Salle A du grand temple, on peut additionner jusqu'à 76 figurations de Nout dans un contexte astronomique précis. Et je n'en citerai que deux afin de ne pas alourdir cet ouvrage déjà bien compact.

La première située dans une longue tirade sur les pérégrinations des « Deux-Frères », Osiris et Seth, montre comment, grâce à Horus (figuré par un épervier) celui-ci est devenu le générateur de la multitude dans le « Deuxième-Cœur » (à lire de droite à gauche) :

---

[13] Relire la *Trilogie des Origines* du même auteur.

Horus-le-Vengeur, petit-fils de Nout, issu du Lion pour peupler une deuxième terre, qui sera le Deuxième-Cœur-de-Dieu.

La seconde citation provient de la même salle. Elle est extraite de cette suite d'annales antiques gravées avec le plus grand soin. Ici les quatre enfants de Nout, qui engendreront les quatre rameaux de la multitude pour ne former qu'une seule patrie après l'ancien ciel, resteront éternellement les enfants de Geb, même l'impur assassin que fut Seth. Il est à remarquer ici les hachures qui figurent le martelage d'une partie du texte original. Il s'agit vraisemblablement d'un religieux plus mystique et fondamentalement croyant, qui refusait cette unité avec les athées. Là encore, le texte se lit de droite à gauche :

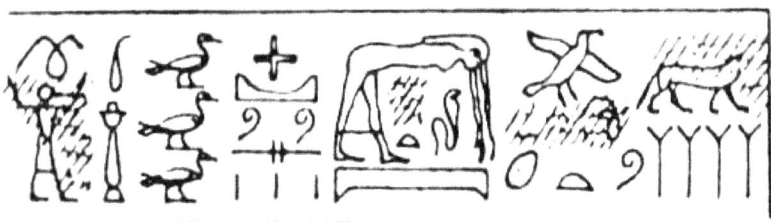

Les quatre rameaux qui ont survolé la colère du Lion, grâce à la Divine Nout qui a obtenu un nouveau ciel malgré l'anéantissement de l'ancien, revivront car ils sont tous les enfants de Geb, même Seth l'assassin impur.

Ce qu'il convient de garder sans cesse à l'esprit lorsque l'on désire comprendre l'histoire des dynasties pharaoniques, c'est qu'il s'est écoulé plus de quatre mille ans de règne pour plusieurs centaines de rois venant de tous les points cardinaux !

Tous cependant ont désiré conserver les origines traditionnelles du monothéisme, en les adaptant à leurs propres conceptions de la religion ou de l'idolâtrie. De plus, l'usure du temps déforma elle-même la primauté des dogmes, comme cela peut se remarquer aujourd'hui vis-à-vis du christianisme où le moindre fait est remis en question par les prêtres eux-mêmes qui auraient dû les défendre vigoureusement, contre l'athéisme envahisseur. Ainsi, à Dendérah, la déesse du Ciel Nout a fini par se confondre avec sa fille Isis, mère d'Horus, qui l'a supplantée définitivement à partir de la XIe dynastie où elle devint Dame du Ciel. C'était l'ultime distinction avant l'oubli de Nout durant la XVIIIe dynastie. C'est probablement de la reconstruction du temple sous le roi Sésostris qu'apparaît Isis comme donnant la direction réelle du Zodiaque, comme on peut le voir sur le dessin du chapitre quatrième.

Cette conception de protectrice du ciel restera attachée à la mère d'Horus jusqu'à la fin de l'Égypte, puisque même du temps des rois gréco-romains dominateurs, de nombreux sarcophages étaient encore placés sous la bénédiction d'Isis.

C'est d'ailleurs à ce moment que commence l'évolution tendant à accréditer la suprématie des Poissons après celle du Bélier. L'Égypte, Ath-Kâ-Ptah n'existe plus en tant que « Deuxième-Cœur-de-Dieu », ayant été décimé et détruit par la seconde invasion perse de 525 avant Christ. Peu de prêtres ont pu échapper à la tuerie générale, et le pontife de Dendérah ayant lui-même survécu miraculeusement à cet holocauste permit un retour au monothéisme sous une forme futuriste prophétique.

La venue d'un Messie, nouveau Fils de Dieu, était ainsi annoncée, comme celle d'un autre Ahâ, un Sauveur d'âmes, donc de pêcheur de cette humanité en voie de perdition. D'où cette allégorie bien connue de la pêche de 153 poissons, car 153 est le Nombre de l'Humanité, tout comme 17 est celui de l'Homme. Or, tous les passionnés de numérologie savent que tous les chiffres de 1 à 17 y compris additionnés l'un à l'autre font un total de 153. Ce fut ainsi qu'à Dendérah, bien des millénaires avant la naissance de Jésus, celle-ci était prévue pour le moment de l'entrée du Soleil dans la constellation qui prendrait le nom de Poissons au moment voulu par Dieu.

Ainsi également, l'Errante Jupiter, Hor-Scheta-Kher autrement dit; il s'agit de la « Toute-Puissance primordiale venue par Horus ». Sa hiéroglyphique est la suivante : ✶ ⎮ 𐦙 ⸾

Nous ne présenterons nulle part la planète Neptune montrée par les astrologues contemporains comme étant la protectrice de ce signe des Poissons, pour la bonne raison qu'elle n'entre dans aucun contexte antique, et que l'astrologie selon les Égyptiens s'en passait parfaitement pour présenter des prévisions bien plus cohérentes et vérifiables. Jupiter, roi des dieux, reste, sous son nom de Hor-Sheta-Kher, la seule dominatrice des Poissons.

Cela a été parfaitement interprété par les premiers chrétiens qui firent du poisson leur symbole et leur signe de ralliement secret pour se rencontrer au nez et à la barbe des Romains qui voulaient interdire la propagation de cette foi « étrange ». Le poisson était en outre l'aliment privilégié du chrétien. Il lui permettait de se mettre dans une condition de prière particulière l'unissant beaucoup plus au ciel afin de réaliser cette entente parfaite entre la Terre et son Créateur. Le Poisson était la suite logique du sacrifice du Bélier, observée durant l'ère qui précédait, et qui commémorait des événements divins que la dialectique des religieux ayant vécu l'Exode de Moïse fit dévier du véritable but originel, donnant naissance à une nouvelle colère divine suivie de la venue du Messie et de ce qui devint la chrétienté.

La complexité de l'âme des natifs de cette période se ressent indéniablement de la complexité des sentiments qui ont agité l'esprit de cette Reine-Vierge que fut Nout avant d'être connue de Ptah, et de la complexité des événements qui ont eu lieu au temps de la Vierge Marie élue par Dieu.

Notre ère durant 2016 ans, et la probabilité d'un prochain cataclysme étant établie pour l'année 2160, il est intéressant de voir également plus en détail ce fameux temps cher à saint Jean sous sa définition apocalyptique.

Laissons donc pour le moment la Reine-Vierge Nout, ainsi que sa fille Isis, continuer leurs protections de notre ciel des Poissons...

CHAPITRE SEPTIÈME

HAPY : LA CORNE OU L'ÈRE DU VERSE-EAU

Juste avant l'aube de cette nouvelle ère à apparaître dès 2017, nous arrivons avec 1980 dans une espèce de cycle probatoire où toutes les influences, les pires comme les meilleures, peuvent se faire jour. En outre, il est fort probable qu'en cette « avant aube » apparaisse, comme à Dendérah une demi-heure avant le lever du Soleil, le fameux rayonnement pyramidal émanant de Sirius, bien que sous une autre forme.

Si j'insiste ici sur cette force immense céleste, c'est que physiquement et d'une manière tangible, les savants la situe fort bien. Les physiciens étudient les forces prodigieuses dites de haute énergie. Ils leur ont déjà donné depuis de nombreuses années le nom de Force cosmique. La puissance encore incommensurable des radiations qui s'en dégagent traverse la terre de part en part et de toutes les parties de notre globe, avec une force si prodigieuse qu'elle confond encore les esprits les plus critiques étudiant ce rayonnement.

La Force cosmique possède des rayonnements d'une énergie des milliers de fois supérieure à celle du radium, dont la puissance réelle est à peine estimable encore aujourd'hui, bien que réelle. Elle est encore impensable pour l'esprit humain bien qu'elle l'affecte et le prédestine totalement pour le conditionner dès la naissance à vivre d'une certaine façon plutôt qu'une autre.

Dès 1903, cependant, des physiciens s'attaquèrent au problème avec les faibles données qu'ils possédaient en ce début de siècle. Ce furent les savants Rutherford et Mac Lennan qui effectuèrent les premières expériences tangibles, susceptibles d'apporter quelques lueurs dans ces recherches fondamentales sur les hautes énergies célestes. Ils utilisèrent un électroscope placé dans un caisson métallique complètement étanche à l'air. Pourtant l'appareil en vase dos se déchargea spontanément. Les expériences se poursuivirent dans des caisses de plus en plus épaisses : d'un centimètre d'abord, puis de deux, puis de trois. La vitesse de cette décharge diminua progressivement. Des résultats obtenus ainsi, Mac Lennan et Rutherford conclurent que cette décharge ne pouvait être provoquée que par des rayons invisibles et inconnus d'une puissance extraordinaire, infiniment supérieure à celle du radium, puisqu'en traversant les parois métalliques ils ionisaient l'intérieur de l'électroscope, ce que ne pouvait faire aucun rayon répertorié jusque-là, pas plus le radium ultrapuissant, que les autres !

L'hypothèse fut alors émise qu'il existait au sein de notre atmosphère terrestre, des radiations pénétrantes inconnues qui, bien que radioactives à un degré inimaginable, ne pouvaient aucunement provenir de la croûte de notre Terre, ni même de son magma ! Le physicien Gockel ne tarda pas à aller beaucoup plus loin. En effet, ce savant constata qu'au cours de mesures effectuées en ballon, ai haute altitude, l'intensité des radiations ultrapénétrantes augmentait de façon considérable ! La notion de Force cosmique était née...

À leur tour, deux physiciens allemands, les professeurs Hess et Kölhforster, reprirent des expériences similaires, mais avec des moyens de mesures plus sophistiqués. Cependant, les résultats plus affinés ne purent démentir les allégations de leurs prédécesseurs, mais les confirmèrent purement et simplement !

Les physiciens américains Millikan et Bowen, mécontents de ces résultats, tentèrent eux aussi l'expérience à l'aide d'un ballon sonde de l'Air Force, qui monta jusqu'à 30 000 mètres, pour parvenir à une identique conclusion. Ils furent donc fondés à déclarer, enfin, en 1932, qu'il existait bel et bien des radiations extra-terrestres des millions de fois plus pénétrantes que toutes celles connues à ce jour sur terre, même en comptant celles produites artificiellement dans les laboratoires de physique. Ces radiations ne pouvaient provenir que d'une source céleste d'une formidable énergie : la Force cosmique.

Des multiples rapports qui firent suite à ces premiers travaux, quatre points essentiels sont dégagés aujourd'hui, en 1981 :

1) Pour absorber la totalité des radiations cosmiques étudiées globalement dans les laboratoires américains, anglais, russes, ou suisses, il faut une protection des appareils de mesure qui comprenne une épaisseur de liquide aqueux de 20 mètres au minimum, ou encore d'une chape de plomb de 1,80 m !... Si l'on se souvient que l'épaisseur de ce dernier métal protégeant des rayons X les plus pénétrants n'est que de 1,35 cm, on aura une meilleure idée de la force rayonnante cosmique en cause (150 fois plus) !

2) Cette Force cosmique émane d'une région spectrale mille fois plus déviée, en moyenne, que celle des rayons X. Les rayons gamma les plus pénétrants du radium ont une longueur d'onde de 0,07 angström, alors que les radiations ultrapénétrantes des rayons cosmiques sont distribuées dans une zone s'étalant entre 0,00067 et 0,0004 angström ! (Cette unité de longueur de la microphysique vaut 10^{-8}, soit un millionième de millimètre.)

3) Ces rayons cosmiques inconnus proviennent bien évidemment sur notre Terre à la vitesse de la lumière, soit 300 000 kilomètres à la seconde. Ils heurtent donc le sol terrestre et toute matière qui s'y trouve avec une percussion telle qu'ils provoquent des réactions et des radiations secondaires de moindres fréquences, en apparence moins offensives quoique sensiblement analogues à celles des rayons X. L'enveloppe charnelle

naissante, à peine déliée du cordon ombilical maternel, est donc frappée de plein fouet en premier par la toute-puissance de cette Force cosmique. Elle imprègne indissolublement le faible cortex cervical d'une trame sous-jacente qui fixera, sa vie durant, un certain pouvoir en lui, différent pour chaque être, puisque même s'il naissait 300 000 enfants sur un même lieu, en une seule seconde, ce serait comme si un espace d'un kilomètre les séparait.

4) Cette Force cosmique est telle que son rayonnement traverse aussi la Terre de part en part à toute heure du jour et de la nuit avec la même puissance pénétrante, pratiquement constante. Ces observations ont été faites par le laboratoire de l'État de l'Ukraine, en URSS, spécialisé dans l'étude des hautes énergies, à propos de l'absorption des radiations extra-terrestres en fonction de l'épaisseur de la croûte de notre sol. Cette traversée de la Terre dans son plus grand diamètre a permis aux chercheurs soviétiques d'extrapoler, en partant de formulations sur l'absorption des rayons X, diverses fonctions précises qui permettent d'ores et déjà de concentrer les recherches dans une zone touchant les constellations zodiacales équatoriales de notre univers, soit à une distance allant de 80 à 120 années de lumière.

Il était indispensable d'énoncer ce prélude de physique cosmique contemporaine avant d'aborder les forces qui vont entrer en jeu pour ce futur proche que sera l'Ère du Verseau. Et pour bien en comprendre les tenants et les aboutissants, voyons plus en détail la conception qu'en eurent les premiers Maîtres égyptiens, forts de la Connaissance qu'ils tenaient de leurs Ancêtres : les Aînés d'Ahâ-Men-Ptah.

Si la carte du ciel du Grand Cataclysme, incluse dans le Zodiaque de Dendérah, nous présente une figuration traditionnelle de la constellation du Verseau comme des onze autres, c'est que la lignée des Maîtres et des Pontifes qui avaient la charge de maintenir le Savoir des Combinaisons-

Mathématiques se perdait dans la nuit des temps. Comme l'espace lui-même évoluait, il convenait d'en modifier les données terrestres. Aussi voyons-nous à Dendérah la dernière en date des substitutions car le temple visible aujourd'hui n'est que la sixième reconstruction depuis l'original, et il date du IIe siècle avant Christ, au temps des rois Ptolémées.

Pour le Verseau, on y voit un Prophète tenant une urne retournée dans chacune de ses mains.

Et ce vieux Sage déverse ainsi deux sources contraires sur notre sol. La première est faite d'une eau dévastatrice qui, en parvenant à Terre, deviendra Déluge et Grand Cataclysme. L'autre est faite d'une eau vive, pleine de joie et d'enseignement, capable de rendre toutes les créatures humaines heureuses jusqu'à la fin des temps ! Cela ressemble bien étrangement à l'écrit de l'Apocalypse de saint Jean, et nous y reviendrons ultérieurement. Voyons pour l'instant la hiéroglyphique qui était antérieure au symbolisme diluvien universel dit le « Verse-Eau ».

Elle est beaucoup moins connue, même des spécialistes, car les jeux anaglyphiques, c'est-à-dire les doubles, et même triples sens, abondent en cette compréhension. Pour leur excuse, il faut reconnaître que non seulement les Maîtres ou les érudits connaissaient parfaitement leur histoire politico-religieuse, mais également tous les enfants et les humbles. Ils vivaient tous au sein de ce foisonnement iconographique qui leur expliquait chaque moment et chacun des actes des Aînés par rapport à Ptah, ainsi qu'à l'Espace et au Temps.

Aussi, le premier nom du Verseau, la Corne, peut-il apparaître comme usurpé ou n'ayant aucun rapport avec les prophéties. Il n'en est rien cependant, et tout se tient très bien comme nous allons voir. Le signe antique est donc : ✗

La corne, qui coupe le jet sortant de la cruche, est bien entendu celle d'une vache : la Vache céleste, dont nous avons fait la Voie lactée. Son appellation hiéroglyphique est Hapy, ou le Grand Fleuve. C'est de cette dénomination que partiront toutes les interprétations fantaisistes concernant tous les sujets possibles et imaginables... qui auraient pu être originaires d'Égypte et si les habitants avaient réellement été les barbares si plaisamment décrits par les égyptologues du XIXe siècle ! Car, il y a huit millénaires, le Grand Fleuve céleste, donc cet Hapy, était très exactement parallèle dans le ciel au Nil qui, lui sur la terre, immense ruban fertilisateur, apportait la preuve aux arrivants dans cette nouvelle patrie qu'ils étaient sauvés par Dieu ! Et son nom devint également Hapy en signe de remerciement et de reconnaissance envers l'autre, le céleste, qui menait leurs destinées durant leurs vies terrestres. D'où une série de quiproquos humoristiques pour ceux qui ont tenté de percer ce qu'ils considéraient comme mystérieux ou illisible, n'en connaissant pas les clés !

Dès l'arrivée des Descendants sur les bords du Nil, celui-ci présentait un tout autre aspect qu'aujourd'hui, non seulement du point de vue écologique, mais politique : le barrage d'Assouan n'avait pas fait se polluer les deux rives du Grand Fleuve !

En ces temps-là, il était impétueux, avec cette puissance qui lui permettait de croître et de décroître abondamment à une époque régulière, cadencée au rythme de l'apparition annuelle de Sirius. Sauf lorsque Ptah se fâchait contre ses créatures, et ces années-là, les pires calamités arrivaient en punition des péchés commis ! Plutarque assure que rien, chez les anciens Égyptiens, n'était aussi vénéré que le Nil.[14] Et les textes foisonnent dans tous les temples sur les fêtes célébrées en

---

[14] *Isis et Osiris*, chap. V.

l'honneur du Grand Fleuve, dont les fastes n'avaient de pareils que pour l'adoration de la Triade divine.

Au chapitre XV du livre improprement appelé *Livre des Morts*, une phrase est significative :

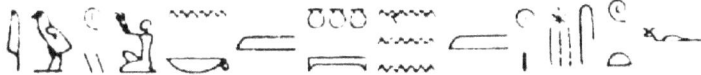

Nous te rendons grâce pour les bienfaits que tu procures aux hommes sur la terre par les crues issues de toi lorsque Râ est au zénith du ciel.

Cela est très clair dans ce contexte de phrase, si l'on comprend qu'une seule origine unit le ciel à la terre et les deux fleuves au Soleil illuminateur. C'est Râ, sur sa barque, qui navigue le long des côtes d'Hapy, la Voie lactée, tout comme le fleuve Hapy, père nourricier des côtes égyptiennes. Et ici aussi, les papyrus étalent complaisamment la complexité de cette situation exceptionnelle créée pour le seul peuple élu de Ptah. Le Papyrus de Boulacq n° 3 débute ainsi :

Les eaux du Grand Fleuve arrivent vers vous, les vivants et les autres...

Un des papyrus du Louvre, celui qui porte le n° 5 158, utilise la même façon d'introduire les données très particulières d'un rite :

Les eaux du Grand Fleuve portent les germes des deux Cieux : celui des Bienheureux et celui des Descendants d'Horus.

Ainsi, il est clair que dans cette notion conjointe d'Hapy, Grand Fleuve céleste ou terrestre, il était fait abstraction de toute notion géographique, mais que cela englobait un ensemble de forces inconnues. Les anciens Égyptiens furent les seuls de tous les peuples de ce temps à ne point se préoccuper des sources du Nil, pourtant leur fleuve nourricier, se bornant à en arrêter les contours à la fin de la troisième cataracte après Éléphantine. Ce qu'ils remerciaient et vénéraient, ils le tenaient déjà de leurs Aînés et ils ne voyaient aucune utilité à aller au-delà. Pour eux, chercher à approfondir ce qui semblait un mystère, mais n'avait en fait aucune importance par rapport aux bienfaits obtenus, aurait été un sacrilège, une abominable impiété. Leur Grand Fleuve terrestre était une copie conforme du Grand Fleuve céleste; c'était donc une émanation venue du ciel et donc de Ptah-Un. Le Nil était un liquide pur, une eau sainte et sacrée, à l'usage des hommes créés à l'image de l'Éternel ToutPuissant, ainsi que cela est chanté dans le chapitre XV de cet ouvrage intitulé à tort *Livre des Morts* :

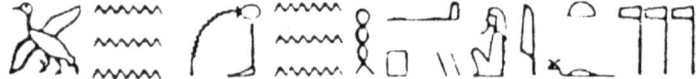

Hérodote, Plutarque, Strabon, Diodore de Sicile et tant d'auteurs Grecs; Pline l'Ancien, Sénèque le Philosophe, Lucain, et tant d'autres parmi les écrivains latins, ont cherché à percer ce qu'ils considéraient comme un mystère angoissant, sans y parvenir. La raison en était fort simple : c'était une méconnaissance totale de la véritable cause de l'accroissement régulier du Nil et de sa crue périodique. Il serait vain de nier obstinément qu'il y a quelque chose de divin et de sacré dans les effets de cette inondation annuelle des terres qui, sans elle, seraient arides et sans aucune fertilité.

Encore aujourd'hui, il conviendrait de dire à l'égal des Nubiens qui ont participé en masse à la construction du barrage d'Assouan, à l'instigation de Nasser, que le Grand Fleuve El Nil

« était » une émanation directe du Paradis. Ce qu'il n'est plus, cet immense ouvrage de béton étant pire qu'une catastrophe naturelle ! Il a retenu le limon dans ses fondements, irriguant les terres d'une eau qui s'évapore instantanément en permettant au sel enfoui depuis des dizaines de millions d'années de remonter en surface en une décennie, et de brûler pour des siècles un sol qui avait la réputation d'être un bienfait de Dieu.

Cette inondation périodique du Nil était la chose physique la plus importante pour ce peuple antique. C'était la prospérité de l'Égypte et même la Bible l'atteste à plusieurs reprises. Ce phénomène qui nous apparaît comme tout naturel puisqu'il est expliqué scientifiquement, ne me satisfait point pour la bonne raison que les anciens en connaissaient parfaitement le mécanisme, mais qu'ils l'attribuaient à la volonté divine de venir en aide naturellement à ses créatures les plus aimées. Et ce n'est pas parce que des irresponsables comme Pausanias écrivaient pour satisfaire une élite qui se croyait intelligente, que « le début de l'inondation du Nil était le résultat des larmes d'Isis pleurant son époux Osiris », qu'il faut en déduire de l'ignorance crasse de ceux qui construisirent par ailleurs des centaines de merveilles à la gloire d'un Dieu unique !

En réalité, l'apparition annuelle de Sirius, annonciatrice de la crue, est précédée ce jour-là comme lors de ceux qui l'ont devancée, de l'apparition du rayonnement pyramidal. Or, ce jour très précisément, il déclenche une rosée appelée « les larmes d'Isis » en souvenir du temps où la divine pleurait la mort apparente de son époux et s'en remettait à Dieu pour le faire revivre. Et ce qu'il y a d'intéressant à noter, c'est que les chrétiens et les musulmans d'origine copte égyptienne (de Kâ-Ptah : Cœur-de-Dieu) assurent qu'au début du mois de Paophi, vers le 11, une goutte miraculeuse tombe du ciel directement dans le Nil pour provoquer l'inondation.

Dans les textes consacrés à Osiris, il est dit que seul le Fils pouvait ordonner avec les paroles de sa bouche, au Grand

Fleuve de commencer l'inondation pour le bienfait de l'humanité :

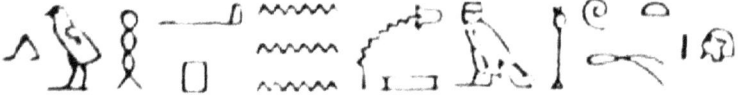

Cela expliquerait les nombreuses confusions successives qui amenèrent à confondre Osiris avec le Nil ou la Voie lactée devenant Taureau céleste ! En réalité, c'était Isis qui créait la plus grande inquiétude puisqu'elle figurait, outre le Grand Fleuve, l'étoile Sep'ti ou Sirius dont l'apparition coïncidait avec les prémices de la crue.

Ce temps de l'inondation était attendu par toute une population dépendante de cet événement vital pour tous. Aussi, lorsqu'il y avait un retard quelconque entre l'apparition de Sirius et le début de la montée des eaux, une grande impatience se faisait jour, qui se transformait en consternation si l'attente durait, et en crainte si celle-ci s'éternisait ! Mais Sirius était le plus souvent fidèle à sa légende, ainsi que l'assurent les textes de Dendérah :

Le Grand Fleuve dispense ses eaux célestes par l'intermédiaire de Sep'ti.

Et le Nil montait, se répandant sur les champs en un terreau noir des plus fertiles : le limon. Puis il redescendait dans son lit après avoir assuré sa fonction nourricière. Les textes égyptiens qui mettent en concordance le lever annuel de Sirius avec le commencement de la montée des eaux ne font pas défaut. Les égyptologues, bien que sceptiques, admettent cette foison de documents originaux.

Toujours est-il qu'avant la construction du barrage, le Grand Fleuve avait des crues très fortes du 15 septembre au 20 octobre. Son débit normal, qui oscillait entre 600 et 1 200 mètres cubes par seconde, passait à 30 000 000 de mètres cubes seconde en moyenne durant l'inondation. Le limon, qui pénétrait ainsi profondément à l'intérieur des terres de culture, les nourrissait vraiment. Les analyses chimiques effectuées par les Anglais au temps du roi Farouk donnaient pour 100 parties de ce limon déposées sur la terre : 11 parties seulement d'eau ; 9 de carbone ; 6 de peroxyde de fer, 4 de silice, 18 de carbonate de chaux et 48 d'alumine.

Ainsi, au fil des années, puis des siècles qui suivirent l'installation des deux populations sur les bords du Nil, celui-ci prit une importance telle qu'il se substitua au Super-déluge qui avait ravagé puis englouti Ahâ-Men-Ptah. D'où l'idée première de rappeler ces temps éloignés par un signe venant du Grand Fleuve et susceptible d'annoncer le renouvellement d'une situation catastrophique semblable. Hapy était tout indiqué pour le faire, en y adjoignant la corne émanant de la Vache, autrement dit de la Voie lactée, d'autant que le changement de la navigation solaire s'était déjà produit en plein dans ce Grand Fleuve céleste, dans la constellation du Lion.

Ainsi que nous l'avons vu dans le zodiaque général antique, le signe du Lion était en ce temps le couteau, symbole de l'assassinat d'Osiris par Seth, qui avait occasionné la colère divine et le bouleversement général du globe terrestre. Aussi, là encore, les rappels de cet événement apparu dans Hapy sont-ils nombreux; tel à Dendérah :

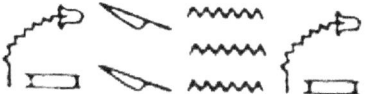

Le Grand Fleuve submergea de ses eaux le Lion assassin qui renaquit dans le Grand Fleuve terrestre.

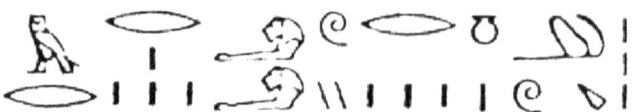

Et des quatre Fils rescapés du Lion, naquirent dans le nouveau Lion, les multitudes d'Horus.

La population tout entière était consciente des bienfaits qui lui étaient procurés grâce au Grand Fleuve et donc grâce à Dieu. Aussi les offrandes qu'ils apportaient dans les temples à l'occasion des fêtes de l'inondation étaient-elles prodigieusement riches ! « Donnez à Hapy les aliments qui en proviennent » était une sentence respectée de tous. La hiéroglyphique nous présente partout le Nil chargé de tous les biens terrestres, généreux distributeur de ceux-ci aux hommes et aux animaux. Ces processions innombrables sont reproduites dans presque tous les édifices religieux, mais plus particulièrement dans ceux consacrés à la Triade divine : à Esneh, à Edfou, et naturellement à Dendérah, le site principal dédié à Sirius, Année de Dieu.

Auguste Mariette, qui a écrit un grand ouvrage sur Dendérah, parle à sa manière interprétative du Grand Fleuve, au tome III, dont il a recopié le texte dans la crypte numéro 2 du Grand Temple :

« La procession des Nils (?) fait pendant à la procession des prêtres sur l'autre côté de la paroi du temple d'Hathor. Le Nil est neuf fois représenté avec des qualifications diverses. Le titre explique mal le sens de cette procession allégorique. Le Nil est représenté franchissant les degrés d'un escalier; et, sortant de la crypte, comme tous les ans, il sort périodiquement de son lit pour embellir le monde et pour fertiliser les campagnes; pour couvrir les prairies de verdure et pour donner aux hommes leur nourriture; pour emplir les magasins de la déesse auguste de Dendérah et pour emplir les greniers de provisions.

« Un autre tableau de cette crypte présente le Nil sortant aussi par l'escalier, comme il le fait de son lit, pour remplir la terre de grains, pour donner la vie aux dieux, le bien-être aux déesses et apporter la nourriture aux humains, pour approvisionner le temple dans ses deux parties, pour emplir trois fois l'autel de la déesse Nout et pour procurer ce qui est nécessaire à ceux qui sont avec elle. »

Il n'est pas question ici de reprendre ce texte publié et commenté par Auguste Mariette, mais il montre combien Dendérah, son astronomie, et ses textes religieux étaient déjà à l'honneur dès les débuts d'une égyptologie qui cherchait sa voie et qui ne l'a toujours pas trouvée. Il existe dans une autre crypte, car il y en a douze sous le temple, et ce n'est pas un nombre dû au hasard, une inscription capitale quant à la signification du Verseau puisque toutes les gravures de ce caveau souterrain concernent cette constellation zodiacale plus spécialement. Il est donc normal que je vous en présente le fac-similé ci-dessous avant de vous en fournir la traduction.

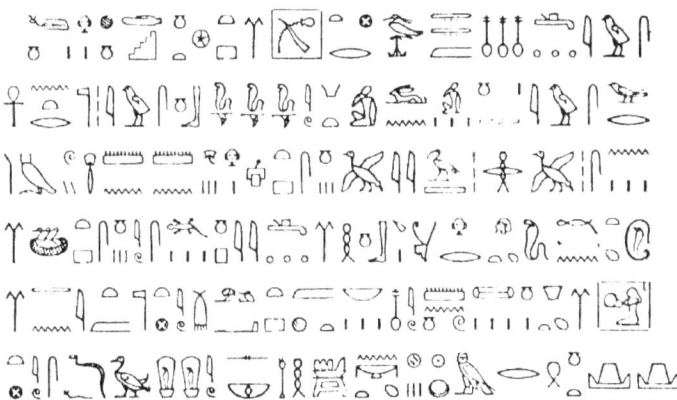

« Il ne suffit pas d'accéder à la Ceinture céleste, pour obtenir de la Corne qu'elle fasse regorger les Deux-Terres Sacrées des grains qui feront vivre les enfants de Dieu toute une année, ni revivre les Bienheureux Endormis de l'autre cœur. Il convient en premier lieu d'accéder par la prière avec les Deux-Frères du Couchant, dont les Descendants ont émigré dans le temps des Jumeaux du ciel en une fausse querelle, suivie d'une fausse alliance, malgré la colère de l'ancien Lion du ciel et l'établissement d'un équilibre très fragile. Que la bonne Mère céleste, la Divine Hathor, la Maîtresse de Dendérah, intervienne alors sous sa forme de Corne céleste, pour assurer la nourriture de ses enfants des deux rives qui ont formé la terre d'Égypte, et pour mettre en fête les autels aux jours précisés par le calendrier. Ainsi a parlé le Pontife des Maîtres de la Mesure et du Nombre de la Double-Maison-de-Vie des anciens deux. »

C'est sur l'incompréhension des textes que les égyptologues accréditèrent la fable de deux Nils : celui du sud, et celui du nord. Donc de deux dieux différents ! Or, il n'y avait qu'un Nom pour la Voie lactée et le Nil, qui à eux deux représentaient l'union indissoluble des éléments entre le ciel et la terre. Il y avait le Grand Fleuve céleste, don de la Triade divine pour l'élaboration des configurations zodiacales :

et le Grand Fleuve terrestre qui donne naissance à toute la nature environnante :

Cette longue digression sur la Corne nous mène à une meilleure compréhension de l'astrologie égyptienne du Verseau, basée fondamentalement sur le Grand Cataclysme survenu dix millénaires avant notre ère, et qui a englouti un continent et presque tous ses habitants. Aussi le sigle du Prophète hésitant à asperger la Terre de l'une ou de l'autre urne pour dispenser le

Bien ou disperser le Mal, est caractéristique de l'esprit des natifs du Verse-Eau.

CHAPITRE HUITIÈME

AU COMMENCEMENT ÉTAIT LE NAJA (CAPRICORNE)

Tous les textes les plus antiques débutent ainsi : « Au commencement était... ». Lorsqu'il s'agit d'écrits sacrés, la hiéroglyphique est : ⟶ et lorsque la Connaissance explique l'état théocratique de la création, la hiéroglyphique en est : ⟆.

Dans le chapitre XVII du *Livre de l'Au-delà de la Vie terrestre*[15] la hiéroglyphique écrit comme en-tête au premier verset :

Au commencement, ces paroles ont enseigné les Ancêtres : ces Rachetés de la terre première : Ahâ-Men-Ptah.

L'avant du Lion débute bien l'ouvrage, il symbolise là une nouvelle ère : celle qui débuta dans la constellation du Lion, immédiatement après le Grand Cataclysme.

Dans les textes concernant la Création, gravés sur les murs du temple de Dendérah, dont Auguste Mariette reproduit avec

---

[15] Lire ce livre paru aux Éditions Baudoin, du même auteur.

justesse les dessins, notamment dans le tome IV, la hiéroglyphique de la Chambre nord dédiée à Osiris enseignant les Combinaisons-Mathématiques-divines débute dans les mêmes termes mais en l'écrivant autrement :

Au commencement les Immondes s'acharnèrent contre le Générateur, oubliant les événements de l'ancien Lion.

Le Naja, dont une espèce est le cobra ou serpent à lunette, est ainsi placé dès l'origine comme étant le signe céleste d'un renouveau après l'inoubliable Grand Cataclysme. Ou plutôt d'une possibilité de renouvellement si la mémoire des hommes veut bien se rappeler ce qui survint aux âmes des Ancêtres ! Ahâ-Men-Ptah ou l'Eden perdu incapable d'être retrouvé en Ath-Kâ-Ptah ! Ainsi pourrait s'écrire l'Histoire sacrée des Descendants des survivants de ce Paradis terrestre englouti à jamais. D'où, très probablement, l'origine du mythe du serpent venimeux faisant fuir les humains. Tout au début de l'arrivée des rescapés sur les bords du Grand Fleuve verdoyant qu'était le Nil, il ne faut point oublier que le désert était tout proche, à quelques centaines de mètres.

L'historien juif, Flavius Josèphe, nous narre, dans l'histoire de Moïse, que lorsque celui-ci, à la tête des armées de pharaon, vainquit les Sabéens, c'est que ceux-ci ne l'attendaient pas par terre mais par mer, le désert étant infesté de serpents en tous genres ! Moïse tourna la difficulté en emmenant avec ses troupes des centaines d'ibis, ces oiseaux énormes et sacrés, gros mangeurs de reptiles, quels que soient leurs tailles et le venin qu'ils éjectent !

Toutes les puissances maléfiques semblent s'être incarnées dans le serpent par l'utilisation qu'en a faite l'Ancien Testament.

Il semble qu'il n'en soit rien à la lecture des textes hiéroglyphiques. Tout d'abord, il faut exclure la représentation du boa ou du python, à la longueur démesurée, très sinueuse, et comportant de nombreux méandres. Il est la représentation graphique de la Voie lactée et de la multiplicité des mouvements rétrogrades que font les Sept dans leurs navigations apparentes le long des constellations. Lorsque l'on voit le chacal, c'est-à-dire Seth, couper d'un coup de couteau, ou plutôt de tenter de le faire, la tête du serpent, Voie lactée, cette scène symbolise la nullité des efforts des Adorateurs du Soleil de sectionner les mouvements combinatoires célestes qui prédéterminent toutes les âmes, y compris les leurs, descendantes de Seth ! En voici une, parmi des centaines, qui n'a même pas besoin de traduction :

Le Naja, quant à lui, tient une place à part, car il représente aussi la royauté. Lorsqu'il est accolé à un aigle, il s'agit même d'une Reine : . La plus haute divinité humaine, le Pêr-Ahâ ou pharaon, par essence, ne peut rien avoir de commun avec le Mal. Lorsque le Naja domine le demi-globe inférieur de la Terre, c'est-à-dire la partie nocturne, il porte la hiéroglyphique de la constellation zodiacale dont il transporte les influx vers les âmes humaines c'est : .

Une autre figuration des plus importantes se retrouve sur les murs des salles du temple de Dendérah, que Mariette a également recopiée scrupuleusement. Le Naja, là, n'a pas le même bout de queue. Celleci a les circonvolutions de la hiéroglyphique annonçant les Combinaisons-Mathématiques-divines : . (En effet, les C-M-D s'écrivent : , et ce complexe s'explique ainsi de lui-même).

Quelques exemples feront mieux comprendre, tous pris dans les textes de Dendérah :

Les C-M-D, issues du Naja, feront naître les Jumeaux.

Les Adorateurs du Soleil n'éteindront pas la flamme malgré l'assassinat du Fils lors du terrible bouleversement, par la grâce des Combinaisons provenant de la Constellation du Naja.

Il semble donc que pour faire suite au Verseau, précessionnellement l'ère du Naja ou du Capricorne fut celle des grands bâtisseurs et des grands meneurs d'hommes, de façon à remédier, lors d'un renouveau, aux excès passés amenant la désolation, par une austérité bienfaisante accompagnée d'une poigne de fer. Rien de neuf ne peut être édifié sur des ruines non aplanies, ni passées à la chaux vive pour en ôter tous les miasmes abominables, et tous les risques de contagion inhérents à la volonté destructrice de l'humanité aveugle et impie qui a précédé !

Avec les natifs du Lion, ceux du Capricorne justifient aujourd'hui cette renommée ! Nous trouvons, entre autres, et en compagnie de notre premier égyptologue national : Jean-François Champollion, qui est né le 23 décembre 1790 à Figeac (à 2 heures du matin), dont les déboires scientifiques et les démêlés politiques ont assuré sa gloire mondiale, les noms prestigieux de Mao Tsé-toung (26 décembre 1893) ; David Ben Gourion (28 décembre 1886) ; Woodrow Wilson (28 décembre

1856) ; Isaac Newton (4 janvier 1643) ; Charles Péguy (7 janvier 1873) ; Richard Nixon (9 janvier 1913) ; maréchal Joffre (12 janvier 1852) ; Paul Cézanne (19 janvier 1839) ; Edgar Poe (19 janvier 1809)...

Pour bien comprendre ce processus mécanique, astronomique, géométrique, engrené à l'échelle cosmique sous le terme des Combinaisons-Mathématiques-divines, les C-M-D, il convient de se souvenir sans cesse des deux mouvements principaux, bien que contraires, qui animent notre univers solaire :

1) Le Soleil avance (en apparence puisqu'en réalité il est fixe et la Terre mobile) en tournant autour de la Terre en 365 jours un quart;
2) Le Soleil recule (toujours en apparence puisque c'est l'obliquité de la Terre qui est cause de ce mouvement précessionnel) en une large orbe polaire, en 25 920 ans, appelée la Grande Année.

Dans le *Livre de l'Au-delà de la Vie*, par exemple, au verset 164, il est expliqué :

C'est pourquoi, après l'Anéantissement voulu par les Combinaisons-Mathématiques-divines, afin de permettre l'accession à la Demeure, l'ancien Lion recula pour mieux avancer.

Il est difficile d'être plus clair dans des explications remontant à six millénaires et démontrant un événement cataclysmique qui s'était produit encore soixante siècles auparavant !

La constellation du Naja a donc forgé les esprits forts qui ont refait l'humanité telle qu'elle nous apparaît en cette aube de l'ère du Verseau. Il semble bien, hélas, que nous nous trouvions bel et bien à la veille (l'an 2160 étant proche d'à peine une seconde d'éternité !) d'un cataclysme semblable au précédent, celui qui avait déjà eu lieu à la charnière de la constellation du Verseau, en Capricorne, quelque 11 520 années avant celui du Lion, et qui avait été moins important dans ses phénomènes terrestres, bien que vital pour l'Humanité. Cela transparaît si nettement dans les gravures des Textes sacrés de Dendérah, qu'il convient d'en reproduire plusieurs pour la bonne compréhension de ce chapitre.

Dans le dessin reproduit ci-dessous, par exemple, l'arrivée du mini-déluge est nettement visible, par les lignes verticales brisées qui montent obliquement vers le zénith. C'est lui qui provoque cette cassure blanche, de laquelle la Voie lactée (le Serpent) entreprend la réalisation des nouvelles circonvolutions des Combinaisons-Mathématiques voulues par Dieu, celles qui prédétermineront les Parcelles divines du ciel changé en Capricorne :

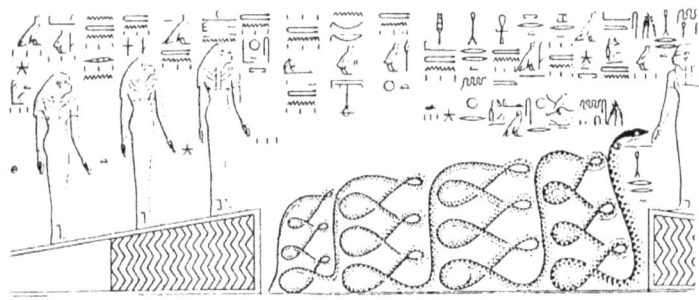

Même un lecteur non averti de la symbolique des anciens Égyptiens comprendra aisément à la vue de ce dessin la similitude entre les contorsions du serpent, et celles du signe hiéroglyphique qui symbolise les Combinaisons-Mathématiques-divines : ∞.

Il n'y aurait donc rien de surprenant à ce que les pulsations célestes actuelles, en bouleversement astronomique certain, préludent à une refonte générale de la vie sur la Terre. L'esprit humain, forgé par une seconde Alliance avec Ptah, au temps des premiers survivants en Ahâ-Men-Ptah, c'est-à-dire après la catastrophe survenue en constellation du Naja, a perdu au fil des siècles écoulés, puis des millénaires, cette obéissance aveugle envers le « Très-Haut », qui assurait la paix sur Terre aux gens de bonne volonté.

L'éternel recommencement évolutif, au sein de la spiraloïde du temps, amena la naissance d'Osiris, puis de Moïse, puis du Christ, qui ne réveillèrent que l'espace d'un moment cosmique la conscience des Créatures divines. Que sont en effet deux millénaires par rapport à l'Éternité ? L'Humanité redevenait à chaque fois imbue d'ellemême, égoïste, vindicative, impie, aveugle envers tout ce qui n'était pas le reflet d'elle seule et de ses prérogatives !

Notre fin de XXe siècle en est l'exemple le plus frappant pour les générations montantes qui essaient de comprendre. Non seulement politiquement le monde court à sa perte sciemment et délibérément (n'a-t-on pas vu durant l'année 1979, au sein même de l'Organisation des Nations unies (*sic !*), cinquante-quatre États membres se faire la guerre les uns les autres ?) mais ce qui est pire, il y galope moralement n'ayant plus la Foi en Dieu.

Que le religieux soit musulman, juif, ou chrétien, le prêtre n'est plus qu'hérésie par rapport aux enseignements primitifs qui lui ont été légués précieusement pour les défendre; aujourd'hui il les bafoue sous prétexte de se mettre à la mode ! Il oublie la sainteté de son sacerdoce avec ce qu'il a de plus sacré, pour s'occuper de tout autre question ! C'est avec juste raison que devant cette avalanche de blasphèmes, un saint commentateur s'est exclamé à la télévision :

« Aujourd'hui, il n'existe plus que deux catégories de prêtres : ceux qui ne savent plus obéir aux Commandements de Dieu ; et ceux qui devraient commander mais qui ne savent plus se faire obéir ! »

L'imbroglio devant lequel nous nous trouvons, politico-religieux, n'a pas besoin de plus de commentaires que le simple rappel de la prise des otages à l'ambassade américaine de Téhéran. Sans parler du banditisme constitué par cet acte, il est de notoriété publique en Iran, qu'au-delà du fait lui-même, il s'agit d'un coup resplendissant à l'encontre de ces chiens d'infidèles que sont les Occidentaux, et ce pour la plus grande gloire d'Allah ! Cela est le prélude typique de la prédominance que tentent de prendre les Arabes sur le monde grâce au pétrole. La fin de l'ère des Poissons est le commencement de la fin du christianisme, ce que chacun interprète évidemment à sa façon. Ce qui est vrai, c'est que notre fin d'ère s'éternise, et que cela durera jusqu'en 2016.

Tous les éléments de ce puzzle gigantesque sont gravés ou écrits dans les archives tentyriques, de Tentyris, qui est le nom de Dendérah en grec. Non seulement dans les sous-sols du Cercle d'Or, mais aussi dans les douze cryptes dont chacune est placée sous l'égide d'une constellation, comme celle du Naja, inhérente à ce chapitre.

Dans ce pays déjà, d'importantes découvertes de tombes prédynastiques, à Négadah, non loin de Dendérah, ont singulièrement fait reculer la chronologie courte qui était généralement admise comme bonne par les égyptologues officiels, car les bijoux des reines, notamment, déposés auprès des momies, cadraient mal avec la datation effectuée pour le règne de Narmer-Ménès, le premier roi de la première dynastie. Il convenait donc d'en revenir à l'étude des annales de Manéthon, ce qui avait d'ailleurs été conseillé par Champollion, il faut lui rendre cette justice.

Manéthon n'était qu'un nom d'emprunt grec pour faciliter sa tâche et ses déplacements à la Cour royale. En effet, ce Manéthon était un Kâ-Ptah (l'un des premiers coptes qui avait gardé la fin de la dénomination de son pays, Ath-Kâ-Ptah, donc « Cœur-de-Dieu », après que l'invasion des Perses en eut fait une terre presque désertique). Il s'appelait, en réalité, Men-Ath-On, c'est-à-dire qu'il était natif de la « Deuxième cité issue du Couchant ». Comme il était prêtre et lettré, vivant sous le règne de l'empereur sage qu'était Ptolémée Philadelphe, ce dernier lui commanda de rédiger une histoire complète des Rois-Pharaons. Ce travail fut exécuté fidèlement, mais il est perdu de nos jours, sauf certaines parties reprises par des historiens latins quelques siècles plus tard. Les papyrus de Turin fournissent les mêmes datations, avec en plus des précisions sur des dynasties divines qui permettent de faire remonter l'origine du peuple élu de Ptah à des âges plus en rapport avec la civilisation qu'elle nous a léguée.

Cela mis au point, voici les deux chronologies complètes, celle d'Ahâ-Men-Ptah, et celle d'Ath-Kâ-Ptah, entrecoupées de deux cassures : l'une en Lion que nous verrons dans un chapitre suivant, et celle survenue en Capricorne, donc en Naja.

Mais ce dessin prouve bien la valeur symbolique de ce reptile. En effet, Osiris, sur la gauche, mort d'un coup de couteau qui prend la forme de la queue d'un serpent, ressuscite après le forfait commis en Lion, au centre (qui détient la Croix de la Vie) ainsi que l'a fait l'Aîné précédent, sous la constellation du Naja, précisément.

La concordance des gravures de Dendérah avec l'Histoire sacrée des anciens Égyptiens est totale avec les écrits retrouvés.

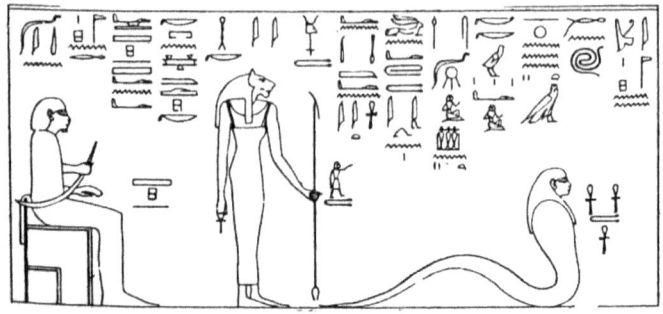

Cela permet d'affirmer que les coïncidences célestes et harmoniques dans les datations sont en réalité préfigurées de longue date ! Il n'y a eu aucun hasard dans les Combinaisons-Mathématiques qui ont prévu les bouleversements. Ces actions cataclysmiques naturelles étaient antérieurement prévues par une Loi fondamentale, voulue compliquée par Dieu, certes, mais prévisible pour ses Serviteurs et susceptible d'être enrayée si le peuple suivait les Commandements harmoniques liant la terre au ciel tout autant que les Créatures à leur Créateur.

Dans le Canon chronologique conservé au musée de Turin, les neuvième, dixième, et onzième lignes précisent la formulation des annales d'avant Narmer-Ménès. Elles donnent une durée d'existence de 13 420 ans jusqu'à la naissance d'Horus, seul pris en compte, et remonte encore de 23 200 ans dans le temps pour les dynasties dites divines qui précédèrent l'avènement du fils d'Osiris. Soit une suite de règnes étalés sur une durée de 36 620 ans jusqu'à celui d'Alexandre le Grand.

Un sourire vient immédiatement aux lèvres du sceptique, ou encore de l'égyptologue ou de l'exégète biblique qui, jusqu'au début de ce siècle, considérait qu'Adam, comme les Saintes Écritures l'assuraient, était né il y avait un peu plus de six mille ans, et que la Terre n'existait même pas un millénaire auparavant !... Fort heureusement, il n'en est plus rien aujourd'hui, et depuis 1958 (et seulement depuis cette date !) la commission biblique du Vatican a donné le feu vert aux chercheurs pour retrouver la vérité chronologique des premiers chapitres de la Genèse.

Aujourd'hui, il n'est donc plus « excommuniable » d'assurer que la suite des règnes pharaoniques et prédynastiques, datés dans un temps réel, a duré plus de trois cents siècles. Les murs de Dendérah permettent aux générations futures de poursuivre des études fort intéressantes, d'autant que le Zodiaque d'une part, et le Cercle d'Or, d'autre part, permettent d'entrer de plain-pied dans un Espace qui est à l'envergure du Dieu-Un, quel que soit le nom qui lui est attribué ici ou là pour créer une diversion aberrante du monothéisme !

La théologie teutyrique explique admirablement les données essentielles. Ptah, le Tout-Puissant Éternel, le Créateur de toutes les choses inertes ou vivantes, décida de former à son image une créature capable de vivre sur Terre. Il la toucha de sa grâce, et un beau jour cette créature se leva pour vivre debout la journée. Petit à petit, une Parcelle de la divinité s'ancra en elle, et elle se mit à réfléchir : l'être humain était achevé.

Cependant, les cycles passant, Ptah s'aperçut que cette Créature pensante s'éloignait bien loin de ce pourquoi Il l'avait engendrée ! Des quatre fils du premier Aîné qui avaient créé la multitude après la renaissance en Naja, que restait-il de la patrie et du peuple élus ?

Ici, les quatre Fils issus du mini-déluge prennent la forme de la constellation sous laquelle ils sont nés. L'intéressant à noter est que le premier sur la gauche ne porte pas le hiéroglyphe de l'onde au pluriel (les trois barres verticales), ce qui tendrait à signifier que les disputes, jalousies et envies, proviennent du premier qui s'est détaché des autres frères. Cela peut n'être en fait qu'une réminiscence de l'histoire, de Seth et d'Osiris, transposée. Il n'en reste pas moins véridique que des clans s'étant formés au sein d'une même famille, des tribus apparurent qui s'éloignèrent des sites primordiaux, pour devenir des régions, fractionnées elles-mêmes en cités qui ne cherchaient qu'à assurer leur suprématie sur les autres par n'importe quel moyen !

Ce fut incontestablement durant cette longue période de plus en plus troublée, qui vit le Soleil naviguant sous la constellation du Naja, que Dieu décida, en une première colère bénigne, de balayer cette humanité impie, aveugle, ratée en un mot, afin de pouvoir tout recommencer en envoyant cette fois un Aîné qui serait en quelque sorte le premier homme. Cet « Aîné », l'Ahâ en hiéroglyphique, fut celui qui donna naissance à quatre fils dont naquit la multitude des Créatures. Mais le plus important était que de ces quatre « Ahâ » naquirent les « Pêr-Ahâ » c'est-à-dire : les Descendants de l'Aîné, donc des « Fils-de-Dieu ». Ce fut ainsi que se perpétua ce mythe des pharaons d'essence divine, car ce sont les Grecs qui phonétisèrent « pharaon » en partant de « Pêr-Ahâ ». De plus, il est à remarquer que dans ce même ordre d'idées, Ahâ se disant « Ahan », est sans nul doute devenu « Adam » qui signifie aussi le premier homme : l'Aîné.

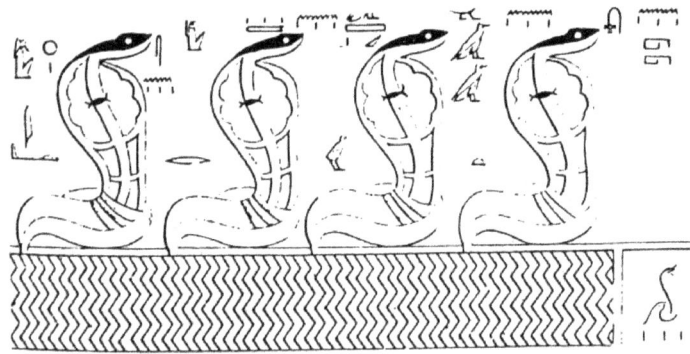

Le départ de ce premier Ahâ vers la voûte céleste pour rejoindre son père après sa mission accomplie sur la Terre, qui était de donner quatre fils mortels mais ayant une Parcelle divine qui les reliait à Dieu, pour qu'une multitude humaine s'épanouisse, facilita une prise de conscience bénéfique au début. Mais un rameau engendra le Mal.

Là encore, c'est le cobra de gauche qui personnifie le rameau déficient, ainsi que l'attestent les hiéroglyphes. C'est ainsi que se déclencha la mécanique céleste provoquant le mini-déluge. Mini, évidemment par rapport au Grand, qui ne bouleversa à cette époque que l'hémisphère nord de notre globe en perturbant l'inclinaison de son axe, effaçant en cette occasion toute la durée du temps vécue en Naja, ou Capricorne.

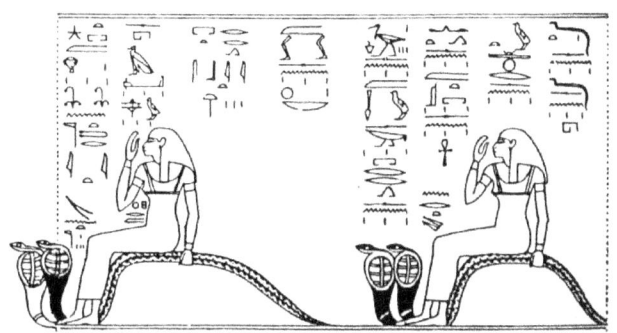

Il porta ainsi le Soleil au 21e degré du Verseau, ainsi que les Combinaisons-Mathématiques-divines du Cercle d'Or de Dendérah le calculent avec précision afin de débuter correctement la chronologie ; il s'agit du 21e jour, du 2e mois, de l'an 21 312 avant Christ, toutes corrections de calendriers effectuées. Les chiffres de Manéthon sont ainsi corroborés d'une façon éclatante, puisqu'il accorde une durée totale de 36 000 ans, et que l'on trouve à Dendérah : 14 400 + 21 312 + 244 jusqu'à Alexandre = 35 956 ans, ce qui est concordant.

Dans le dessin ci-dessous, qui montre les sept dynasties divines, l'occultation de l'ère du Capricorne est lisiblement démontrée :

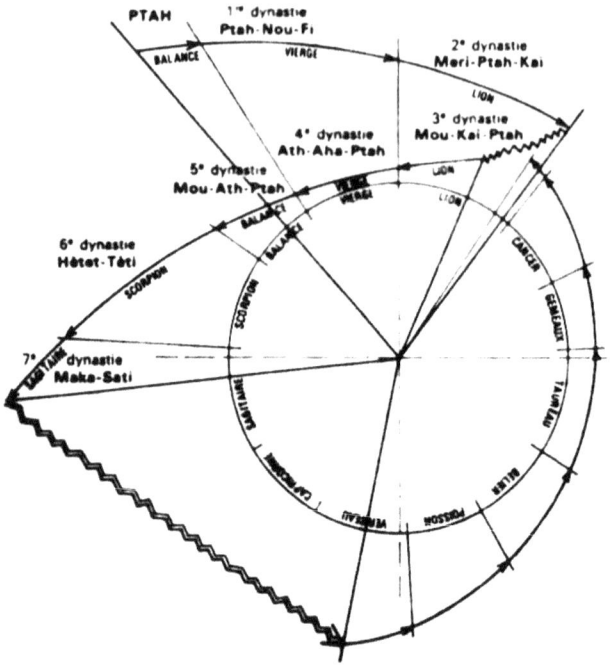

Ce qui donne un temps de 14 400 ans pour ces sept dynasties divines chronologiquement détaillées comme suit :

Méditation et Création (864 ans)	DIEU	Ptah (DIEU-UN)	Khi-Ath (Balance)	864 ans
I" dynastie divine (2 592 ans)	+ 71 Rois	Ptah-Nou-Fi (Envoyé du Ciel)	Nout (Vierge)	3 456 ans
II" dynastie divine (2 448 ans)	+ 71 Rois	Meri-Ptah-Kai (Lion-Aimé)	Er-Kai (Lion)	5 904 ans
III" dynastie rois-dieux (1 440 ans)	+ 33 Rois	Mou-Kai-Ptah (Juste et Fort)	Er-Kai (Lion)	7 344 ans
IV" dynastie rois-dieux (2 592 ans)	+ 71 Rois	Ath-Aha-Ptah (Second Aîné)	Nout (Vierge)	9 936 ans
V" dynastie rois-dieux (1 872 ans)	+ 63 Rois	Mou-Ath-Ptah (Cœur-Juste)	Khi-Ath (Balance)	11 808 ans
VI" dynastie les demi-dieux (1 872 ans)	+ 55 Rois	Hetet-Teti (Le Destructeur)	Téti (Scorpion)	13 680 ans
VII" dynastie les demi-dieux (720 ans)	+ 16 Rois	Maka-Sati (La Flèche invincible)	Sati (La Flèche)	14 400 ans

Avec le Sagittaire (la Flèche), s'acheva ce premier temps où se concevait une humanité encore inadaptée, qui fit ses premiers pas fort troublés en Capricorne. Une partie du monde terrestre semblait s'être dissoute dans la clarté diffuse d'un nouvel axe de vision par rapport au Soleil. Mais après cette tempête, le calme renaissait comme la vie, par la volonté de Dieu, transmise par ses Combinaisons-Mathématiques. Des bâtisseurs et des meneurs d'hommes tenteraient de nouveau d'amener les Créatures à l'obéissance des Commandements de cette Loi de la Création sans lesquels aucune harmonie, ni entente, ne pouvait régner entre le ciel et la terre, entre l'Humanité et Dieu !

C'est de cette compréhension Naja que sont extraites toutes les données astrologiques dépendant du Capricorne, et qui furent introduites par les Maîtres de la Mesure et du Nombre dès l'avènement d'Atêta, le fils de Namer-Ménès, devenu Athothis en phonétique grecque, puis Thoth... et Mercure, le « dieu des lettres » hellène ! Là encore, l'énorme durée de temps humain de quatre millénaires a déformé la simple vérité en une légende mythique tellement invraisemblable qu'elle fait sourire !

Pour amener ce chapitre à sa conclusion, la principale remarque à faire est celle de l'extrême longévité de cette science humaine qui, partant de la simple observation du Ciel qui était en quelque sorte l'essence de la Création du Créateur qui la créa avant toutes les Créatures qui peuplent la Terre.

À la suite de quelle aberration cette chèvre simiesque a donné son nom à cette constellation ? Il vaut mieux laisser les astrologues qui professent de nos jours fournir les explications ! D'autant que, si l'on s'en réfère à l'astronomie, cet animal fantasmagorique de la constellation la plus australe du tropique du Capricorne n'y possède que la tête et les cornes, tout le reste du corps s'étendant sur 210 du Verseau ! Ce sont en réalité deux autres constellations qui fournissent les deux étoiles, de première grandeur, très importantes. Ce sont Véga de la Lyre et

Altaïr de l'Aigle. Enfin si j'ajoute que la queue de la constellation du Cygne, ou Deneb, présente des arabesques faisant penser à la queue... d'un Naja, il devient beaucoup plus facile de retracer, en prenant un simple crayon, ce majestueux reptile qui apparaît en joignant tous les points sans s'occuper de la Chèvre !

La symbolique des antiques Égyptiens est tout autre, et liée à toutes les disciplines de la Connaissance. C'est pourquoi de tout temps ils tentèrent de mettre leur savoir à la portée de ceux capables de comprendre car ils estimaient, peut-être contre toute réalité, que les âmes humaines des générations futures comprendraient la futilité et l'inutilité de la désobéissance, des guerres et du manque de foi.

Le Naja reste pour eux le symbole de la renaissance et de l'espérance, car il se relève toujours lumineux, au-dessus de la coupe morcelée et compartimentée des consciences mortes pour que renaissent les Parcelles divines !...

CHAPITRE NEUVIÈME

L'ASTROLOGIE SELON LES ÉGYPTIENS

Les décennies de batailles savantes qui se sont succédé après l'arrivée du Zodiaque de Dendérah ont fait l'objet de tellement d'ouvrages érudits que mon livre qui en retrace l'histoire véritable a été bien accueilli en remettant toutes choses à leur juste place. Il y a cependant une discipline, et non des moindres ; celle de l'astrologie, qui mérite d'être abordée astronomiquement ici.[16]

Car s'il est connu que l'antique Égypte possédait en son sein des grands architectes, des artistes de tous genres, le scepticisme a été total quant au savoir céleste de ces mêmes savants promoteurs du planisphère de Dendérah devenu le Zodiaque à son arrivée à Paris. Et si les Chaldéens ou les Babyloniens apparaissent comme les plus grands experts en la matière, avec observatoires et tours astronomiques, c'est tout simplement parce qu'ils se vantaient des miettes d'une Connaissance apprise à la sauvette sur les bords du Nil, alors que les Maîtres de la Mesure et du Nombre des antiques temples égyptiens conservaient dans le plus grand secret les principales données de ce savoir céleste. D'où ce silence quasi total, jusqu'à la découverte du Zodiaque de Dendérah, de l'Histoire sur les recherches, les découvertes, et les observations célestes effectuées sous le ciel d'Ath-Kâ-Ptah.

---

[16] Relire à ce sujet *Le Zodiaque de Dendérah*, du même auteur, aux éditions du Rocher.

L'ignorance de ce qui se faisait là-bas fut vite interprétée comme une ignorance de ce peuple en matière astrale. Et il est plus aisé aujourd'hui de mesurer à quel point les anciens Égyptiens ont été qualifiés de barbares à tort ! La hiéroglyphique, même incomprise, permettait cependant de reconnaître, outre les figurations du Soleil, celle de plusieurs Errantes et Fixes, tels Sirius et Orion, entre autres, formellement reconnues par des astronomes dès la fin du XIXe siècle, et accueillies par les égyptologues avec des ricanements et des haussements d'épaules jusqu'à la fin de la guerre en 1945, soit une perte de temps de plus de cinquante ans !

Ce fut d'ailleurs de cette méconnaissance totale de la vie antique au temps des pharaons, que les premiers auteurs y perdirent... leur latin ! Sans parler longuement de Plutarque, dont le Traité sur Isis et Osiris est le plus beau morceau pornographique d'âneries jamais publié et repris depuis deux millénaires par tous nos linguistes sérieux, toutes les erreurs d'interprétation ont été commises, mélangeant une faible part de vérité entendue, avec la majeure partie inventée comme justification. Ainsi, au gré de la lecture des « récits » ou des « Histoires » d'Égypte, nous pouvons apprendre que les femmes ne pouvaient être des prêtresses, reléguées qu'elles étaient au fond du harem; que dans ce pays barbaresque, l'on ne mangeait ni froment ni orge ; qu'il n'y avait aucune vigne et que c'était pour cette raison que l'on buvait de la bière ; qu'un Ramsès descendit vivant en enfer à la suite d'un pari, afin d'y jouer aux dés avec la divine Cérès ; que Khéops qui régna longtemps après Sésostris (c'est-à-dire le Ramsès III qui vécut quelque deux millénaires plus tard en réalité !) laissa prostituer sa fille afin qu'elle puisse se faire construire un tombeau digne d'elle, etc. J'en passe des centaines aussi stupides, qui ont sans nul doute aidé à défigurer l'Histoire de l'Égypte.

Un exemple frappant, qui a, hélas, servi de base pour les interprétateurs du Livre dit des Morts qui y ont cru dur comme acier trempé, leur avait été fourni par Diodore de Sicile, par ailleurs auteur fort imaginatif bien que documenté. Il parle du tribunal suprême présidé par Osiris, aidé de quarante-deux assesseurs, capable de priver les morts de leur sépulture habituelle ! Diodore n'ayant rien compris à ce qui fut en réalité le Jugement de la Parcelle divine avant que lui soit accordée la permission d'accéder pour l'éternité à l'audelà de la Vie a fait se déformer le peu de vérité qui existait lorsque les premiers égyptologues ont tenté d'expliquer des textes qualifiés de « Rituel Funéraire » avant de l'affubler de ce titre ridicule de *Livre des Morts*.

Qu'étaient donc ces quarante-deux assesseurs d'Osiris lors de ce qui fut ensuite appelé Jugement Dernier par les chrétiens ? Tout simplement les Sept Errantes et Fixes combinant leurs influx durant les six journées de la Création, le dernier restant neutre et donc de repos, ainsi que cela a été vu précédemment. Ce sont donc ces 42 aspects mathématiques célestes, majeurs dans la détermination qu'ils apportent à la naissance, qui président à la justification de l'âme avant son départ pour l'au-delà de la vie terrestre. Chacun était ainsi jugé, très justement, selon les actions de sa vie courante, et selon son respect et son obéissance de la Loi divine.

Dans le *Livre de l'Au-delà de la Vie*, justement, cette explication est fournie au verset 22 :

Les Assesseurs qui siègent au Ciel sous le signe solaire ordonné par le Grand Observateur, sont les Juges neutres

des Demeures des petits comme des grands, dès leurs apparitions à la vie, pour les affranchir de l'Ombre et revenir

de chez les Ancêtres. Alors ne régneront plus les perturbations, mais la Paix pour les Fils de la Lumière.

Mais les explications arithmétiques, si elles ne peuvent être approfondies dans le cadre de cette étude, verront le jour dans un prochain ouvrage consacré à *La Mathématique selon les Égyptiens*. Voici cependant un ensemble géométrique concernant les Mathématiques Combinatoires des fameuses 42 zones célestes assurant le fragile équilibre de la Terre, et jugeant de ce fait la valeur et le degré d'immortalité possible des âmes après la fin de la vie des enveloppes charnelles que sont les corps humains.

Voici ce dessin (page suivante), où chaque gouttelette ronde est décomptée très exactement, ressemblant par ailleurs aux cercles créateurs tombant de la bouche des Najas dans les figures du chapitre précédent ; quant aux cercles concentriques, ils représentent les quarante-deux stations nécessaires au bon déroulement du Jugement ultime.

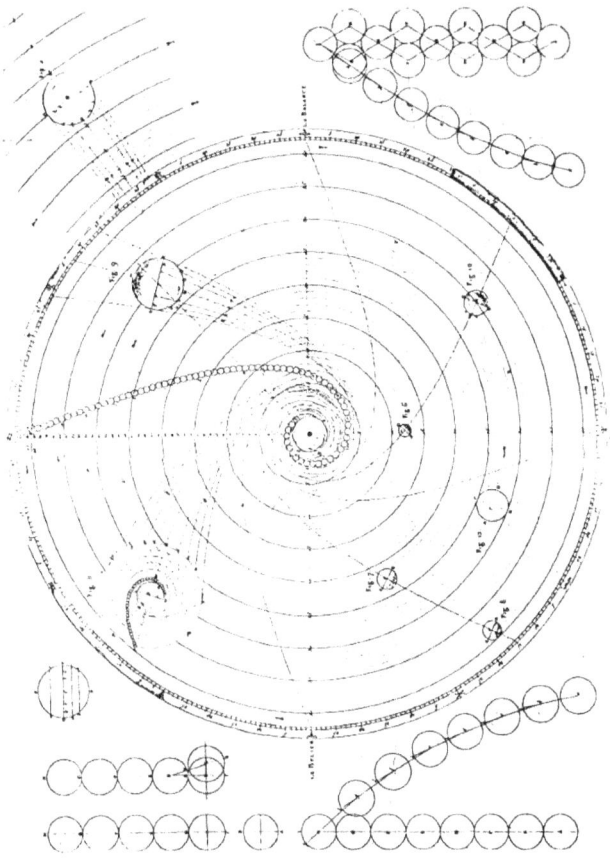

Il est donc bien clair que la confusion d'esprit qui a poussé les Grecs à tourner les anciens Égyptiens en dérision dans leur vie intime, a obligé les Chaldéens et les Babyloniens à agir de même au point de vue de l'astronomie, science dont ils avaient appris à utiliser quelques effets prévisionnels, ayant assez de subtilité pour inventer tout le reste ! Il n'y a qu'à se souvenir de la valeur du Savoir ramené des bords du Nil par des personnages comme Thalès de Milet, Pythagore de Samos, Eudoxe et des dizaines d'autres, pour comprendre la haute valeur de cette Connaissance à peine diffusée hors des frontières.

Cette ignorance des données primordiales, ainsi que de leurs valeurs hiéroglyphiques, se poursuit hélas de nos jours de la même façon. Les exemples foisonnent, mais je n'en citerai qu'un ici, puisqu'il concerne directement la suite de la description du planisphère original de Dendérah avec le Sagittaire et sa constellation.

Il s'agit d'une thèse de doctorat d'État, présentée devant l'université de Paris-IV (la Sorbonne) et soutenue par Mme Paule Posener-Krieger. La teneur de la thèse était : « Les archives du Temple funéraire de Neferirkare-Kakaï (les papyrus d'Abousir). » C'est un travail souvent très remarquable, particulièrement bien documenté, et qui mérite les plus sincères éloges. Deux énormes tomes comprenant toutes les références particulières du sujet montrent l'érudition de Mme Posener, qui était par ailleurs à excellente école puisque son mari était le Pr Georges Posener, égyptologue de grand savoir.

Cependant, dès la 43e page, j'ai tiqué sur un passage qui démontre à quel point la méconnaissance de l'astronomie peut faire commettre d'erreurs profondes. Je cite littéralement ce texte :

Il existait un culte de « Rê du toit » dans le temple d'Héliopolis dès le règne de Shourè 42 ; Neferirkarè lui-même consacra au même « Rê du toit » une fondation 42bis. C'est pourquoi on pourrait être tenté de voir dans le service de veille du toit du temple, une tâche relative à un culte. Rien n'indique cependant dans nos tableaux que les hommes aient eu un devoir religieux à accomplir. Leur tâche est en effet de veiller ; RS n'étant pas transitif, on doit admettre que le scribe n'a pas répété la préposition tp *43, car le lieu de leur veille est effectivement* tphwt, *comme l'attestent les documents parallèles.*

Le verbe RS *indique une veille de jour comme de nuit44, son déterminatif est fréquemment la peau d'animal , qui est en fait une confusion avec le signe de la nuit45, c'est pourquoi le signe de la nuit a été adopté dans la transcription des planches.*

CQFD !... Autrement dit, ne comprenant pas les termes primordiaux de l'astronomie selon les anciens Égyptiens, les égyptologues ont décrété une erreur de transcription du scribe, et ils ont adopté un autre hiéroglyphe, seul susceptible de ne pas aller à l'encontre de l'histoire, inventé de toutes pièces pour traduire les papyrus ! Car de quoi s'agit-il dans la simple réalité ?

D'une part, nous avons vu par les textes d'Edfou, d'Esneh et de Dendérah, que « la peau d'animal » (*sic !*) transpercée d'une flèche, symbolisait la constellation du Sagittaire. Ayant appris cela, il n'était pas difficile non plus de reconnaître que l'image de « Ré sur le toit » et d'une « veille sur le toit du temple pour un culte », indiquait un observatoire solaire sur le toit du temple d'Héliopolis, et une fondation ouverte pour le paiement des astronomes qui y observaient les mouvements combinatoires du ciel !

Surtout qu'en extrapolant sur l'Histoire antique, la mort et la résurrection d'Osiris après qu'il eut été enfermé dans une peau de taureau par Seth, son demi-frère félon et assassin, cette « peau » a été en quelque sorte divinisée. Le hiéroglyphe ↑ a rappelé l'événement. Un autre, astronomique, a commémoré la mort d'Osiris transpercé d'une flèche en donnant ce symbole dans le ciel, pour une constellation ⊥.

Il convient d'expliquer aussi que mon intérêt pour tout ce qui a trait au site d'Abousir est extrême. De longue date, j'étudie de très près tous les documents qui en sortent. Je rappelle que cet endroit d'accès assez difficile est situé non loin de Ghizeh et de ses pyramides. Or, Abousir en comprend trois également, ainsi qu'une longue barque en pierre. Le nom lui-même est une contraction des deux mots arabes Abou et Ousir qui signifient le Très Saint Osiris, le Père Osiris en termes plus affectueux. Ce qui revient à dire que ce lieu sacré faisait le contrepoids avec Héliopolis qui était le règne du Soleil. Tous les documents originaux prouvent que l'endroit était idéalement placé, sur le sommet de la falaise dominant toute l'oasis de la région du grand Caire pour vénérer Osiris lui-même. C'est en ce lieu, où les fouilles n'ont jamais été entreprises à grande échelle, que devrait être retrouvé un monument exceptionnel qui donnera la clé de bien des mystères aux égyptologues sceptiques.

Pour en revenir à cette « peau d'animal » qui figure celle d'un taureau, son histoire est authentique et c'est pourquoi elle revêt une telle importance. Le jour même du Grand Cataclysme, en Ahâ-MenPtah, Seth le Rebelle propose une trêve à son demi-frère Osiris, roi du pays terrestre malgré sa descendance divine, afin de discuter d'un armistice pouvant amener à une paix durable entre les deux clans ennemis et fratricides. Bien que s'attendant à une félonie, il se rend seul au rendez-vous qui n'est évidemment qu'un guet-apens. Il s'y fait transpercer de multiples coups de couteau par les sbires qui le guettaient. Après quoi, pour l'achever, Seth le transperce au cœur et enveloppe sur-le-champ le corps chaud dans une peau de taureau qui servait de tenture dans la pièce où le forfait avait été commis. Il le coud lui-même étroitement dans la peau avant de faire jeter le tout dans la mer, afin que l'âme chevillée au corps pourrisse et périsse en un tout indissoluble. Mais la peau de taureau conservera envers et contre tout l'enveloppe charnelle et la Parcelle divine intacte, permettant à Osiris de revivre en ressuscitant le moment venu. D'où la vénération de la peau de Taureau par toutes les générations qui en sont nées, et le surnom divin de Taureau Céleste pour désigner Osiris retourné au ciel; les appellations de Peau de Taureau et de Cuisse de Taureau pour désigner les deux constellations voisines de celle de la Vierge.

La Peau de Taureau transpercée d'une flèche est devenue Sagittaire d'une manière très simple. La symbolique de ce hiéroglyphe a d'ailleurs été largement abordée par l'auteur grec Chaérémon au numéro XIX, lorsqu'il explique la signification du dessin de l'arc : la rapidité. Or, si l'on se réfère au bon sens et à l'imagerie des anciens Égyptiens, la flèche joue ici le rôle de lancer ou d'illuminer (en latin *telum* ou *sagitta*). Ce dernier sens devenu double est particulièrement signifié dans la phrase : ⸻ ⸻, qui veut dire : « Ô toi, Râ, qui illumine le monde par-dessous le Sagittaire... »

Le double sens cher aux lettrés égyptiens antiques est ici particulièrement flagrant; la notion d'illumination est indiscutable, tout comme celle de darder les rayons, de les lancer avec rapidité et précision sur la Terre. N'oublions pas que ces rayons traversent l'espace à une vitesse de 300 000 km/seconde ! La puissance de Ptah est ainsi démontrée, et appuyée par les influx bénéfiques qu'il envoie par-delà le Sagittaire, et reflétés eux-mêmes par Jupiter (Zeus en grec « le Roi des dieux », égal en somme de Ptah).

Ce rapide résumé nous amène à la Constellation suivante, celle de la Cuisse (du Taureau), devenue par la grâce des Grecs celle du Scorpion bien qu'il n'y ait aucun rapport connu entre ces arachnides des pays tropicaux et l'astrologie originelle des anciens Égyptiens. Il y a cependant une liaison fort curieuse, parce qu'elle est plus qu'une coïncidence, et il convient donc de la citer pour les lecteurs curieux qui n'en ont point connaissance.

Tout d'abord, la Fixe qui dépendait de cette Constellation pour le calcul des C-M-D était Orion, dont il a déjà été question dans un chapitre précédent où une figurine la montre accolée à Sirius, naviguant de concert. Hor étant devenu Horus en grec, la phonétisation Orus a donné plus tard Orion. Et la mythologie hellène nous conte une bien belle histoire, à propos d'Orion, liée justement au mythe du Scorpion.

Un beau jour, le roi des dieux qui est Zeus-Jupiter, en promenade sur la Terre et étant un peu fatigué, s'arrête dans une chaumière afin de demander l'hospitalité. Son hôte est un vieux paysan nommé Hyriéus qui, bien que dans la misère, sacrifie son unique bœuf, pour satisfaire la faim de son visiteur. Et tout en le servant, il lui raconte les terribles mésaventures qui l'ont mené à cette solitude misérable. Il fut voué au célibat à la mort de sa femme en couches, qui lui avait fait promettre de ne jamais se remarier. Zeus, touché par ce vieil homme qui ne voulait pas se parjurer, décide de lui venir en aide. Et pour ce faire, il fait enterrer la peau du bœuf tué pour lui, après y avoir fait placer les os du cuisseau qu'il venait de manger. Après quoi, le roi des dieux l'assura qu'au bout de neuf mois, il pourrait déterrer la peau et qu'il y trouverait un fils. Ce qui fut fait. Et Hyriéus, tout heureux de ce miracle, appela son fils Orion...

Cette belle histoire mythologique grecque continue bien évidemment avec des réminiscences de la vie d'Horus, notamment lorsque adulte, il a un œil crevé par le mari de la belle Mérope. Et l'on est forcément étonné des concordances entre la réalité prépharaonique et ces légendes hellènes. Que n'en a-t-il pas été de même du sinistre Plutarque qui, lui, a fait jeter à la mer les dix-sept morceaux du corps d'Osiris tué par Seth ! Son épouse Isis éplorée en a d'abord retrouvé seize, puis grâce au dernier enfin récupéré a pu concevoir Horus sur le corps reconstitué ! C'est du Grand Guignol pornographique, et pourtant, durant deux millénaires son *Traité d'Isis et Osiris* a servi de référence !

Toujours est-il qu'Orion détermine des influx bénéfiques et que la Cuisse du Taureau trouve ici sa justification. Du long processus géométrique, une des phrases clés est celle-ci :

Les configurations célestes maléfiques dirigées contre Horus par Seth, ne parviendront pas sur les Deux-Terres, grâce à la protection de la Cuisse.

Il est donc indéniable que les Combinaisons, pour complexes qu'elles soient, n'ont aucun rapport avec le maléfisme attribué au Scorpion.

La symbolique est telle, dans toutes les représentations zodiacales qui furent exécutées de part et d'autres de plusieurs temples de Ptah et de Râ, et tellement opposées dans leurs idéogrammes au cours des quatre millénaires de la pratique courante de l'observation du del pour en prévoir l'avenir de l'humanité, que même les noms des Douze de la Ceinture, à certaines époques, ont partiellement changé. Témoin le tableau d-contre, qui est sans nul doute une résurgence d'un zodiaque du temps des Rois-Pasteurs, les Hycksos sémites, qui occupèrent le pays durant près de trois siècles avant sa libération sous le temps qui devint celui de la XVIIIe dynastie :

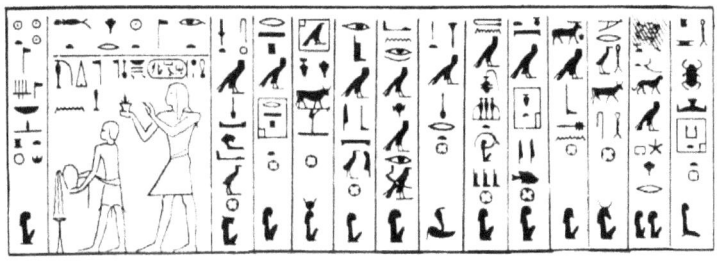

Tout d'abord, il se lit normalement de gauche à droite. Dans la première colonne est expliqué clairement qu'il s'agit des configurations divines émanant du Soleil pour influencer la vie sur la Terre en toute équité. Le dessin qui lui fait suite présente à Râ la flamme du « Premier-Cœur » (Ahâ-Men-Ptah, que les descendants de Seth vénèrent.) La légende du dessus précise que tous ceux qui en sont issus dépendent des bienfaits du Soleil qui a permis la divinité d'Osiris !

Viennent ensuite les douze colonnes, qui comportent chacune les noms particuliers des Douze de la Ceinture; autrement dit l'appellation des douze signes du Zodiaque, dans l'ordre précis déterminé au ciel. En premier se trouve évidemment le Lion, avec son train avant sous le hiéroglyphe de l'ancien ciel, c'est-à-dire en suspens avant le Grand Cataclysme. Dans la forme du bas, en ombre chinoise, se reconnaît d'ailleurs fort bien la forme caractéristique du profil de la tête d'un lion ! La seconde colonne est celle appelée aujourd'hui la Vierge. Pour ceux de Ptah, elle était symbolisée par la Croix Ansée, signe de la vie éternelle grâce à la Reine-Vierge Nout ayant accouché d'Osiris, Fils de Dieu, comme cela sera vu au chapitre suivant. Mais ici, pour ceux de Râ, manifestement, seul le Fils-Cadet est né du couple ! Et cet « accouplement » est particulièrement commémoré et vénéré par la Constellation qui le représente, puisqu'ici ce symbole de l'acte charnel est enfermé dans un rectangle qui, en hiéroglyphique signifie « endroit de vénération ou de culte », lorsqu'il possède dans un coin un petit rectangle qui lui, indique le lac sacré de la purification : ⸚.

La troisième colonne, celle de la Balance, est ici le lieu réservé à l'Équité ! Seth a retrouvé la place qui lui était due, régnant sur les âmes et dans les cœurs, y compris ceux dont le Taureau n'est plus qu'un porte-bannière. Le symbole de l'ombre chinoise est également évident, car il prophétise l'avènement « possible » de ce taureau (le Soleil) entre les cornes données à Nout, pour un cycle ultérieur !

La quatrième colonne, celle dédiée au Scorpion, antérieurement la Cuisse du Taureau ayant permis à Osiris de ressusciter, prend ici la signification qui a probablement donné naissance au mythe actuel du Scorpion ! En effet, il est écrit ici que cette constellation néfaste est celle où Osiris a fait changer le ciel en tentant de faire dévier les êtres et les âmes de leur vraie voie, Et ici, c'est la pauvre petite Isis, en ombre chinoise, qui symbolise le martyre de toutes les générations qui en sont descendantes !

La cinquième colonne, le Sagittaire ou la Flèche ayant transpercé la Peau de Taureau, glorifie évidemment le bras vengeur qui a débarrassé l'humanité de celui qui fut le spoliateur.

La sixième colonne, Naja ou Capricorne, a conservé le même symbole en ombre chinoise. Sa signification est pratiquement identique au fil des millénaires pour l'un et l'autre clan.

La septième, en revanche, celle du Verse-Eau, est violemment différente ! On sent ici l'antagonisme latent entre les Fils de la Lumière et ceux de l'Ombre, la bataille entre le Mal et le Bien, et ce par n'importe quel moyen. C'est une imprécation blasphématoire à l'encontre de ceux qui imploreront les divinités (qui est le pluriel de Dieu) et qui n'obtiendront qu'un cataclysme diluvien pire que le précédent !

La huitième colonne, celle des Poissons ou de l'Ancien Ciel ayant donné naissance au premier « Ahâ » ou Fils de Dieu, est ici bien plus subtile dans ses définitions ! Elle présente bien l'ancien ciel, mais avec, en complément de la demi-sphère terrestre, une âme; celle qui a permis aux « Deux-Frères » de revivre dans la nouvelle âme du monde pour donner naissance à celui qui le sauvera. Car de tout temps, le Poisson a symbolisé le Sauveur, comme nous l'avons déjà vu.

La neuvième colonne est celle du Bélier. Il trône ici, majestueusement, ayant à ses pieds la flamme conservée depuis Ahâ-MenPtah, qui symbolise le «Second-Cœur» : Ath-Kâ-Ptah... Aucun Impie n'existe plus, Amon, le dieu-bélier, est le seul Maître de l'Égypte. L'ombre chinoise à la petite barbiche est donc Seth.

La dixième colonne, le Taureau, est une satire à rencontre de l'» Aimé de Ptah », à qui est fourni, en ombre chinoise, sous ses cornes, un profil de cheval en dérision !

La onzième est caractéristique des Gémeaux. Ici c'est le frère et la sœur qui sont en ombres chinoises. La chatte est sans conteste Isis alors que le hiéroglyphe martelé sciemment devait être celui d'Osiris ! En revanche la figurine de Seth y est divinisée en étoile.

La douzième, enfin, est celle du Cancer ou du Scarabée. Les premiers hiéroglyphes ressemblent à ceux qui symbolisent Ptah, mais ils veulent dire ainsi : le Créateur. Dans le rectangle vénéré sont enfermés les doubles qui réincarneront les nouvelles générations...

La Constellation qui lui fait suite, dans la spirale du temps rétrograde, est celle de la Balance, qui est peut-être la seule à ne pas avoir évolué au cours des cycles rythmiques. Sa signification a toujours été celle de la Justice, de l'Équilibre et de l'Harmonie. Au temps d'Ahâ-Men-Ptah, son sigle était : ![], qui se lit de lui-même à présent que le lecteur connaît la signification du ciel en hiéroglyphique. En ce temps-là, c'était encore l'ancien ciel (en noir car disparu pour le nouveau) qui soutenait le Soleil (en blanc puisque toujours le même) en équilibre précaire. C'était le symbole de l'harmonie entre le ciel et la terre, ainsi que de l'union entre les Créatures et le Créateur, donc des Parcelles divines et de la Divinité. Cette constellation de l'équité était, et est toujours, le symbole de la valeur numérique des figurations combinatoires célestes. Tout pouvant être méticuleusement pesé et mesuré, il devait être impossible de passer outre et rompre ce fragile équilibre de la Terre ! Car les mouvements qui entraînent notre ciel sont tellement antérieurs à la naissance de l'Humanité, que seul un super Être Suprême, qui peut être appelé nature ou hasard par les athées, et vivant plusieurs milliards d'années auparavant, a pu régler et combiner l'ensemble universel rigoureusement et mathématiquement fiable depuis sa création !

Toujours l'arithmétique en a été double, tout comme le sens de la hiéroglyphique. Dans notre ciel, le Soleil paraît avancer alors qu'il recule précessionnellement ; ce qui est en haut est en réalité en bas, et vice versa ; chaque minuscule parcelle corpusculaire est semblable au gigantisme universel qui, cependant, dans l'ensemble cosmique, n'est qu'un microcosme ! Et alors que dans la vie courante l'arithmétique utilise des nombres sans souci de leur importance, la mathématique sacrée donne la priorité à des règles impératives. Un exemple simple illustrera parfaitement cette complexité qui n'est pourtant qu'apparente. Chez les anciens Égyptiens, le système de calculation était à base douze, et non dix, car ce dernier chiffre ainsi que le seize servaient de base aux mathématiques combinatoires et aux calculs sacrés. La justification de cette séparation en deux catégories parallèles, était expliquée de la manière suivante :

« Dieu créa la Terre selon son processus légal de Créateur, à savoir en solides réguliers de 4, 6, 8, 12, et 20 faces, se réservant pour ses besoins célestes des composants de base, tels que ceux à 7, 9, 10, et 16 faces. »

Les scientifiques athées n'osent point aborder ce problème épineux car il leur donne le vertige et je les comprends. Il leur faudrait faire entrer en ligne de compte trop de « coïncidences » pour rendre accréditable leur thèse de la création due tout simplement à une dame nature impersonnelle ! Et cela ne serait même plus un positivisme abstrait dénué de tout élément constructif, mais une simple aberration arithmétique ! Il vaut mieux connaître, et chercher à comprendre cet axiome gravé sur un des murs de la salle A de la terrasse du temple de Dendérah :

« Les Combinaisons-Mathématiques-divines sont les nécessités qui animent la Loi de la Création du Tout-Puissant. »

La mythologie grecque est particulièrement silencieuse dans ses narrations concernant la Balance. Seule Thémis, fille d'Ouranos et de Gaïa qui symbolisaient le ciel et la terre, est décrite comme assise au pied du trône de Zeus son oncle, lui prodiguant ses conseils et avis éclairés sur tous les problèmes litigieux.

Chose très curieuse là encore, l'antiquité égyptienne, donc plus vieille de quelques millénaires, nous parle de Geb et de Nout, les derniers personnages régnant en Ahâ-Men-Ptah, divinisés bien plus tard en Ath-Kâ-Ptah comme ayant été le saint patron de la Terre, et la sainte patronne du Ciel. Or, ces époux eurent ensemble trois enfants, le quatrième, Osiris, ayant été engendré par Ptah et non conçu par Geb. Et les trois autres étaient donc Seth, et les jumelles Isis et Nephtys, dont le nom hiéroglyphique était Nek-Beth, qui était douée du don de seconde vue. De ce fait, elle voyait toute la méchanceté du monde, seule capable de tenter de réparer les fautes ou de les faire éviter afin que l'harmonie terrestre ne soit pas rompue. Nek-Beth fut celle qui tenta de faire régner la Justice, et elle savait que le moment propice était la période de trente jours où le Soleil naviguant sous la Constellation de l'Harmonie, tous ses vœux seraient exaucés.

C'est ainsi que pour commémorer cet événement, les vingt chefs principaux de l'Égypte se réunissaient avec le pharaon une fois l'an pour aplanir toutes les difficultés survenues entre eux durant les onze mois écoulés. L'Assemblée de Justice se tenait toujours au même endroit privilégié dont il a été parlé quelques pages auparavant : Abousir. Dans la barque sacrée de pierre était scellé un bloc de granit noir en provenance de Syène (distant de mille kilomètres !).

Sa forme était carrée, de vingt et une coudées de côté; sur le dessus, au centre de la face ouest (c'est-à-dire le côté au couchant, le plus proche du pays englouti) était posée une balance d'or pur. L'ouverture de la séance s'effectuait à l'instant exact de l'entrée du globe solaire dans le domaine de la constellation de l'Harmonie, pour ne s'achever qu'au moment de sa sortie. Et durant ces trente jours, les vingt délégués étaient assis, se faisant face derrière deux des côtés (Nord et Sud). Sur le troisième côté, seul, présidait le pharaon, faisant face à la balance. Ils réglaient ainsi tous leurs problèmes sans jamais laisser un litige en suspens pour la réunion suivante ! Durant près d'un millénaire, dans les débuts dynastiques, les commandements de la Loi furent ainsi respectés. Peut-être que l'ombre des pyramides d'Abousir et le temple prestigieux dédiés à Ousir-Osiris y furent-ils pour beaucoup. Mais l'essentiel reste que les anciens Égyptiens étaient conscients de la réalité des pouvoirs réels des C-M-D., grâce à la puissance des 42 Assesseurs.[17]

De nos jours, les Sages Justiciers ne seraient pas pareils à Virgile, né le 17 octobre de l'an 71 avant notre ère, mais semblables à Paul VI (né le 26 septembre 1897); Martin Heidegger (né le 26 septembre 1889); Mohandas K. Gandhi (né le 2 octobre 1869); Friedrich Nietzsche (né le 15 octobre 1844); et tant d'autres, sans oublier un autre type de justiciers plus conquérants, tels que Guillaume le Conquérant (né le 14 octobre 1027) et le maréchal Foch (né le 2 octobre 1851).

Manilius, auteur latin souvent cité dans cet ouvrage pour ses vues très profondes en certains cas dans ses commentaires au Traité sur l'Astrologie qui a laissé son nom à la postérité, appréciait ainsi les natifs de ce signe de justice, qui rappelle ce qui précède :

« Ils sont surtout ceux qui connaissent et qui enseignent l'usage des Nombres appliqués aux choses ; ils distinguent les sommes par des Noms et réduisent tout à des mesures et des figures déterminées. La Balance fournit le juste poids de l'esprit afin que le sujet possède le talent d'interpréter le Livre de la

---

[17] Cette note importante est reportée à la fin de ce chapitre.

Loi, d'approfondir tout ce qui y a rapport ; de déchiffrer les écrits qui y sont relatifs. »

Cela n'est pas sans rapport avec cela, aussi l'interprétation qui nous reste des anciens Égyptiens est-elle ainsi démontrée. Le côté moral de ces natifs est donc prépondérant sur toute autre considération d'ordre mental et spirituel. La notion d'un juste équilibre en toutes choses prévaudra chez tous ceux qui auront leur Soleil en Balance conjoint ou auprès de Vénus. Même l'amour ou l'amitié passera après l'harmonie environnante du natif. Il est le type initial qui pense, et ce, en fonction de la Loi qui l'a fait naître et qui l'oblige en quelque sorte à vivre cette vie humaine sur la Terre. Il marque une étape du monde tourmenté dans lequel nous vivons, et contribuera sans nul doute à en assurer la survie.

NOTE À PROPOS DES « 42 »

Tous ces Nombres, égrenés au détour des feuillets de cuir ou de papyrus, qui surprennent au point d'en paraître magiques, n'ont cependant rien d'abstrait dans leur hermétisme apparent. Un enfant de dix ans de ce temps-là était capable de les comprendre, tout comme aujourd'hui un jeune adolescent du même âge sait que la vitesse de la lumière est de 300 000 kilomètres à la seconde. Dans un millénaire, cette notion sera amplement dépassée, tant par les problèmes résolus de la réfraction de la lumière que par l'hyperespace, la quatrième dimension, l'antimatière, et autres disciplines scientifiques encore balbutiantes ! Et ces notions assez simplistes que nous avons du temps et de l'espace paraîtront du charabia incompréhensible pour nos cadets de l'an 4000...

C'est pourquoi, si jamais aucune explication n'était apportée en complément, dans les textes mathématiques ou astronomiques antiques, c'était parce que cela coulait de source; tout comme aujourd'hui, nul n'a besoin d'explication complémentaire pour admettre tout naturellement cette vitesse fantastique de la lumière qui est de 300 000 kilomètres à la seconde ! Avec la grande différence qu'en ce temps-là, si tout était naturel, cela provenait de la stricte observance des lois qui unissaient le ciel à la terre et par conséquent à toute vie humaine.

Or, ce chiffre 42 était l'un des plus puissants, que dès l'enfance chacun apprenait à respecter et à craindre. Il se retrouve sur tous les écrits traitant de « l'Au-delà de la vie terrestre », lors du Jugement ultime qui déterminera ou non du passage de l'âme vers les régions où se tiennent les Bienheureux Endormis qui se réveilleront pour la vie éternelle. Il y a 42 Assesseurs, qui ont suivi leur vie durant les postulants à l'entrée de l'éternité, et qui aident les âmes à dire la Vérité sur leurs péchés ou leur pureté.

La subtilité spirituelle qui s'en dégage, et qui remonte par sa théologie à la nuit des âges, rejoint curieusement notre ère cosmique. En effet, puisque nous savons que la lumière parcourt l'espace à la vitesse de 300 000 kilomètres/ seconde, et que les Cœurs rayonnants des Douze sont situés à environ cent années de lumière de notre système solaire, il faut bien admettre que *le jour de la mort de l'enveloppe charnelle humaine, les influx qui toucheront son âme divine seront déjà en route dans l'Espace depuis 100 ans !*... C'est-à-dire que depuis la naissance, l'esprit sera sans cesse surveillé et contrôlé durant son évolution terrestre. Ce problème sera plus amplement détaillé dans un chapitre suivant. Pour l'instant, persuadons-nous, comme les Anciens, que le Passé est indissoluble du Présent pour forcer l'Avenir des âmes.

Ainsi, 42 régions célestes ont été délimitées. 21 partent d'un Passé relativement court : celui de la Ceinture des douze constellations, pour aller ensuite, après le séjour terrestre, vers un avenir en expansion, éternellement, mais formant 21 zones également, après lesquelles les âmes se recyclent et repartent vers une nouvelle vie. Toujours est-il que ce « Passé-Présent-Avenir éternel » est distribué selon 21 régions elliptiques formant distinctement 42 Juges : celles du Passé et du Présent qui ne font qu'un et qui a jugé tous les actes de la vie terrestre, qui sont donc 21, et celles de l'à-venir qui sont autant, qui doivent accepter le verdict de la Balance qui a jugé les âmes et qui ne doivent pas peser plus lourd qu'une plume d'autruche !

Voici, pour plus de clarté, figurées sur un dessin les deux fois 21 zones elliptiques, alternativement en blanc ou en gris, partant de la Ceinture des Douze pour parvenir dans le système solaire :

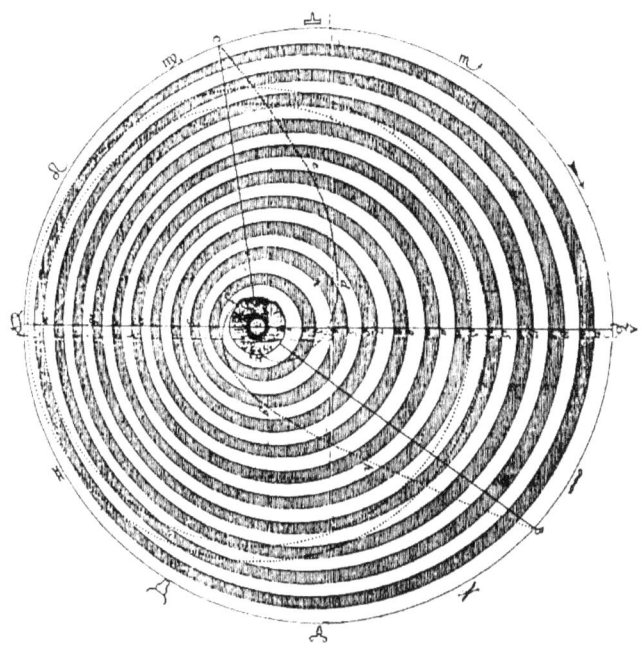

Cela admis, chacune des Douze recouvrait une zone particulière de sa responsabilité. Aussi, lorsque le Soleil parvenait sous le Cœur de l'Harmonie et de l'Équilibre, devenu la Balance par la suite, la règle voulait que les chefs traditionnels se réunissent à Abousir pour débattre des questions en suspens et éviter de se battre. L'arbitrage du descendant du Fils de Dieu, le pharaon, assurait l'équité de toutes les décisions prises en commun.

Dans la barque sacrée, était posé un bloc de granit noir de vingt et une coudées de côté (douze mètres environ) autour de laquelle s'asseyaient les 20 chefs transformés en juges, et le pharaon, seul et faisant face à la balance d'or, dont les plateaux remuaient au moindre souffle du vent, très léger à cette époque, démontrant ainsi la faiblesse naturelle de l'humanité.

Les 21 régions du Passé étaient ainsi intimement liées à l'Avenir, vers ces Champs-Ialou, que les Grecs appelèrent les

Champs-Élysées. Les 42 zones étant mieux visualisées, pénétrons plus avant dans le détail tel que les anciens Égyptiens le concevaient. Afin de mieux investir cette région, découpons-en une tranche verticale cette fois, au sein de laquelle la plus petite parcelle sera une âme en puissance puisqu'elle est encore dans le Passé, mais bien vivante puisqu'elle est déjà vivante sur la Terre, et conjointement mêlée aux Combinaisons-Mathématiques-divines, formant au total plus de quatorze milliards de possibilités, c'est-à-dire plus que l'ensemble de la race humaine :

Ces 42 Génies de Dieu, en perpétuel mouvement de surveillance, un peu mieux connus, il convient de les placer dans leur contexte de la Ceinture des Douze, circulaire, elle-même sans cesse rotative vue de la Terre dont l'axe incliné de plus de 20° a l'air de se mouvoir dans un solide sphérique en près de 26 000 ans.

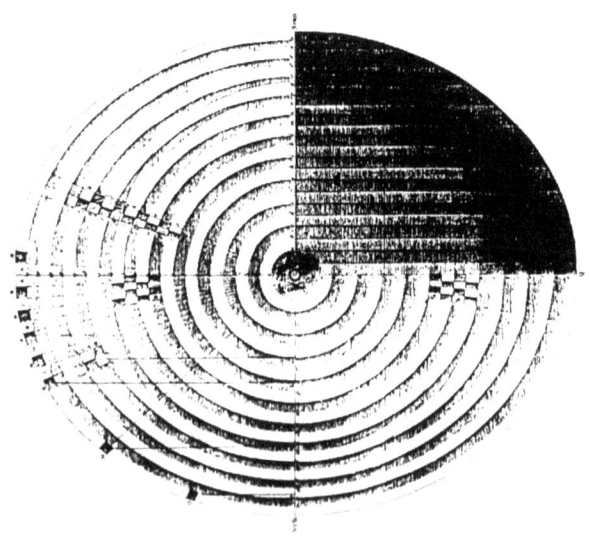

Qui dit cercle et sphère, dit également 360° d'arc dans l'espace, et donc DANS LE TEMPS, 360 JOURS POUR ASSURER UNE CONCORDANCE PARFAITE ! D'où l'année dite vague par les égyptologues qui n'ont jamais voulu comprendre cette nécessité. D'ailleurs, les anciens Égyptiens ajoutèrent cinq jours épagomènes dans le calendrier populaire afin qu'il n'y ait pas un trop grand décalage dans le temps agricole. Mais les lettrés se basaient sur l'année vraie de 365 jours 1/4 pour leurs calculs mathématiques, en partant non pas du Soleil, avec son temps faux encore aujourd'hui, mais de celui de Sirius avec une exactitude quasi absolue au millionième de seconde lors de la conjonction Soleil-Sirius qui se produit une fois tous les 1 461 années solaires.

Cette année de 360 jours était donc l'année construite idéalement afin que les conditions pratiques célestes puissent être réalisées sur Terre. Leur connaissance absolue des mouvements combinatoires faisait que les antiques Maîtres de la Mesure et du Nombre attribuaient une Loi rigide aux Combinaisons-divines, malgré une irrégularité qui n'était qu'apparente puisque le ciel était fixe, que c'était la Terre qui tournait en désunion avec le reste de l'univers.

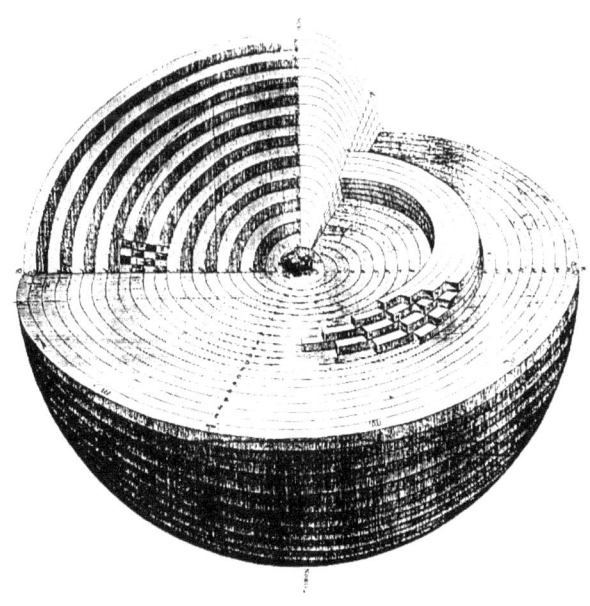

Les anciens Égyptiens supprimèrent donc, dans leur calcul, l'obliquité de l'écliptique, mettant ainsi le Soleil en permanence dans le plan de l'équateur. Ainsi, IL DÉCRIRA LES 360° DE CE CERCLE EN 360 JOURS PRÉCIS. Un observateur, dès lors, placé sous ce même équateur, aura les deux pôles terrestres juste à l'horizon. Dans ces conditions, il lui sera facile de dessiner, puis de construire un tableau astronomique dans le genre de ceux de Dendérah et de certains tombeaux de Thèbes, dont il sera parlé plus en détail dans le chapitre consacré à l'astronomie selon les anciens Égyptiens.

Mais ce qu'il faut ajouter ici pour la bonne compréhension du troisième et dernier tableau de cette note, c'est que cette construction permet de calculer tous les mouvements combinatoires d'après l'orbe propre au Soleil qui sera de UN DEGRÉ juste par 24 HEURES, soit 30° en 30 jours. Et par conséquent, chaque journée pourra être subdivisée en 24 heures, dont 12 de jour et 12 de nuit. Ce qui fait que pendant chaque heure qui s'écoulera d'une de ces fameuses clepsydres à eau, il passera dans l'Espace, au méridien, un arc de cercle qui sera égal à 15° plus UN/vingt-quatrième de degré. De sorte que pour des observations faites à l'œil nu, il pourra être fait sans erreur notoire des pointages d'Errantes et de Fixes de quinze en quinze jours, soit tous les quinze jours. L'erreur en fin d'année n'étant au maximum que de deux degrés d'arc !

Cela expliqué, et beaucoup plus détaillé dans le chapitre suivant, les observations effectuées, génération après génération, durant des millénaires, ont permis d'établir ce zodiaque étonnant qu'est le planisphère de Dendérah. De même, les milliards de combinaisons obtenues dans les calculs sur le vif, d'après ce monument remarquable que fut le Cercle d'Or, devenu le Grand Labyrinthe, deviennent plus clairs. Voici donc le troisième dessin qui permet d'entrevoir, malgré la complexité, l'étroite surveillance exercée par les 42 Génies concentrant toutes leurs influences vers un point unique du système solaire : la Terre !

CHAPITRE DIXIÈME

L'ASTRONOMIE SELON LES ÉGYPTIENS

Avec l'astronomie selon les Égyptiens, nous pénétrons dans un domaine qui a fait couler encore plus d'encre que celui de la hiéroglyphique. Champollion a déchaîné un engouement compréhensible sur tout ce qui concerne l'Égypte et cela ne s'est jamais démenti depuis. Avec notre seconde moitié de siècle a débuté l'ère de la conquête de l'espace. Si celle-ci stagne quelque peu de nos jours, restant dans ses premiers balbutiements, la discipline d'observation et d'étude du ciel visible poursuit sa progression, lentement, mais aussi sûrement que continue le déroulement de la grande année précessionnelle qui ordonne toutes les choses de la Terre et de notre système solaire. Il n'y a donc rien de surprenant à s'apercevoir que l'astronomie existait il y a bien des millénaires. Si nous ne pouvons que supputer la manière dont la pratiquaient les Maîtres en Ahâ-Men-Ptah, l'explication est plus aisée depuis l'arrivée de leurs successeurs en Ath-Kâ-Ptah. Très exactement depuis la réinstitution de la hiéroglyphique et du calendrier, sous Atêtâ, le fils du premier pharaon dynastique, en l'an 4241 avant notre ère, lors d'une conjonction Sirius-Soleil, phénomène céleste qui ne se produit qu'une fois tous les 1 461 ans.

Depuis ce moment exact où la vie a recommencé normalement pour ces Survivants parvenus à un havre de paix, les textes abondent, autant par des gravures murales considérées comme des archives pétrifiées et indestructibles que par des annales écrites en plusieurs exemplaires afin qu'au moins une puisse resurgir un jour, au moment voulu, afin de rappeler à l'humanité qu'elle est une poussière en regard de la Création divine. Car le seul motif guidant les Maîtres en Ath-Kâ-Ptah était de perpétuer dans les cœurs et dans les âmes le souvenir de la colère de l'Éternel Tout-Puissant qui avait détruit l'Éden, le Paradis terrestre des Ancêtres devenus les Bienheureux Endormis.

Afin d'éviter d'alourdir encore ce livre ardu de colonnes de chiffres et de pages de descriptions rébarbatives, ce chapitre sera écrit exceptionnellement sous une forme romancée : celle de l'un des Maîtres de la Mesure et du Nombre s'adressant à des élèves dont la fonction finale en tant qu'adultes sera d'être des Horoscopes, c'est-à-dire littéralement, « Gardiens des Heures ».

Je ne peux conseiller de fermer les yeux au lecteur pour mieux s'imprégner de cette atmosphère spirituelle particulière, spéciale à cette époque lointaine, vieille de six millénaires, car il lui serait impossible de lire les lignes qui suivent. Cependant, en faisant un effort cérébral au fil des mots qui s'aligneront pour former des phrases, il devient alors plus facile *de se désincarner pour redevenir un élève de cette classe perdue dans la nuit des temps...*

Les novices sont déjà tous assis par terre, jambes croisées en position classique, dite en tailleur. En équilibre sur leurs genoux, ils ont disposé une planchette sur laquelle reposent des feuillets de papyrus, un flacon d'encre et deux ou trois stylets de roseau épointés et fendus légèrement dans le haut pour écrire convenablement ce qu'ils désiraient conserver des paroles du Maître de la Mesure et du Nombre : Ankh-Kâ-Hor, le Souffle Vivant d'Horus.

La salle était des plus austères sous un plafond très haut constellé d'étoiles d'or sur un fond azuré. Cette classe, sise dans la DoubleMaison-de-Vie attenante au Temple de la Dame du Ciel de Dendérah, était placée comme il se devait sous la protection de la bonne Nout, dont le long corps gracieux vêtu de diaphane se profilait sur le haut de la paroi occidentale, les jambes descendant le long du mur Sud, la tête et les bras arrivant à terre, mains jointes au Nord. Les quatre parois étaient couvertes de textes hiéroglyphiques concernant les mouvements des principales Fixes dans le ciel de la Haute-Égypte durant une révolution de Sirius, donc d'un peu plus de quatorze siècles et demi. Le seul meuble était une énorme pierre rectangulaire cubique qui servait de table au professeur, et sur laquelle un assistant avait déjà disposé plusieurs cartes encore en rouleaux.

Ankh-Kâ-Hor pénétra à pas mesurés à l'heure prévue, sous le regard soudain plus attentif des jeunes gens, qui scandèrent sa marche en battant la mesure sur leur planchette avec l'un de leurs stylets. Dès qu'il fut parvenu à la table, le Maître, après une brève inclinaison qui fit cesser le bruit cadencé de bienvenue, entra sans plus tarder dans le vif de son sujet du jour : la normalisation terrestre des calculs célestes.

« Vous êtes à présent tous au fait du contenu de la voûte céleste et du nom particulier attribué à chaque Fixe et à chacune de nos Sept Errantes principales. Vous savez aussi que le ciel que vous observez régulièrement chaque nuit depuis que vous êtes dans cette école, est du même bleu que le plafond de cette salle. Il est le même quel que soit l'endroit de la Terre où vous vous trouvez, même si l'angle sous lequel vous l'observez fait différer l'emplacement des astres. Cela provient du fait que le mot voûte est inadapté, le ciel n'étant pas un plafond au contraire de celui de cette pièce. Il n'est qu'une apparence trompeuse dont vous n'êtes point des dupes puisque vos annotations vous ont prouvé que la voûte tourne imperceptiblement, mais sûrement, pardessus vos têtes, entraînant dans son mouvement toutes les étoiles qui vous y apparaissent comme attachées. Les deux luminaires : le Soleil le jour, et la Lune la nuit, semblent naviguer dans cette évolution, en glissant le long de la surface éthérée interstellaire. Et que nous nous trouvions à

An-du-Nord ou à Andu-Sud[18] la vue que nous en aurons sera identique du point de vue mathématique. De quel côté que nous nous tournions, nous aurons toujours la vue bornée par une ligne régulière qui constituera pour nos yeux humains : *l'horizon terrestre*. De cette ligne, que nous tracerons horizontalement droite, commencera la voûte céleste, qui sera un demi-cercle semblant s'appuyer sur les deux bouts de l'horizon. D'où cette figuration hiéroglyphique symbolique très simple que vous voyez reproduite des dizaines et des dizaines de fois dans cette pièce lorsqu'il est question des étoiles. »

D'un geste large, Ankh-Kâ-Hor montre le plafond, puis les quatre murs. Ayant repris sa respiration, le Maître poursuivit :

« Bien entendu, il ne faut pas confondre cette notion astronomique avec le symbolisme théologique du ciel, qu'il soit ancien ou nouveau, et qui a rapport avec la Création divine (▬ ▐▌▌) Dans le cas qui nous intéresse, la voûte est un demi-cercle appuyé sur l'horizon qui lui sert de base. Son sommet est le zénith dont le point le plus bas sur la ligne d'horizon, le centre exact sera vous-mêmes, les observateurs et calculateurs des mouvements célestes. Cela vous permet de délimiter trois points fixes visibles, et un quatrième invisible, mais tout aussi important. Ceux-ci seront : au couchant « l'Aîné des DeuxTerres » ; au zénith, « le Fils de la Vérité » ; au levant, « le Seigneur de la Parole » et au point invisible, de l'autre côté de la voûte céleste, comme soutenant la Terre, « le Pilier de la Justice », dont les hiéroglyphes trois fois bénis par la Triade divine sont inscrits

---

[18] Respectivement Héliopolis et Thèbes, distantes de 800 kilomètres.

notamment dans le tableau des 64 Génies célestes qui se trouvent sous le sein de la divine Nout[19]. »

𓀀𓏤𓏥𓍘𓏪 𓏥𓈖𓆓𓏺 𓏺𓏏𓆣𓏺𓏪 𓍿𓀀𓏪𓏺

Avec un soupir d'aise, Ankh-Kâ-Hor s'interrompit un instant pour laisser le temps à ses élèves de prendre quelques notes. Seul le grattement des roseaux sur les papyrus troubla le silence, avant que le Maître ne continue son exposé :

« Il y a d'autre part huit autres points géométriques intercalaires tout aussi importants qui, par leur neutralité, vous permettront de faire influer les mouvements combinatoires des vies spirituelles dont vous aurez la charge horaire vers sa destination bénéfique si les tendances générales sont néfastes. Mais il ne faudra jamais faire le contraire sous peine des pires calamités à votre encontre, la colère éternelle étant sans appel dans un tel cas !... »

Un silence plein de sous-entendus menaçants plana, tellement lourd soudain que plusieurs élèves frissonnèrent. Puis le Maître reprit :

« Cette géométrie de la sphère, du globe et du demi-cercle nous a obligés à utiliser une répartition angulaire de 360°, puisque la Ceinture équatoriale céleste comporte Douze Souffles répartis en Maisons de 30°. Or, cela a été fait malgré les longueurs différentes dans l'Espace des douze constellations où se trouvent les Douze Souffles. Cela afin de permettre un calcul plus aisé dans la géométrie angulaire des Combinaisons-Mathématiques-divines. De même avons-

---

[19] Ce sont les quatre points cardinaux et des explications plus complètes seront apportées au chapitre quatorzième.

nous prévu, grâce à Atêtâ, béni soit Son Saint Nom, une année astronomique de 360 jours partagée en 12 mois de 30 révolutions solaires chacun. Ainsi l'harmonie qui doit régner dans toutes choses entre le Ciel et la Terre est respectée puisque les 360° de l'Espace deviennent égaux aux 360 jours de notre Temps. Nous avons rajouté pour le peuple cinq journées supplémentaires afin que les travaux agricoles ne soient pas trop perturbés, la différence restant dans une vie moyenne de 72 ans n'excédant pas 18 jours. »

De nouveau les stylets coururent sur les papyrus. Avec un sourire furtif, Ankh-Kâ-Hor s'interrompit quelques instants. Il poussa un soupir malgré lui, en se remémorant le temps où il avait le même âge que ces jeunes novices, et où il était aussi attentif qu'eux. Tout cela était bien loin ! Pour éviter de s'attendrir sur lui-même, le Maître reprit d'une voix plus forte :

« N'oubliez jamais que l'Harmonie régnera dans toutes vos heures prévisionnelles, tant que les 360° d'arc de l'Espace concorderont avec vos 360 jours de Temps ! Ptah, le trois fois Saint, a voulu que nous voyions le ciel par rapport à notre demisphère selon une ligne d'horizon *droite*. Nous n'avons donc pas à nous préoccuper de son obliquité, puisque nous avons déjà appris que le Grand Cataclysme avait non seulement perturbé l'axe de la Terre, mais changé complètement sa position, faisant apparaître le Soleil couchant là où il se levait auparavant. Rien n'étant apparemment changé, nos Maîtres antiques ont vite compris qu'il fallait juste inverser les données du Cercle d'Or, celles des Douze de la Ceinture, sans rien toucher aux calculs eux-mêmes. Et ils ont eu entièrement raison, puisque cette année vague de 360 jours parcourant 360° fait donc accomplir au Soleil un degré par vingt-quatre heures justes, dont douze de jour et douze de nuit. Ce qui revient à dire qu'en un mois de trente jours, le Soleil aura accompli une navigation de trente degrés et deux vingt-quatrièmes dans l'Espace au lieu de trente que nous prenons pour nos calculs. En une année de

365 jours, le retard pris ne sera que de deux degrés d'arc, soit un recul imperceptible apparemment lors de vos pointages des astres ! Ne vous posez donc plus de questions oiseuses à ce propos. Prenez un de vos feuillets et tracez-y 24 colonnes afin que les résultats de vos observations nocturnes y apparaissent par quinzaine séparée. Dans chacune d'elles vous tracerez 12 lignes qui représenteront chacune une heure de la nuit. Quelle que soit la saison il y aura indifféremment douze séparations nocturnes égales. Seule la durée variera selon les heures de lever et de coucher du Soleil. Aujourd'hui, dix-neuvième jour du mois de Méchir, chaque heure de nuit sera décomptée pour la seconde quinzaine en 67 minutes de temps.[20] Il s'agit d'une des plus longues nuits. La plus courte, ou presque, sera le début de l'inondation, le 21 du mois d'Atêtâ, notre saint protecteur à qui revient de droit divin le nom du premier mois de notre calendrier astronomique. La durée égale de chacune de ses heures de nuit sera de 52 minutes. Des tables existent pour les durées, aussi ne vous en encombrez pas l'esprit ! Le principal de la tâche est le dessin correct du tableau que je viens de vous décrire, et que voici. »

Avec une grande dextérité, Ankh-Kâ-Hor prit en mains le plus grand rouleau qu'il déroula sur la table, en posant sur chacun des bouts une pierre plate afin qu'il soit bien plan. En voici la teneur[21] :

Vingt-quatre colonnes portent en titre le nom du mois, ainsi que la quinzaine qui est sienne. Ainsi pour le mois de Méchir à partir du premier, ce sera : ; et pour la seconde quinzaine

---

[20] Il s'agit de notre 15 décembre en calendrier julien. Et la date suivante est celle qui correspond au 20 juillet.

[21] Les graphiques concernant cet exposé sont annexés à la fin de ce chapitre.

du mois de Thoth (Atêtâ), ce sera : 𓏎 𓊨. Quant aux douze lignes qui sont inscrites sous chaque titre, elles portent chacune l'inscription « Heure 1re ; heure 2e ; heure 3e ; etc., jusqu'à heure douzième qui est la dernière.

Un grand espace reste vierge de toute écriture en regard de ces douze lignes. Ce que fit remarquer le Maître d'un doigt tendu :

« N'oubliez pas, ô vous qui êtes des élèves attentionnés, de préserver assez de place en largeur, afin de porter par écrit le résultat de vos observations nocturnes en regard de chaque heure définie. Cela fait, voici la méthode mise au point depuis des siècles et des siècles pour faciliter ce relevé fastidieux, mais qui doit rester méticuleux. Vous avez remarqué cette effigie d'un adolescent, gravée à même la plus haute terrasse de ce temple, près de la chambre d'observation des Fixes et des Errantes qui prolonge la Salle de la carte du ciel du jour du Grand Cataclysme. C'est elle qui vous servira de repère très précis pour pointer correctement et précisément les astres visibles au moment voulu. La clepsydre aux Mesures célestes, de la même largeur que la silhouette dessinée sur le sol, sera bien évidemment disposée dans votre champ de vision, bien en face de vos yeux par rapport à la portion de ciel désignée. Un simple rouleau comme celui-ci, d'un diamètre un peu plus large qu'un œil, vous permettra, en fermant l'autre, d'apercevoir très exactement l'étoile désirée au moment voulu et à l'endroit désiré. Dois-je préciser que durant chaque nuit, votre montre à eau, la clepsydre, sera adaptée à la longueur de la quinzaine nocturne où les observations seront effectuées ? L'eau nécessaire à l'écoulement du temps prévu pour la durée de chaque nuit, évoluera avec le prolongement de vos études, sans que vous ayez à vous en préoccuper. Le poids contenu à l'intérieur de la clepsydre baissera avec le niveau, entraînant un fil qui déplacera une tige au-dessus de l'effigie, perpendiculairement, selon une ligne qui vous permettra de préciser avec exactitude vos calculs. En traçant à présent dans les blancs qui restent en regard de vos annotations concernant les douze heures, huit traits verticaux qui formeront sept colonnes, vous pourrez aborder la dernière partie théorique de cette leçon. »

Tout en terminant sa phrase, le Maître avait déroulé un autre papyrus, complété avec les colonnes dont il venait de parler. Sans ajouter de commentaire à cette présentation qui n'offrait aucune difficulté particulière, il s'empara d'un feuillet sur lequel était peinte l'effigie caractéristique de tous ces jeunes novices au crâne rasé qu'il avait devant lui. C'était la reproduction de celle qui était gravée sur la haute terrasse et que tous connaissaient bien pour passer à côté en contemplant le ciel dans leurs moments de méditation, en pensant à la fragilité des destinées humaines, ou à leur propre avenir...

Une différence notoire attira cependant leur attention. Le portrait qui leur était présenté était partagé en sept parties verticales, et les élèves fixèrent plus attentivement leur vénérable professeur. Ce qui fit sourire furtivement Ankh-Kâ-Hor, qui savait ainsi que son auditoire était suspendu aux paroles qu'il allait prononcer. Aussi ne prolongea-t-il pas le silence qui s'était fait :

« Ces sept traits sont évidemment en rapport direct avec ceux que vous venez de tracer sur vos papyrus. Le premier est sur l'épaule gauche ; le second sur l'oreille gauche ; le troisième sur l'œil gauche ; le quatrième au milieu du nez ; le cinquième sur l'œil droit ; le sixième sur l'oreille droite ; et le septième trait tombe sur l'épaule droite. Ceci n'offrant aucune difficulté, passons à l'explication, tout aussi facile à retenir. Lorsque vous aurez centré sur votre œil une des Fixes dont vous devez relever les mouvements, vous n'aurez qu'à regarder le déplacement de la tige mue par la clepsydre au-dessus de l'effigie pour connaître la valeur de son déplacement, et dans le Temps, et dans l'Espace. Ainsi, lorsqu'au commencement de la nuit, vous prenez en étude le Cœur du Lion[22] et qu'il vous apparaît au milieu du nez, vous pourrez voir déjà une différence de trajectoire le seizième jour suivant, puis le premier jour du mois suivant, etc. Ainsi, au bout d'une année, vous aurez le mouvement précis d'une Fixe dans le ciel, en reportant votre pointage du portrait à l'intérieur des vingt-quatre colonnes en regard de l'astre considéré. Mais voici la répartition du portrait en sept parties, avec leurs dénominations. Prenez note... »

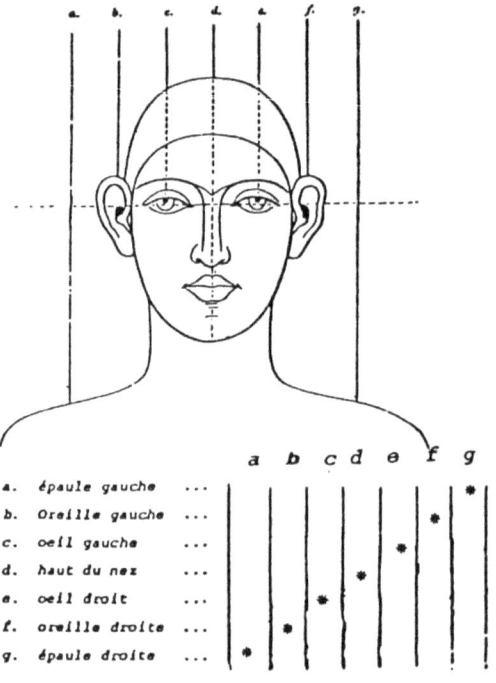

Les plumes de roseau grattaient les papyrus avec entrain, chacun comprenant l'intérêt de cette technique simple mais très

---

[22] Il s'agit de l'étoile de première grandeur Régulus du Lion.

exacte. Le Maître compulsa d'autres feuillets avant de reprendre la parole :

« Nos vénérés Ancêtres d'Ahâ-Men-Ptah, ceux qui avaient la Connaissance infuse, avaient choisi pour bien préciser l'environnement des Combinaisons-Mathématiques-divines, des Fixes également brillantes dont l'éclat soit tel que leur première apparition de la nuit devienne perceptible dès que le Soleil est suffisamment abaissé au-dessous de l'horizon. Et ces savants, mes Maîtres, ont admis un angle de quinze degrés comme valable pour satisfaire aux conditions de vision requise. C'est pourquoi vous devrez vous-mêmes toujours observer les astres à quinze degrés au-dessus de l'horizon. Ainsi, vous ne serez pas gênés par les rayons solaires couchants qui aveugleraient encore l'atmosphère. Voici un exemple sur la position de certaines Fixes au premier jour du mois de Méchir dans lequel nous nous trouvons. Il s'agit donc des mouvements qui concernent les douze heures de la première quinzaine :

Première heure de nuit : Sep'ti à l'oreille droite[23] ; Deuxième heure : les jumeaux sont sur l'oreille gauche ; Troisième heure : les étoiles du Verse-eau sont sur l'œil gauche ; Quatrième heure : la tête du Lion sur l'oreille gauche ; Cinquième heure : le cœur du Scarabée sur le nez ; Sixième heure : le porteur de la Lyre sur le nez ; Septième heure : Horus sur le nez également ; Huitième heure : la Divine Vierge sur l'oreille gauche ; Neuvième heure : le Taureau Céleste sur le nez ; Dixième heure : Atêtâ sur l'épaule gauche ; Onzième heure : la tête de l'Oie sur l'œil gauche ; Douzième heure : le milieu de la peau sur l'épaule droite. »

---

[23] Sep'ti est te nom hiéroglyphique de Sirius dont les Grecs ont fait Sothis.

Après avoir lu cette énumération de mouvements d'étoiles durant la quinzaine écoulée, le Maître posa sa feuille en soupirant, avant de reprendre :

« Lorsque j'avais le même âge que le vôtre, bien des complications m'apparaissaient, qui ont disparu avec les ans ! D'ailleurs, là aussi, il existe une règle facile à suivre puisque la Terre tournant dans un sens et non le ciel, toutes les étoiles suivent un mouvement identique à des heures différentes. Si donc, comme lanterne-témoin, vous prenez la première Fixe apparue ce mois-ci, c'est-à-dire Sep'ti, toutes les autres apparitions deviendront faciles à situer dans l'Espace et dans le Temps. La seule chose importante à vous rappeler est que cette arrivée à quinze degrés au-dessus de l'horizon n'est pas, pour l'étoile observée, son vrai lever, mais celui qui nous préoccupe pour nos calculs combinatoires. Car, quel que soit l'astre considéré, son lever vrai a lieu lorsque le Soleil se trouve avec lui dans l'horizon oriental. À chaque révolution du ciel par rapport à la Terre, lorsque la Fixe est ramenée dans cet horizon, le Soleil, par sa navigation propre, s'est avancé par-dessous ce plan, vers l'horizon occidental qu'il atteint quand il a décrit une demicirconférence, soit 180°. Cela exige 180 jours, la concordance se calculant de tête. C'est donc la moitié d'une de nos années astronomiques. À ce moment, le Soleil se couchera pendant que l'astre se lèvera pour de vrai. Alors, le Soleil dans sa navigation quotidienne se rapprochera de plus en plus de l'horizon oriental chaque fois que la Fixe y revient. Après avoir décrit ainsi audessus de ce plan l'autre moitié de l'écliptique, il s'y retrouve après une nouvelle demi-année en compagnie de l'étoile. Ceci pour spécifier que pour toutes les Fixes depuis le lever vrai jusqu'au suivant, il s'écoule six mois durant lesquels le Soleil décrit un orbe de 180°. Toute cette longue explication doit se traduire en votre esprit par un simple hiéroglyphe qui déclenchera instantanément tout le processus de ce mécanisme céleste. Cet idéogramme est le contraire de la demi-sphère céleste que nous avons vue il y a quelques minutes. C'est le second demi-globe, qui représente le ciel sous la Terre avec le chemin à parcourir autour pour accomplir les cent quatre-vingts degrés dans l'espace : ◖.

Car la Terre est une grosse boule en suspension dans le ciel, tout comme l'est le Soleil et comme l'est la Lune. Or, nous sommes sur un sol nous permettant de vivre en paix en nous conformant aux règles transmises à nous par les Combinaisons-Mathématiques-divines. Lorsque Ptah créa ce sol qui nous appartient, celle-ci était vide de tout élément vivant. Elle sortait du chaos et il n'y avait rien sur elle. Elle existait mais elle restait vide ! Il a fallu la Création du Créateur pour que nous, ses créatures, nous apparaissions. Lorsque vous serez devenus des Horoscopes estimés, redoutés par ceux qui craignent encore Dieu pour votre Connaissance, souvenez-vous toujours que vous restez les Serviteurs de l'Éternel, dont vous devrez craindre et surveiller les réactions jusqu'à votre dernier soupir terrestre. J'en ai fini pour aujourd'hui. Que vos premiers relevés de cette nuit soient clairs et précis, et que Ptah vous inspire et vous protège dans la suite de votre vie terrestre. »

Les battements des roseaux sur les planchettes accompagnèrent les pas du Maître qui se retirait, satisfait de l'attention et du respect que les élèves avaient eu pour ses paroles.

NOTE À PROPOS D'UN CALENDRIER ASTRONOMIQUE DÉCOUVERT DANS LE TOMBEAU DE RAMSÈS VI

Un tableau de 24 cases, semblable à celui dont il est question dans ce chapitre, a été découvert au temps de Champollion qui en a fait un relevé approximatif et incomplet. C'est un calendrier astronomique comme tant d'autres seront mis au jour. Celui de Ramsès IX est identique mais les nobles en ont fait peindre également dans leurs tombeaux.

Voici un relevé de six mois pour les douze heures nocturnes :

Dates	Durée de l'heure	Observation des Fixes	Levers	Heures
Thoth 15-16 (14 juillet)	0 h 52'	Lever de Sothis	0 h 33'	1re heure de nuit
Paophi 1 (29 juillet)	0 h 53'	–	1 h 06'	2e heure
Paophi 15-16 (13 août)	0 h 54'	–	2 h 12'	3e heure
Athyr 1 (28 août)	0 h 55'	–	3 h 14'	4e heure
Athyr 15-16 (12 septembre)	0 h 57'	–	4 h 22'	5e heure
Choiak 1 (27 septembre)	0 h 59'	–	5 h 23'	6e heure
Choiak 15-16 (12 octobre)	0 h 59'	–	6 h 22'	7e heure
Toby 1 (27 octobre)	1 h 01'	–	7 h 25'	8e heure
Toby 15-16 (11 novembre)	1 h 05'	–	8 h 31'	9e heure
Méchir 1 (26 novembre)	1 h 06'	–	9 h 34'	10e heure
Méchir 15-16 (11 décembre)	1 h 07'	–	10 h 38'	11e heure

(La douzième heure de ce tableau a été détruite)

CHAPITRE ONZIÈME

LA VIE ÉTERNELLE
(CONSTELLATION DE LA VIERGE)

Au commencement était la Vie Éternelle; au commencement était la Vierge. Cela résume en peu de mots la théologie originelle du tout début de la Terre et de l'Humanité pour les anciens Égyptiens. Et la simple logique veut que la Vérité n'en soit pas loin. C'est pour cette raison que lorsque les Maîtres de la Mesure et du Nombre se sont aperçus que la vie éternelle ne pourrait pas être dans ce monde-ci, mais au-delà, ils ont changé le symbolisme primordial qui était la Croix ansée en Ahâ-Men-Ptah : ☥, pour celui caractérisant la dernière reine Nout, qui était la virginité avant la naissance de son fils Osiris qui devait donner lui-même la vie à toute la nouvelle multitude d'Ath-Kâ-Ptah.

Partons donc tout d'abord du postulat de l'immortalité de l'âme et de sa vie éternelle. Pour revenir aux sources, en dehors des textes sacrés égyptiens, il y a la religion juive. Tout le monde sait que Moïse a ramené toute sa Sagesse des bords du Nil où il a été élevé non seulement comme un prince, mais comme un Grand-Prêtre. Les dix Commandements existaient bien avant la montée au Sinaï, déjà gravés sur les murs des tombeaux des Sages de l'Égypte, à Saqqarah, notamment. C'est pourquoi les prêtres lévites, qui ont écrit l'histoire de Moïse mille ans après sa mort, ont évité de parler de la résurrection et de tout ce qui touchait à la survie au-delà de la vie terrestre, tout comme ils ont parlé du veau d'or par Moïse alors qu'il s'agissait du taureau, représentation d'Osiris, ce Fils de Ptah ressuscité.

Seul, dans toutes les transcriptions de l'Ancien Testament, un passage de Job laisse le doute sur une possible survivance après la mort. Elle se trouve dans Job qui, tout d'abord, perd confiance :

Si l'homme une fois mort pouvait survivre, J'aurais l'espoir le temps de mes souffrances, Jusqu'à ce que mon état vînt à changer.

Dieu appellerait alors et je lui répondrais. Mais aujourd'hui Il compte mes pas,

Il a l'œil sur mes péchés,

La montagne s'écroule et périt, La pierre est broyée par les eaux,

Et la terre emportée par leur courant : Ainsi Dieu détruit l'espérance de l'homme !

Cela est au chapitre XIV, versets 14 à 19, mais plus loin, Dieu répond à Job (XLII, 1 à 6) :

L'Éternel :

Quel est celui qui a la folie d'obscurcir mes desseins ?

Job :

Oui, j'ai parlé, sans les comprendre,

De merveilles qui me dépassent et que je ne conçois pas.

L'Éternel :

Écoute-moi, et je parlerai !

Job :

Je t'interrogerai et tu m'instruiras, Mon oreille avait entendu parler de toi. Mais maintenant mon œil t'a vu,

C'est pourquoi je me condamne et je me repens, Sur la poussière et sur la cendre.

Il faudra attendre jusqu'au second siècle avant notre ère pour qu'un revirement complet n'intervienne en faveur d'un retour aux sources primordiales issues des bords du Nil. L'ancienne doctrine juive tendait à disparaître de plus en plus depuis le retour du peuple juif de Babylone, et ce, en faveur de deux courants de pensées religieuses qui reprenaient en force, sinon en commun, l'idée essentielle de réintroduire le dogme de la vie future et éternelle.

L'un avait consisté en un développement extraordinaire de l'École judéo-copte d'Alexandrie, et qui avait à sa disposition toutes les archives religieuses de l'antique Égypte, dans la fameuse bibliothèque qui ne fut réduite en fumée qu'un siècle et demi plus tard ; l'autre fut la toute classique école judéo-palestinienne. Et si la première professait, tout comme la hiéroglyphique, l'immortalité de l'âme, la seconde prônait plutôt la résurrection des corps.

Ce sera pourtant la version biblique des Septante, qui date du IIe siècle avant Christ, qui exercera son influence sur le judaïsme égyptien pour donner naissance à toute la littérature qui a suivi, dont les livres apocryphes ajoutés au recueil canonique. Tel celui de la Sagesse de Salomon, qui date d'un siècle seulement avant notre ère. On y retrouve les grands préceptes des Sages des antiques temples toujours debout tout au long de plus de mille kilomètres des bords du Nil !

Il est dit dans ce livre :

« Dieu a créé l'homme pour la vie éternelle ! Les âmes des justes sont dans la main de Dieu et aucun tourment ne les touche. Aux yeux des insensés, ils paraissent être morts. Leur départ est estimé être un malheur, et leur séparation d'avec nous, une calamité ; mais ils sont dans la félicité. Car si, aux yeux des hommes, ils ont été affligés de peines, leur espérance a été tout entière dans l'immortalité. Les justes vivent éternellement, ils ont leur récompense dans le Seigneur, et le Très-Haut prend soin d'eux. »

C'est cette même croyance monothéiste qui était enseignée dans toute l'Égypte. Il n'y a qu'à lire toutes les interprétations, même les moins bonnes, pour se rendre compte de la minutie avec laquelle les vivants préparaient leur entrée dans le domaine éternel de l'Au-delà de la Vie, en gravant au préalable, dans l'entrée de leur caveau funéraire la liste de tous les bienfaits qu'ils avaient prodigués aux pauvres leur vie terrestre durant. Cela, afin qu'à la fin de la vie de leur corps ou enveloppe charnelle, le poids de leur âme, ou Parcelle divine, reste aussi léger qu'une plume, afin qu'aucun des plateaux de la balance effectuant la pesée ne fléchisse sous le poids du moindre péché, ce qui interdirait son départ pour la Vie éternelle.

À Dendérah tout particulièrement cet enseignement était prodigué dans son intégralité originelle. Pour cette raison, la hiéroglyphique du grand Temple symbolisait cette éternité en la confondant avec la Connaissance. En effet, Dendérah était : ☥ Son double sens provenait de ce que les Textes sacrés conservés dans les archives du Cercle d'Or avaient été personnellement écrits de la main d'Athothis lors du rétablissement de la hiéroglyphique. C'est lui qui est devenu Thoth par abréviation, puis le dieu Mercure des Grecs, mythologiquement.

L'intéressant à noter ici est la réminiscence existant entre la croix ansée égyptienne et la croix chrétienne. Elle ne fait aucun doute et les études de concordance effectuées tant du point de vue de l'étymologie que de l'exégèse fournissent des conclusions semblables. Un mémoire savant, lu par le très distingué helléniste très catholique que fut M. Lettronne, devant l'honorable assemblée de l'Académie des Inscriptions et Belles-Lettres en mars 1830, mit en quelque sorte le feu aux poudres ! Et à vrai dire, cet éminent archéologue ne s'attendait pas à une telle levée de boucliers à son encontre, d'autant qu'il avait vigoureusement combattu auparavant la thèse de l'antiquité du Zodiaque de Dendérah. Pourtant, ce qu'avait écrit M. Lettronne était d'un intérêt primordial pour démontrer le lien unissant les deux tendances monothéistes d'un seul et même Dieu : l'antique ou l'égyptienne passée chez les Hébreux, et la nouvelle, dite chrétienne, venue de chez les mêmes Hébreux !

Parmi les centaines de dessins se rapportant aux croix ansées et chrétiennes mis à sa disposition par les égyptologues de son temps, M. Lettronne fit des découvertes intéressantes. Voici comment il les raconte lui-même en une phraséologie qui démontre son appartenance à un catholicisme très strictement conventionnel en 1830 :

Au nombre des copies, se sont trouvées celles des trois inscriptions païennes d'un haut intérêt pour l'histoire, attestant que le culte d'Isis était encore florissant à l'extrémité de l'Égypte, soixante ans après l'édit de Théodose, et celles de plusieurs inscriptions chrétiennes, dont une, inédite, forme le lien de toutes les autres déjà publiées dans la « Description de l'Égypte ». L'explication de ces divers documents, qui appartiennent à l'époque de l'introduction du christianisme à Philae, lorsque le temple d'Isis fut converti en église, fait le sujet du Mémoire rappelé plus haut.[24]

En les étudiant, je me suis efforcé selon mon usage, d'en faire ressortir tout ce qu'ils m'ont paru offrir d'utile à l'histoire, et pour cela, j'en ai relevé

---

[24] Le temple de Philae, une des merveilles du Sud, consacré à Hathor, le nom d'Isis, sous sa forme de Bonne Mère, vient de faire l'objet d'une surélévation financée par l'UNESCO, au même titre que l'a été le temple d'Abou-Simbel.

les moindres détails, sachant par expérience que les plus indifférents, en apparence, conduisent souvent à des résultats importants et féconds.

Plusieurs de ces inscriptions chrétiennes me présentèrent un trait trop frappant pour être négligé : ce fut la figure d'une croix ansée égyptienne (qu'on ne pouvait confondre avec le monogramme du Christ), mais mise à la place que le monogramme et la croix chrétienne occupent ordinairement dans les monuments coptes ou grecs de ce genre. Alors, je me souvins d'avoir vu dans les notes manuscrites de Champollion, ainsi que dans les récits d'autres voyageurs, la mention expresse d'une croix ansée représentée dans une pareille position sur des monuments chrétiens de l'Égypte, et figurée de manière qu'on ne pouvait se méprendre sur l'intention que les chrétiens avaient eu d'imiter et de s'approprier en quelque sorte ce symbole du paganisme.

En catholique inconditionnellement converti aux Saintes Écritures telles quelles étaient apprises en 1800, M. Lettronne découvrait seulement ce que tous les lettrés non aveuglés par le Canon biblique savaient depuis des lustres ! La surprise qu'il marque alors montre bien sa naïveté en la matière :

Voilà ce qui causa ma surprise à la vue des croix ansées figurées à la tête d'inscriptions chrétiennes, car il s'agissait là d'un symbole caractéristique qui joue un si grand rôle dans les représentations religieuses égyptiennes, et qui, placé dans la main de la plupart de ses divinités, semble en être un attribut inséparable. Les chrétiens n'auraient donc pas craint d'adopter un tel symbole pour représenter le signe de la venue du Sauveur ! Je vis là une sorte de violation des principes du christianisme, car nul doute ne me paraissait être permis, ni sur l'emploi du signe religieux païen ni sur la généralité de cet emploi, puisqu'on le retrouvait sur un grand nombre de monuments épars dans tous les pays où domina jadis la religion égyptienne.

Pour conclure cet important préambule sur la croix ansée, symbole de la Vie éternelle selon les anciens Égyptiens, voici un troisième et dernier passage du mémoire lu par M. Lettronne, qui dénote sa franchise totale sur ce problème, même si les « aînés » « sont devenus sous sa plume les « païens ». Il parlera mieux que je ne le ferais en une telle circonstance qui assure le lien entre TaureauBélier et les Poissons :

Je ferai remarquer la forme insolite du signe de la croix. Ce signe ressemble à la crux ansata *des Égyptiens qu'on a visiblement eu l'intention d'imiter.*

L'imitation est plus claire encore dans beaucoup d'autres endroits de l'Égypte et de la Nubie qui ont servi de tombeaux aux premiers chrétiens. Cette singularité qui n'existe point ailleurs s'explique par le passage curieux de Sozomène sur la destruction du Sérapéum. Il dit que fil les chrétiens y virent des images semblables au signe de la croix, désignant par là les cruces ansatae. *Cette figure, qui n'existait pas ailleurs qu'en Égypte, dut en effet, de très bonne heure, frapper les chrétiens de ce pays, et les persuader que la croix qui couvrait les murs des temples était une sorte de signe prophétique de la venue du Sauveur. C'est pourquoi ils modelèrent sur ce type le signe de notre Rédempteur.*

Ce passage m'a incité à lire le livre VII de l'*Histoire Ecclésiastique de Sozomène*, encore plus explicite des premières pensées chrétiennes de ce temps. Car enfin, comment et pourquoi un tel symbole venant de « païens » (*sic !*), a-t-il pu être traité avec tant d'égards et de respect, n'ayons pas peur de l'écrire, pour commémorer éternellement la mort et la résurrection de Jésus ?... Parce que ces chrétiens des premiers jours ont considéré ce hiéroglyphe détenu dans une main de chacun des pharaons, « Fils de Dieu », comme la rédemption et comme la nature même de la vie et du nom de Christ !... La religion monothéiste égyptienne l'avait d'ailleurs prophétisée, comme elle avait eu la vision de l'avènement de ceux d'Amon, deux millénaires avant que le Soleil n'entre dans la constellation du Bélier. Or, les premiers chrétiens se servaient déjà secrètement du symbole des Poissons en signe de reconnaissance pour leurs réunions, car ils avaient appris des textes alexandrins que la naissance du Messie était intervenue avec l'arrivée de l'astre du jour dans la constellation suivante, qui s'accordait autant avec le symbolisme de la pêche miraculeuse qu'avec la signification de Jésus le pêcheur d'âmes éternelles.

Mais il semble, d'après saint Jérôme, que ce soit Sophronius qui écrivit l'original du texte repris par Sozomène, car lui vécut cette destruction du Sérapis d'Alexandrie, ordonnée par Théodose en 389 de notre ère. Or, le texte suivant fut écrit en 391, moment où fut exécuté l'ordre de l'empereur :

« Pendant qu'on démolissait et dépouillait le temple de Sérapis, on trouva des caractères gravés sur les pierres, de ceux qui sont appelés sacrés. Ces caractères avaient la figure de la croix, ce que voyant ces premiers chrétiens les rapportèrent à leur propre religion. Les chrétiens, qui regardent la croix comme un signe de la passion salutaire du Christ, pensèrent que c'était ce signe qui leur est propre. Les Grecs dirent que c'était quelque chose de commun au Christ et à Sérapis quoiqu'à vrai dire, ce caractère ayant figure de croix soit un symbole différent pour les uns et pour les autres. Une controverse s'étant élevée à ce sujet, quelques-uns des Gentils convertis au christianisme, et qui comprenaient les hiéroglyphes, interprétant ce caractère ayant la forme de la croix, dirent qu'il signifiait *la Vie à venir*. Les chrétiens, saisissant avec empressement cette circonstance en faveur de leur propre religion, en conçurent plus de hardiesse et d'assurance ; et comme on montra par d'autres caractères hiéroglyphiques que le temple de Sérapis prendrait fin lorsqu'on verrait apparaître ce caractère en forme de croix signifiant la Vie éternelle, un plus grand nombre de Gentils embrassèrent le christianisme et, confessant leurs péchés, reçurent le baptême. »

Si je me suis étendu sur ce fait capital, c'est qu'aujourd'hui on a oublié ce fait historique. Qu'il ait eu lieu avant, ou au moment de la destruction du Sérapéum d'Alexandrie importe peu : le résultat est là. La croix chrétienne, par une assimilation naturelle de la croix ansée, a conservé son symbole de Vie éternelle, ouvrant ainsi l'ère du christianisme en Égypte.

L'astronomie selon les Égyptiens, basée essentiellement sur les dessins formés par les Combinaisons-Mathématiques-divines formées par la Loi rigoureuse de la Création du Créateur, ne pouvait qu'être tout aussi strictement maintenue que par l'observance des Commandements dépendant de cette Loi. Ainsi, les Maîtres de la Mesure et du Nombre purent-ils prédire, ou « vaticiner » (qui a donné le mot Vatican) en prophétisant la venue de ceux d'Amon, puis d'un aîné pêcheur d'âmes.

D'autres images se reconnaissent facilement dans le symbolisme de la croix. Par Moïse, par exemple, qui était, ne l'oublions jamais, non seulement prince égyptien, mais aussi pontife d'Ath-Kâ-Ptah, qui était aussi le nom du temple de la ville que les Grecs appelèrent Memphis.

Saint Justin raconte dans son *Adversus Judaeos*, chapitre 2, que le serpent d'airain, dressé au milieu du désert sur l'ordre de Moïse, fut placé sur un poteau pour y prendre ainsi la forme de la croix. Rien dans les textes hébraïques de l'Ancien Testament ne justifie cette affirmation, mais elle est en quelque sorte prophétique elle aussi, car Moïse aurait pu faire cela pour commémorer l'accord de son âme avec le Dieu qu'il découvrait et qui lui accordait ainsi la Vie éternelle en l'adoptant à son tour comme « aîné » afin qu'il devienne Législateur et meneur d'hommes. Car, n'oublions pas que le serpent est le symbole de la Voie lactée d'où nous parviennent les influx s'accordant pour donner naissance à la Parcelle divine figurée elle, par la croix ansée, digne signe préludant la vie éternelle pour tous ceux qui n'ont point péché.

D'ailleurs, le grand Platon, qui séjourna quant à lui cinq années à l'ombre des salles hypostyles des temples des bords du Nil, se sert de cette parabole dans *Le Timée* lorsqu'il parle de la formation des âmes dans les nuées célestes :

« Dieu coupa en deux le mélange suivant sa longueur, puis il croisa les deux parties en les appliquant l'une sur l'autre en la forme d'un X. »

Cela est nettement une réminiscence de toutes les figurations de la croix ansée vue sur tous les murs des temples égyptiens, et en quelque sorte une vision prophétique de la réalité de la vie éternelle des Parcelles divines, ou âmes.

En vérité, et peut-être un jour en reparlerai-je, les chrétiens d'Égypte adoptèrent la croix ansée dès avant la destruction du temple de Sérapis. Quoiqu'elle ne fût pas identique à la croix qui avait vu l'esprit immortel de Christ rejoindre les cieux, les docteurs de la Loi ne pouvaient pas ne pas voir la ressemblance entre les deux signes, tant au point de vue dessin qu'au point de vue du symbolisme.

Quant aux lettrés qui prétendent que cela est faux car la croix est un emprunt fait au judaïsme, en cela comme en bien d'autres choses, il est aisé de rétorquer le fait.

La croix ansée est phonétisée en hiéroglyphique « Tau », comme je l'ai expliqué dans le premier livre de ma *Trilogie des Origines*. Or, les Juifs ont dans leur alphabet une lettre qui ressemble fort à cette croix, et qui se phonétise en hébreu « tau » !... Incontestablement, ce sont les Juifs qui se sont emparés de ce symbole pour s'en servir à leur manière, en laissant de côté le caractère sacré égyptien attaché à cette prononciation !

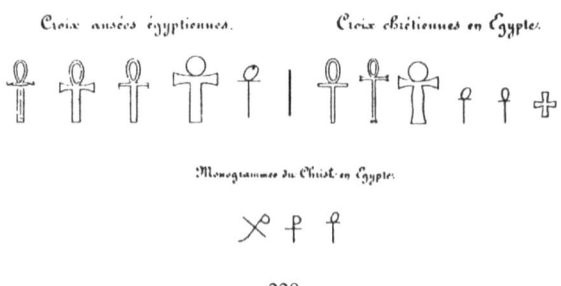

Voici, pour satisfaire la curiosité des lecteurs, les copies manuscrites telles qu'elles furent dessinées par M. Lettronne et d'autres éminents archéologues, sur place, durant les années 1820-1830 : Cela nous a mené loin de la Vie éternelle selon les anciens Égyptiens, mais pour mieux y revenir ! L'origine même de la signification du « Tau » ou « Croix de Vie », vient sans conteste de l'usage qui en fut fait tout à ses débuts en Ahâ-Men-Ptah.

Nous avons vu précédemment, ainsi que dans *Le Grand Cataclysme*, que la princesse Nout, la veille de son mariage avec le jeune roi Geb, alors qu'elle était encore vierge, poussée par une impulsion irraisonnée, était allée, malgré l'interdit formel, se reposer dans l'enclos sacré, où le Pêr-Ahâ, Fils de Dieu, pouvait seul se rendre afin de dialoguer avec Ptah son Père spirituel. Nout s'étendit sous un sycomore séculaire et s'endormit. Elle fut inondée de cette Lumière zodiacale rayonnante qui l'engendra d'un Fils Sauveur, malgré sa virginité.

Pour commémorer cet événement miraculeux à tous les points de vue puisqu'il avait permis la renaissance d'une nouvelle multitude en un « Deuxième-Cœur », les pontifes firent de ce type de sycomore, l'arbre sacré en Ath-Kâ-Ptah. Un décret interdisait formellement l'élevage et l'abattage de cet arbre spécial, d'un type particulier d'érables. Seuls les religieux en disposaient, pouvant méditer à son ombre, mais sans y toucher. Un prêtre très pur, éduqué depuis sa naissance à la tâche qui serait la sienne, était seul habilité « à lui ôter la vie », et ce, à des fins saintes et particulières. En effet, ce religieux, qui tenait le couperet, ne le faisait que dans le but d'en extraire « le cœur » dans toute sa longueur, pour en façonner seize « Tan-Auhi » ou « Cœur-Sacré », qui devint par contraction phonétique le Tau. Ce « Cœur » transmettait les influx du Tout-Puissant qui accordaient à la Parcelle divine la Vie éternelle.

Ces visions d'un temps ancien nous amènent au recul précessionnel en Lion ! C'est elle qui figure à la fois le bras vengeur d'Horus, la nécessité de la naissance d'Osiris. C'est surtout elle qui reste le signe irréfutable de la Toute-Puissance divine et de sa colère qui a inspiré durant quatre millénaires la crainte du renouvellement du Grand Cataclysme chez tous les prêtres égyptiens qui en portaient la marque hiéroglyphique sur leur manche gauche !

CHAPITRE DOUZIÈME

LE COUTEAU DE SETH L'ASSASSIN
(LES DEUX-LIONS)

Nous pénétrons ici, en même temps que dans le dernier signe et la constellation de base qui a servi au fondement de la nouvelle Terre et d'une seconde Alliance, à l'épisode vital de la théologie tentyrite, reprise d'ailleurs dans tous les temples de l'antique Égypte.

Le demi-frère cadet d'Osiris, Seth, entré en rébellion ouverte contre son père, l'Ahâ, dernier roi d'Ahâ-Men-Ptah, qui le détrôna en faveur de l'aîné qui n'était même pas de son sang mais de celui de Ptah, envoie un émissaire pour demander un armistice. Il faut se souvenir que les noms d'Osiris et de Seth ne sont que des phonétisations grecques des hiéroglyphiques Ousir et Ousit (devenu Sit en patronyme de rebelle). Les dénominations allaient de pair avec la prédétermination, et il était bon de rappeler cela.

Or, Osiris, malgré l'avis de sa sœur Nekh-Bet, douée du don de voyance, ou bien peut-être à cause de la mise en garde, accepte de se rendre seul au rendez-vous pour discuter l'armistice. Bien entendu, il s'agit d'un guet-apens. Les mercenaires transpercent le corps de l'aîné de multiples coups de lance, et Seth l'achève d'un coup porté en plein cœur. Puis il coud le corps dans une peau de taureau qui servait de tenture et fait jeter le tout à la mer afin que les poissons le débarrassent et du corps, et de l'âme restée emprisonnée sous la peau.

C'est ce jour-là que les éléments se déchaînèrent, entraînant non seulement la perte et l'engloutissement du continent tout entier, mais aussi et surtout un bouleversement physique de l'axe de la Terre, ce qui entraîna par contrecoup une vision presque totalement opposée de la Ceinture des Douze constellations, ainsi que de notre système solaire. En effet, le Soleil parut aller en sens inverse puisqu'au lieu *de se lever à l'Ouest comme à son habitude, il apparut à l'Est* dès le premier matin qui suivit la fin du Grand Cataclysme. Ce qui se produisit durant la navigation de l'astre du jour devant la constellation du Lion, il y a très exactement 11 772 ans.

En cette année-là, ainsi que le disent les Textes sacrés :

Les sources du Grand Cataclysme jaillirent du Lion, crevant les écluses divines du ciel pour engloutir ceux qui avaient douté.

Cela se retrouve d'ailleurs dans l'Ancien Testament biblique, comme beaucoup d'autres textes. Cette phrase est dans la Genèse (VII-11) :

En ce jour-là, les sources du Grand Abîme jaillirent, et les écluses des dieux s'ouvrirent.

En ce jour-là, donc, la félonie de Seth avait porté au paroxysme la fureur des troupes commandées par Horus, fils d'Osiris disparu, et le choc des deux armées avait été particulièrement meurtrier. Autour des combattants, les volcans s'étaient réveillés, la terre tremblait, des nuages incandescents tombaient, les maisons s'effondraient !... La panique et la peur ne purent rien changer à la décision divine de tout détruire. L'aveuglement et l'impiété des créatures humaines avaient mis tant d'acharnement à détruire ce que des millénaires de Création avaient patiemment édifié pour son bonheur terrestre, que plus rien ne devait subsister de ce qui avait constitué un véritable Eden abandonné !

Les temps étaient accomplis pour tous, les bons comme les mauvais. L'Éternel frappait toutes ses Créatures sans distinction, les bonnes, parce qu'elles avaient laissé aller les événements sans élever la voix lorsque cela était encore possible, et les méchantes, parce qu'elles avaient renié celui qui leur avait permis de naître et de vivre.

Les craquements sinistres, plus forts que les grondements des bouches enflammées des cratères, nul cri, nul appel, nulle prière, ne changea plus rien dans les configurations prévues par les Combinaisons-Mathématiques : Ahâ-Men-Ptah allait disparaître sous la mer, et le Soleil qui se levait sur cette terre bénie par Dieu s'y coucherait désormais, comme signe de sa toute-puissance, car il serait plus visible de cet endroit, qu'un immense linceul liquide !

Ce jour-là fut le 27 juillet 9 792 avant notre ère. La Terre basculant sur son axe eut l'air de faire tomber le Soleil dans la mer. Et lorsque le petit matin réapparut, à travers les cendres et le brouillard empuanti par les odeurs montant de l'immense charnier, l'astre du jour, rouge du sang des mortels engloutis, se leva à l'Est, à l'endroit même où il s'était abîmé la veille dans les flots.

La constellation du Lion étant le domaine précessionnel du Soleil à ce moment-là, il s'y trouvait à 8° du début, *naviguant en avant*.

Pour plus de compréhension, voici le tableau récapitulatif depuis le mini-déluge en Capricorne, comme cela a été vu précédemment, suivi des différents cycles jusqu'à celui du Lion, ou 8° de 72 ans chacun en recul précessionnel, font 576 ans :

Soleil dans constellation	Durée en années	Durée avant le Christ	Durée totale avant 1975	Durée depuis Méditation	Durée depuis les « Héros »
SAGITTAIRE	1 576	21 312	23 287	14 400	–
Mini-déluge amenant le Soleil à 8 du Verseau					
VERSEAU	576	20 736	22 711	14 976	576
POISSONS	2 016	18 720	20 695	16 992	2 592
BELIER	2 304	16 416	18 391	19 296	4 896
TAUREAU	2 304	14 112	16 087	21 600	7 200
GEMEAUX	1 872	12 240	14 215	23 472	9 072
CANCER	1 872	10 368	12 343	25 344	10 944
LION	576	9 792	11 767	25 920	11 520
... En ce jour-là le Grand Cataclysme amena le Soleil à se lever à l'est...					

En cette nouvelle aube d'une ère nouvelle, le Soleil prit une navigation céleste de croisière, mais à reculons, en marche rétrograde, ainsi que le reconnaissent volontiers les astronomes du monde entier, tout en refusant de reconnaître que si le Soleil recule apparemment, c'est qu'un jour il a forcément avancé !

Pour la constellation du Lion, les exemples iconographiques sont en telle abondance qu'un livre d'images de mille pages ne suffirait pas à en couvrir toute l'illustration, même sans leur adjoindre le texte ! Il existe d'ailleurs plusieurs dessins sans légende, tel celui qui a été inclus dans le livre dit « des Morts » par les égyptologues, tellement il se suffit à lui seul, mais dans la hiéroglyphique concernant l'au-delà de la vie. Le voici :

Les différents chapitres de cet ouvrage, avec leurs explications, permettent de comprendre cette gravure exceptionnelle qui, nonobstant toute référence intellectuelle, remonte à une époque où nous, Occidentaux, vivions encore dans des grottes enfumées sans aucune connaissance quelle qu'elle soit, hormis celle de se battre entre membres d'une même famille pour la possession d'un morceau de viande qui était ingurgité cru, le plus voracement possible !...

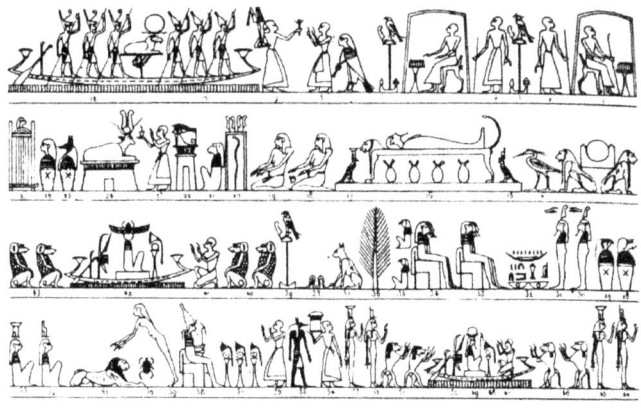

Dans le dessin ci-dessus, c'est évidemment le symbolisme du Lion qui nous intéresse, et nous en avons deux figurations. Il y a celle du bas (nos 59, 60 et 61), où l'humanité qui a sombré en Lion s'apprête à renaître en Scarabée (le Cancer). Il y a également les Deux-Lions qui portent l'ancien ciel en équilibre sur leurs échines, lui-même portant la Terre en équilibre instable.

Cette représentation très symbolique se retrouve partout dans les temples, sur les murs des tombeaux, et même sur les sarcophages, celui de Ramsès II en étant l'exemple le plus frappant. Voyons ce symbolisme prophétique plus en détail :

Sur la figure ci-contre, qui se trouve au British Muséum de Londres, on reconnaît sans hésitation la hiéroglyphique de droite, au-dessus du mufle du Lion, qui signifie : « Soleil disparu sous forme d'étoile » ; et celui de gauche « réapparition d'un nouveau Soleil ». Le nouveau ciel les réunit surmontant l'ancien d'où émerge la Terre qui est collée au nouveau par l'entremise des Combinaisons-Mathématiques-divines inversées.

Les deux Lions dos à dos s'expliquent d'eux-mêmes, celui de droite regardant à l'orient où le Soleil se lève, après que celui de gauche a cessé sa fonction. Les papyrus citent ces faits à longueur de textes, mais il est bien évident que ce n'est pas avec la traduction donnée ordinairement que la compréhension en est facilitée !

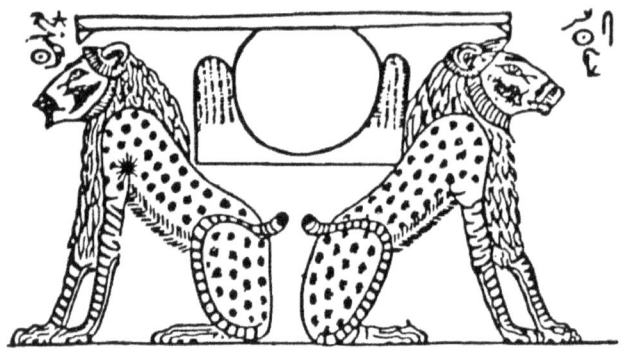

Dans un chapitre précédent, il a déjà été donné trois versets du *Livre de l'Au-delà de la Vie*, où la représentation du Lion avait deux formes différentes :

C'est pourquoi après l'Anéantissement voulu par les C-M-D, pour permettre l'accession à la Demeure, l'Ancien Lion recula pour mieux avancer.

Cela ne peut que paraître totalement hermétique et dénué de sens commun, s'il ne comprend rien à l'astronomie, ni au pivotement de l'axe terrestre, précisément lors du passage du Soleil devant la constellation du Lion. Ainsi, l'ancien Lion (🦁) sembla se retourner, comme sur un ordre divin, afin que son arrière-train (🦁) paraisse avancer, alors que sa moitié avant, qui ne fait plus que suivre, aura une nouvelle signification (🦁) : « Au commencement était... »

De plus, le symbolisme antérieur de cette constellation, celle qui lui fut donnée par les premiers survivants de la catastrophe, à savoir « Le Couteau » lui a été conservé également pour certains cas particuliers où le nom de « l'assassin » devra rester toujours en mémoire malgré les éventuelles conciliations. Tel cet exemple pris dans *Le Livre de l'Au-delà de la Vie* également, à la page 142, versets 119a et 120a :

Ainsi fut rassemblée la double cohorte des Cadets combattants, ceux de l'Orient parvenus au Deuxième-Cœur, qui pacifièrent le monde selon la Parole divine, en le repeuplant

sous un soleil radieux qui rayonne sur le nouvel horizon, au pays de l'Alliance où sont illuminés les Enfants de la Double Entente. Que ce second Lion protège la navigation solaire au-dessus des têtes, jusqu'à leur retour à la terre des Ancêtres.

Voici, à titre d'exemple, la traduction (*sic !*) qu'en avait fournie M. Amelineau à la fin du XIXe siècle :

« Ô celui qui est dans son œuf, qui culmine dans son disque, qui brille hors de sa montagne solaire, qui nage sur le firmament, dont le second n'existe pas parmi les dieux qui naviguent sur les supports de Shou ; qui donne des souffles par les flammes de sa bouche ; qui éclaire les deux terres par sa splendeur... »

Il n'y a évidemment rien de commun avec la théologie tentyrite qui se dégage du texte originel et qui, lui, représente « l'Évangile selon les Égyptiens ». Là encore, les dessins symboliques et figuratifs abondent, en prenant le Lion à forme humaine tenant un couteau.

C'était le temps de l'Assassin et celui-ci non seulement n'était pas mort non plus, mais il refaisait école, et les Rebelles du Soleil se multiplièrent plus rapidement que les Suivants d'Horus durant l'interminable exode qui devait amener les uns et les autres vers cette deuxième terre promise que serait Ath-Kâ-Ptah, avec son fleuve à la fois céleste et terrestre : Hapy. Les millénaires passèrent amenant l'entrée du Soleil en Taureau et l'avènement de Ménès. Les descendants de Seth attendirent patiemment le temps du Bélier pour prendre le pouvoir et l'assurer à leur descendance durant encore vingt siècles ! Ce qui permet de mieux comprendre la signification de figurations de Thèbes, où c'est Isis qui tient le même couteau, et dont les paroles ne mettent plus en garde la population, mais l'invitent à vénérer le temps heureux de la renaissance des cadets solaires qui ont vaincu ceux de Ptah afin de créer de nouvelles générations qui seront plus heureuses :

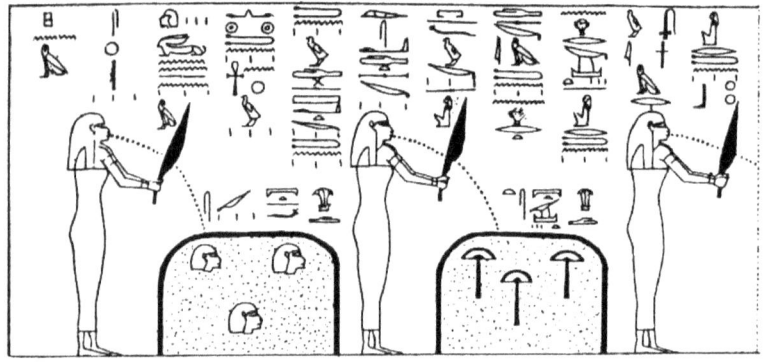

Certains papyrus, comme celui provenant de la XXIe dynastie et émanant d'un haut fonctionnaire qui suppliait Ptah par écrit :

Enfant ayant survécu au Couchant, je te supplie à genoux, Ô Toi le possesseur des Âmes, d'intercéder auprès des Sept,

afin que comme mes Ancêtres qui dorment paisiblement dans Ton Au-delà de la Vie terrestre, je puisse le jour venu,

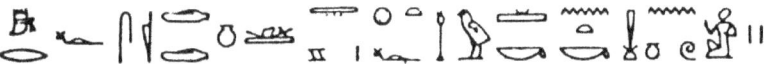

rejoindre derrière l'Ancien Lion ceux qui n'ont pu être sauvés par la Mandjit selon Ta volonté, car je n'ai pas péché et je désire

survivre avec les Bienheureux.

La même idée transparaît encore plus nettement dans un papyrus du musée de Berlin, conservé sous le numéro VII. Il fait état de la même théologie, mais en y incluant les formulations astronomiques. Telle cette phrase caractéristique :

Dieu a suspendu le temps dans le ciel, dans l'Ancien Lion, afin que la marche du Soleil en avant cesse, et que le nouveau ciel soit le signe de la Divinité.

Cela nous amène à examiner le problème essentiel de la toutepuissance de l'Éternel sur les rouages des mouvements combinatoires des configurations célestes, ou de la primauté naturelle des éléments physiques dans l'astronomie.

Le mouvement de rotation diurne de notre Terre, auquel nul scientifique n'avait encore songé jusqu'à d'Alembert même pas Newton -, fit écrire à l'astronome Lalande, dans son *Abrégé d'astronomie*, à la page 1 064 :

« La solution de cette question est l'une des parties les plus difficiles du calcul des attractions terrestres et célestes. Newton s'y était mépris, et d'Alembert a le premier résolu ce problème. Euler, Simpson, et plusieurs autres se sont exercés sur cette matière, et je l'ai donnée avec la plus grande clarté dans mon astronomie. »

Mais, justement, rien ne prouve que d'Alembert ait résolu le problème dans son entier !... Car s'il a répondu à une question, les autres sont restées en suspens. Si l'arithmétique avait été seule en cause, il est incontestable que la solution était trouvée. Mais la mathématique n'est pas le seul élément concret puisqu'il existe des données bien plus abstraites. Comme celle qui prend pour base de calcul l'année précessionnelle de 25 920 révolutions solaires, alors qu'il est patent que des bouleversements géologiques interviennent « souvent » tous les 12 000 à 13 000 ans environ, et seulement quelquefois tous les 26 000 ans ! Les études de terrain effectuées au Groenland, au Canada et au Maroc, par les spécialistes de ces pays le prouvent.

Les anciens Égyptiens, eux, s'étaient rendu compte, à la suite de très longues et minutieuses observations de leur ciel, que la très lente révolution des étoiles n'était qu'une illusion d'optique ! C'était la Terre seule qui déterminait les mouvements apparents environnants. La prédétermination des Combinaisons-Mathématiques-divines, dues à plusieurs amplitudes différentes des Fixes et des Errantes, n'était donc qu'une vision humaine erronée.

Mais il devait être non moins vrai que ces très lointaines Fixes étaient animées elles aussi par leurs propres rotations dans leurs systèmes particuliers de l'univers, malgré leur immobilité par rapport à notre Terre et aux Sept qui déterminent l'attraction des planètes sur notre sol terrestre.

Or, que notre globe soit retardé dans son mouvement annuel en mathématique chiffré à 3' 56" par 24 heures; que le plan de son équateur soit continuellement détourné et obligé de rétrograder sur l'écliptique; il n'en accomplit pas moins en une année une révolution identique dans l'Espace à celles qui l'ont précédée, et à celles qui suivront. Il m'est donc impossible d'admettre que la chimère visuelle produite par les étoiles fixes à nos yeux puisse être différente dans ses effets avec la réalité de l'immobilité de notre Soleil au sein de notre système. La véritable question, celle que d'Alembert ne s'était même pas posée, était donc de tenter de comprendre comment, et pourquoi, la révolution illusoire des Fixes, et celle, apparente, de nos Errantes, dépendaient toutes les deux d'une même loi isochrone (c'est-à-dire identique).

En d'autres termes, comment se pouvait-il qu'une seule et même cause, la rotation de la Terre, constante dans ses effets, produise des résultats différents sur des corps célestes immobiles ? Pourquoi ces Fixes, par conséquent, achèvent-elles par rapport à nous leur révolution complète alors que le Soleil est encore à cinquante secondes d'arc sur un même plan circulaire, mais *en arrière* ?...

La question vitale à résoudre réside donc dans ce manque de concordance patent, et non dans le résultat fourni par les chiffres, qui ne sont qu'une constatation de l'évidence visuelle sans l'expliquer. Et ce fut en recherchant, et en trouvant cette réponse angoissante, que les antiques Sages d'Ahâ-Men-Ptah purent « prédire » ce qui arriverait à leur patrie si les humains n'obéissaient plus à la Loi divine de la Création.

Lorsqu'il y a plus de douze « coïncidences » dans un problème, le hasard ne peut plus en être le responsable. Alors que dire lorsque les combinaisons s'enchaînent les unes dans les autres par centaines, par milliers, sans qu'apparemment aucune main, humaine ou non, n'en ait la responsabilité ?... C'est pourquoi les anciens Égyptiens écrivaient avec fermeté, et sans en douter un instant, la phrase que nous avons vue deux pages auparavant : « Dieu a suspendu le temps dans l'Ancien Lion afin que la marche du Soleil en avant ne cesse, et que le nouveau ciel soit le signe (ou le message) de la Divinité. »

Telle cet autre figuration caractéristique du nouveau ciel conduit par le Lion suivi des onze autres constellations. La première tient l'inévitable couteau pour montrer la cause du changement qui a déclenché la colère de Dieu. Seul Seth, sous sa forme de chacal, a un globe solaire plus petit que les autres pour l'avènement du Bélier, ce qui prouve que la gravure a une origine osirienne, et non solaire ! Manifestement, elle fut exécutée par des scribes du culte de Ptah :

La boucle étant bouclée, revenons à l'actuelle définition de la carte du ciel de Dendérah, où le Lion, sur une barque figurée par le serpent de la Voie lactée, entraîne les onze autres dans son nouveau mouvement combinatoire. Un enfant juché sur sa queue en équilibre stable, démontre que l'harmonie est prête de régner entre le ciel et la terre, c'est-à-dire entre le Créateur et ses créatures si celles-ci se conforment à la Loi unique régissant l'univers. C'est pour cette raison que furent institués les Dix Commandements sans lesquels ne peut qu'intervenir à plus ou moins longue échéance la destruction de l'humanité.

C'est d'ailleurs pour tenter d'éviter cette catastrophe que tous les Pêr-Ahâ, ou Fils de Dieu, furent choisis natifs du Lion. Les Prophètes choisissaient les dates des mariages en fonction des neuf mois d'attente pour la première naissance. Et si, pour quelque raison fortuite, la reine était enceinte après le temps prévu, une césarienne était pratiquée afin que le nouveau-né naisse sous les meilleurs auspices, c'est-à-dire en Lion. Cela peut paraître étonnant pour ceux qui ne connaissent pas ces anciens Égyptiens. En effet, le premier *Traité d'Anatomie* a été écrit par Athothis lui-même en plus de quatre cents papyrus, et il est conservé pour moitié au musée de Berlin, et pour moitié au British Muséum. Rappelons que ce roi était le fils de Ménès, et qu'il régnait il y a six millénaires !

Cette notion est d'autant plus essentielle que le hiéroglyphe figurant la spirale a, d'une part, une valeur mathématique, et d'autre part une signification théologique précise puisqu'elle veut dire : Création. Sur le Zodiaque de Dendérah, le début de la spirale est le Lion, et la fin en est le Cancer, comme le montre parfaitement le relevé ci-contre.

Il est temps, avant de pénétrer désormais plus avant dans la façon dont les Maîtres de la Mesure et du Nombre concevaient la carte native du ciel, de voir quelques détails des aspects combinatoires pour ceux dont la constellation du Lion, ex-» Couteau » est le pôle attractif.

Tout d'abord, pourquoi Manilius attire-t-il l'attention de ses lecteurs antiques sur le côté néfaste du Lion, alors que les Égyptiens faisaient tout pour que leurs rois naissent sous cette conjuncture ? Il semble bien que cet astrologue des premiers temps ait été rebuté contre la véritable emprise exercée par les Sages des bords du Nil à l'encontre de ceux qui s'intéressaient aux C-M-D. C'est pourquoi, de dépit, Manilius n'hésitait pas à écrire, ce qui est contre toute réalité :

« *Si le Lion montre sa gueule, et que la mâchoire vorace s'élève au-dessus de l'horizon, l'enfant également criminel envers ses auteurs et ses descendants, ne leur fera point part des richesses qu'il aura acquises. Il les engloutira toutes en lui-même et son appétit sera extrême. Sa faim sera si dévorante, qu'il mangera tout son bien, jusqu'aux frais de ses funérailles et de sa sépulture. Il fait aussi les chasseurs d'animaux sauvages qui décorent leurs demeures des trophées ramenés...* »

Il nous reste à examiner encore différents aspects techniques de la carte du ciel, qui n'ont, eux, rien de commun avec ce qui est l'astrologie traditionnelle de notre fin du XXe siècle, où l'on mêle des influences de planètes qui n'ont aucun rapport avec la Mathématique combinatoire, à des rapports Décans-Maisons-Signes, qui n'ont rien de commun avec les aspects des Combinaisons-Mathématiques-divines !

CHAPITRE TREIZIÈME

LES DOUZE MAISONS ASTRALES

Dans le premier chapitre de ce livre, j'ai montré le dessin d'une carte du ciel moyenâgeuse. Elle était carrée, et elle comprenait un modèle triangulaire de Maisons de grandeur identique. Quelques pages plus loin, je présentais un modèle repris du Zodiaque des anciens Égyptiens, circulaire, et avec douze Maisons égales de 30° chacune, égalité obligatoire dans le Temps. Mais cette obligation mathématique étant entourée de la Ceinture des Douze constellations de l'écliptique céleste qui, elles, sont de longueurs inégales dans l'Espace, les calculs se feront en partant d'un partage de signes n'ayant pas le même nombre de degrés, mais ayant tous la même définition de longueur pour 25 920 ans tout au moins qui est la durée d'une Grande Année précessionnelle.

Je n'avais pas insisté sur ce fait capital de la différence entre l'Espace et le Temps en astrologie selon les anciens Égyptiens, me réservant d'y revenir plus longuement après l'explication de la signification des douze constellations.

La première constatation antique, qui devint axiome après une longue suite d'observations minutieuses autant que patientes, a été la distorsion existant entre le Temps terrestre et l'Espace céleste. Il convenait d'adapter l'un à l'autre afin que les Combinaisons-Mathématiques-divines influent dans leur pleine capacité sur les âmes humaines concernées. La précession des équinoxes, d'une part, semblait fausser les données en 25 920 ans avec le retard d'une journée pris toutes les quatre révolutions solaires par Sirius (les Égyptiens effectuaient leurs calculs non avec le Soleil, mais avec Sirius); et d'autre part, les naissances sur la Terre devaient être précisées en un temps exact, et sur un lieu précis, sans que le décalage devenu considérable n'entre en ligne de compte dans la prévision et sa réalité à venir.

Il fallait donc une trame fixe très simple, malgré une complexité apparente d'utilisation afin que les C-M-D imprègnent la carte du ciel de la naissance, tout comme les configurations célestes imprimaient d'une manière indélébile le cortex cervical de tous les nouveau-nés. Douze étant le nombre astronomique idéal, il y aurait douze emplacements fixes où ne serait pas inscrit l'Espace de longueur des constellations de la Ceinture des Douze, mais le Temps annuel terrien durant lequel chaque élément en s'imbriquant l'un dans l'autre formerait la prédestination à venir mathématiquement.

C'est à partir de cet axiome érigé en Loi que furent inventé les 12 mois vagues de 30 jours auxquels furent ajoutés cinq « épagomènes » hors ce temps annuel de 360 jours. Ainsi les 360° Espace de la carte du ciel rejoignaient exactement les 360 jours Temps d'un calendrier certes fictif, mais viable humainement parlant.

Avant de fournir toutes les explications relatives à ces Maisons, voici la justification de cette année vague par rapport à l'année vraie, le lien unissant l'Espace et le Temps étant bien évidemment cette Lumière zodiacale dont nous avons déjà longuement parlé : ⩓.

Les 12 Maisons sont ensuite clairement définies, tant par leur influence rayonnante propre, que par le moment et l'angle sous lesquels ils parviennent vers les créatures humaines :

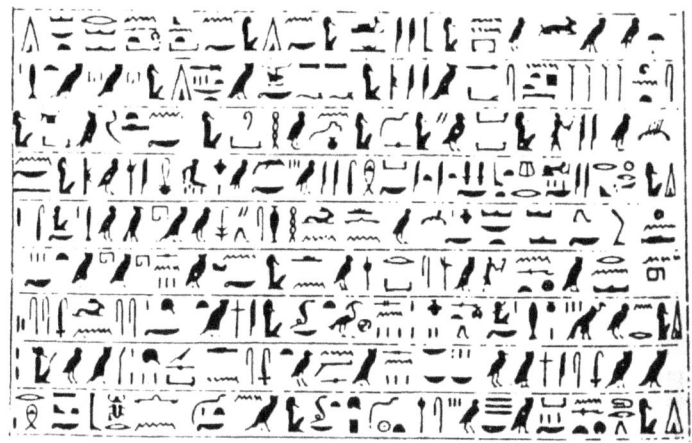

Les Maîtres de la Mesure et du Nombre, qui ont élaboré ce système simple de calcul en partant d'un rouage extrêmement compliqué, se sont rapidement aperçus qu'il apparaissait fort juste dans le temps de vie humaine qui n'est, ne l'oublions jamais, d'à peine un dixième de seconde par rapport à l'éternité ! Or donc, sur 72 années de vie terrestre moyenne, quel peut être le rapport d'erreur de temps par rapport à celui de l'espace ? À peine d'un millionième !...

Il faut également garder en mémoire cette longueur de temps dynastique avec les milliers de documents dont elle a permis la conservation.

Un exemple de cette transmission en est fourni par le père jésuite Athanase Kircher, qui vivait au XVIe siècle. Il a écrit un nombre impressionnant d'ouvrages érudits, allant de la fabrication de l'arche de Noé aux obélisques égyptiens, en passant par des ouvrages de théologie ou de mathématiques. Dans son *Œdipe Égyptien*, le Père Kircher a dessiné certains zodiaques relevés par lui dans des manuscrits conservés au Vatican, et qui furent ramenés à Rome par les évêques qui avaient veillé en l'an 391 à la destruction du temple de Sérapis à Alexandrie. Or, si la Grande Bibliothèque brûla sous

Jules César, celle du Sérapéum avait échappé aux flammes.

Toutes les archives sacrées y restèrent donc conservées jusqu'à sa destruction sous Théodose trois siècles plus tard. Les précieux rouleaux furent alors dirigés sur le Vatican.[25]

Néanmoins, l'on connaît ces écrits et la constitution des Parcelles divines (les âmes) afin que les enveloppes charnelles (les corps) fusionnent sur la Terre pour un temps défini dans notre espace pour un siècle environ. Les douze Maisons permettent de prédéterminer un présent évoluant dans l'avenir. La Loi de la Création le prouve implacablement au travers de données mathématiques incontestables, même s'il ferme un œil pour tenter de changer la réalité :

---

[25] Lire à ce propos la note importante à la fin de ce chapitre.

1) La vitesse de la lumière est de 300 000 kilomètres/seconde.
2) Les douze constellations zodiacales de l'écliptique équatorial céleste sont situées à environ 100 années de lumière de la Terre (de 80 à 130).
3) Le rayonnement zodiacal mettra donc de 80 à 130 ans pour parvenir sur la Terre.

Cela revient à dire sous forme de Loi :

LORSQUE CHAQUE NOUVEAU-NÉ EST IMPRÉGNÉ PAR LA TRAME ISSUE DES DOUZE, SA VIE ENTIÈRE EST PRÉDÉTERMINÉE PAR LES INFLUX COMBINÉS QUI EN PROVIENNENT ET QUI SONT DÉJÀ PROPULSÉS DANS L'ESPACE POUR REJOINDRE LE TEMPS TERRESTRE.

Autrement dit, bien que cela soit très clair, lorsqu'un être humain naît sur la Terre, les rayons émanant des Douze qui quittent leur base astrale au même moment ne parviendront sur notre globe que 80 à 130 années plus tard. C'est-à-dire qu'au moment où naît une Parcelle divine dans une enveloppe charnelle humaine, celle-ci recevra les mêmes suites prédéterminatrices d'influx qui s'échelonneront sur 80 années !

Si le Soleil, pour une raison ou pour une autre, venait à être secoué par une gigantesque explosion et disparaissait subitement, la Terre continuerait à être éclairée comme si de rien n'était DURANT UN PEU PLUS DE SEPT MINUTES, temps que mettent normalement les rayons solaires pour parvenir jusqu'à nos yeux. C'est seulement après ce laps de temps que la Terre explosera à son tour sous le choc et ce sera l'obscurité complète que rien n'aura annoncé à l'avance !

Les douze constellations étant des milliards et des milliards de kilomètres plus éloignées dans l'Espace, le Temps s'écoulant sera d'environ un siècle avant que le rayonnement ne nous frappe. Cela signifie que toute la durée d'une vie humaine est déjà emmagasinée dans l'Espace au moment d'une naissance !

Voyons donc à présent, plus en détail, ces douze Maisons :

– **La première** sera évidemment la plus importante puisqu'elle délimitera par le degré de son départ, l'emplacement des onze autres. Le calcul de la détermination de ce lieu est aisé, mais pour en faciliter encore l'emplacement, j'en ai annexé un tableau général pour l'ensemble des natifs à la fin de ce chapitre. Pour les anciens Égyptiens, ce calcul était facilité du fait que les lieux étaient calculés soit sur l'emplacement de Memphis-Héliopolis, soit sur l'emplacement de Dendérah-Thèbes.

La signification de cette Maison part bien évidemment du Sceau divin qui lui est donné. C'est elle qui ordonnera les réflexes de l'âme dans la vie générale du natif. C'est donc les diverses Combinaisons-Mathématiques précisées dans cette Maison, qui différencieront une personne physique d'une autre, tant dans ses sentiments que dans la manière de les manifester ou de réagir aux événements successifs journaliers. Toutes les facultés intellectuelles seront « exaltées », ou « débilitées », pour parler en jargon astrologique contemporain, par la position et l'emplacement des planètes inscrites dans cette Maison et selon la constellation qui la recouvre en partie ou en totalité.

– **La Maison 2** est celle qui influencera, par les Combinaisons qui en découleront, les richesses et les biens personnels du natif. Aujourd'hui, il faudrait y ajouter les gains professionnels, les profits sur des transactions financières et boursières, etc. De l'aspect particulier de ce lieu astral, il est considéré que le Soleil s'y trouvant prédisposera à manier de l'or et à en conserver; que la Lune s'y trouvant, ce sera l'argent qui sera manipulé et stocké. Les natifs qui seront non seulement financiers mais dans les professions où l'argent en monnaie et en billets sera nécessaire, seront grandement avantagés.

– **La troisième Maison**, pour des raisons mathématiques où le nombre 3 a une très grande importance, a pris en charge l'environnement familial qui est propre au natif, c'est-à-dire ses frères et sœurs s'il en a. En généralisant, et suivant l'emplacement dans cette Maison de Mercure ou de Vénus, il sera inclus tous ceux qui touchent de près la vie de la personne dont le thème est étudié : soit des parents plus éloignés tels que les neveux et nièces (et non les oncles et tantes), et les cousins et les cousines; soit des amitiés ou des alliances très chères, telles que des relations intimes non familiales, des voisins, etc.

– **La Maison 4**, quant à elle, se situe à un des pôles représentés par la carte du ciel, son importance est certaine. Elle délimite bien les rapports du natif avec son père et sa mère, ainsi que tous les problèmes familiaux et juridiques du patrimoine ou d'héritage qui en découleront un jour. La présence de Jupiter dans cette Maison, quelle que soit la constellation qui en est la dominatrice, permettra de surmonter toutes les difficultés inhérentes à ces sujets épineux avec les tiers. Elle permettra d'autre part une très bonne entente en famille, même si un frère ou une sœur tente de s'approprier exclusivement la tendresse du père ou de la mère.

– **La cinquième Maison** arrive logiquement à définir les rapports du natif avec ses enfants et sa possibilité de procréer. Cette Maison était d'une importance vitale aux temps antiques puisque les Maîtres de la Mesure et du Nombre devaient non seulement déterminer le moment de la naissance des pharaons, mais leurs possibilités d'engendrer des successeurs. En effet, pour les anciens Égyptiens, ce n'était pas dans le thème féminin qu'il fallait rechercher le degré de stérilité, mais dans celui de l'époux, digne ou non de fournir sa semence charnelle et la rendre apte à recevoir la Parcelle divine.

– **La Maison 6** est celle de l'environnement en quelque sorte subalterne des natifs, mais très important dans ce qu'il représente dans la vie quotidienne plus ou moins harassante et débilitante. Elle influera beaucoup sur le moral journalier, qui pourra être très changeant suivant les moments. Ici se placeront les rapports avec les ouvriers ou employés du même lieu de travail; ceux avec les oncles et les tantes; ceux avec la belle-famille; ceux enfin avec lesquels la Destinée ouvre des voies inattendues à diverses croisées du chemin. Car cette Maison sera fortement influencée par la prédétermination suivant les aspects planétaires qui s'y trouvent, qui revêtiront toujours, comme une espèce de sujétion dans la vie du natif.

– **La septième Maison** est le troisième lieu essentiel du thème car il concerne le mariage et le conjoint. C'est de la position stellaire du natif et de celle du conjoint, que les Maîtres voyaient s'il y avait accord réel ou simplement accord légal, l'un ou l'autre n'ayant rien à voir avec la progéniture. Il n'est pas question ici de développer l'ensemble des renseignements écrits à ce propos, car mille pages n'y suffiraient point. Mais il existe bel et bien un *Traité sur le Mariage*, au même titre qu'il y a un *Traité sur l'Anatomie*, et qui, s'il n'est pas dans un musée, existe sur les murs d'un temple d'Isis, considéré à tort comme un lieu dédié aux festins orgiaques et blasphématoires (sic) !

– **La Maison 8**, traditionnellement, est celle de la mort. Les observations des anciens leur ont démontré qu'à chaque départ dans l'Au-delà de la Vie, par analogie lorsque cela n'était pas constaté par une intervention directe, les Combinaisons-Mathématiques absolument contraires à toute poursuite de la vie terrestre se trouvaient réunies dans cette Maison huit. Tous les renseignements sont donc écrits ici, par avance mais dans les mouvements combinatoires encore en gestation dans l'éther interstellaire, bien que définis pour l'à-venir; qu'il s'agisse d'une fin naturelle par longévité, par maladie, par fin criminelle ou par suicide ou accident.

– **La neuvième Maison** est logiquement dédiée aux volontés de Ptah et donc au Dieu-Un quel que soit le nom sous lequel il est vénéré. C'est ici le lieu de la Paix et de la bonne volonté, mais aussi celui qui est le plus souvent perturbé lorsqu'il s'agit de faire des thèmes politiques. Lorsqu'il s'agit seulement de la carte du ciel d'un natif, ce sera sa foi, ses convictions philosophico-religieuses, qui seront mises en évidence. Il sera apte à des études théologiques si Jupiter aspecte ce domaine privilégié. Plus les tendances combinatoires seront bénéfiques, et plus le natif sera spirituellement influencé et attiré par Dieu. Par contre, les pires aspects seront générateurs de maléfices qui entraveront toute avance vers le Bien !

– **La Maison 10** est la quatrième d'importance. Elle est qualifiée de Milieu de Ciel par nos astrologues modernes, ce qui lui confère un renouvellement d'énergie à partir de la quarantaine. En réalité, c'est le milieu social propre au natif qui est en cause. C'est celui qu'il acquiert à force de volonté et de courage, ou qu'il ne possédera pas s'il laisse aller son environnement se faire au gré des événements. Cela revient à dire que lorsque le natif atteindra la force de l'âge et qu'il devra se contenter de ce qu'il aura obtenu, il n'aura qu'à s'en prendre à lui-même au lieu de geindre s'il n'est pas satisfait. L'intérêt des Combinaisons-Mathématiques réglant les mouvements planétaires dans cette Maison est qu'elles peuvent être poussées à fond lorsqu'elles sont bénéfiques, et en restant en revanche totalement neutres lorsqu'elles s'exposent à être néfastes !

– **La onzième Maison** est celle des espérances extra-familiales et extra-professionnelles. C'est celle de l'Amitié avec un grand A. Lorsqu'elle possède de bons aspects avec la Maison 9 (un sextile comme cela sera vu dans un des chapitres suivants) toutes les prétentions du natif se changeront en certitudes victorieuses. Les conseillers et les protecteurs seront une aide efficace en toutes occasions, même si quelquefois la sincérité de l'un ou de l'autre est mise en doute. Les soutiens dont les natifs bénéficieront leur apporteront d'immenses réconforts au moment opportun, surtout lorsqu'ils proviennent d'aspects maléfiques avec la Maison 8 (carrés).

– **La Maison 12** enfin, est celle que se réserve « le Mal » ! Ce terme n'est pas celui des Maîtres, mais celui qui lui fut attribué par la rumeur publique antique. En fait, ici réside l'inconnu, l'incompréhensible : les choses cachées. D'où la tradition contemporaine a déduit en ne tentant pas de percer le « mystère » : la prison, les ennemis secrets, les épreuves aussi douloureuses qu'inattendues, etc. Cette Maison est devenue la Maléfique alors que rien ne justifie une telle appellation. Le chiffre douze étant celui qui justifie les Douze de la Ceinture, les douze Maisons, et tant d'autres sujets à forme duodécimale, que ce lieu est celui de l'ésotérisme, par contraste avec les onze autres qui sont l'exotérisme incarné. Peu de natifs sont donc concernés par certains aspects de cette dernière et ultime Maison.

Ce rapide tour d'horizon ne satisfera pas les lecteurs désirant étudier dans le détail leur ciel de naissance, mais il s'agit id d'un survol à l'usage des lecteurs qui désirent simplement connaître les bases de l'astrologie selon les Égyptiens. Des milliers et des milliers de pages seraient nécessaires pour reprendre le texte intégral, et cela n'est plus dans mes possibilités. Peut-être des érudits passionnés par ce problème originel tout autant que primordial reprendront-ils ultérieurement ce travail déjà bien ébauché.

Voici cependant une méthode simple et usuelle que j'ai reprise des anciens Égyptiens pour que chacun puisse établir sans crainte de se tromper sa carte du ciel avec les douze Maisons antiques.

La règle à calculer et la table de logarithme n'étaient pas de mise il y a six millénaires et de plus, le résultat obtenu n'a aucun rapport avec l'utilisation qu'il faut en faire dans notre Espace-Temps. Vous trouverez dans les pages qui suivent un long tableau comportant six colonnes, mais dont seulement trois vous intéressent et une seule ligne : celle où sera inscrite votre heure et votre minute de naissance !

Les deux groupes de trois colonnes comportent dans le haut, une latitude. Celui de gauche comportera les 43, 44, 45 et 46e degré, car tout le sud de la France est inclus : Perpignan est à 43° ; Avignon ou Albi à 44° ; et Le Puy à 45°. Le groupe de droite comprendra les 47, 48, 49, et 50e degré, c'est-à-dire tout ce qui est au nord en France : Lille, Roubaix, Tourcoing et Dunkerque sont les pointes, et Paris le centre à 48° 50'.

L'orientation de départ de la première Maison dans un thème natal s'obtient en partant d'une part de la latitude, et d'autre part, elle se trouve au moyen de l'heure sidérale qu'il faut calculer. Pour le faire nous disposons de l'heure locale, très souvent approximative. En se souvenant que l'heure locale doit être réajustée selon l'heure de Greenwich et selon que notre heure soit d'été ou non, il est facile de se reporter ensuite à la première colonne du groupe un ou deux suivant la latitude pour obtenir instantanément l'ascendant dans la constellation voulue c'est-à-dire le départ de la première Maison. Voici donc ce tableau complet (pages suivantes), le calcul de l'heure par rapport à Greenwich étant dans tous les éphémérides, et sachant que son pendant en France est Caen et qu'à droite il faut reculer l'horloge et à gauche l'avancer.

Exemple pour la démonstration d'utilisation de ce tableau : Paul Valéry, né à Sète (Hérault) à 18 h 50 locale.

Sète étant à environ 50 à l'est de Greenwich, il faut retrancher à ce chiffre 21 minutes de temps, plus 10 secondes de correction mathématique par heure terrestre au-dessus de midi (soit 70 secondes pour obtenir l'heure sidérale) = 18 h 30' et 10".

Il faut donc consulter le tableau à 18 h 30, colonne des 43°/46°, pour y lire 31°46' du Bélier. Ce qui donne les douze Maisons suivantes :

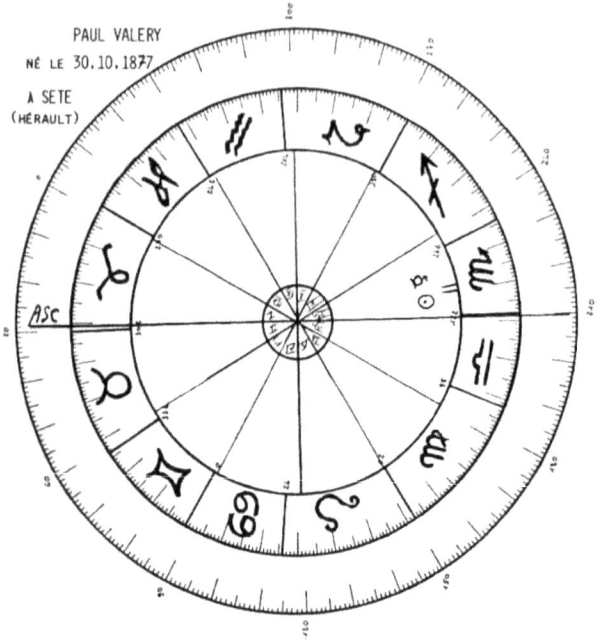

TABLE DES MAISONS POUR LES 43° – 44° – 45° ET 46°			TABLE DES MAISONS POUR LES 47° – 48° – 49° ET 50°		
ASCENSION DROITE		ASCENDANT	ASCENSION DROITE		ASCENDANT
TEMPS SIDÉRAL (h/mn)	DEGRÉ SIDÉRAL (degré/mn)	CANCER (degré/mn)	TEMPS SIDÉRAL (h/mn)	DEGRÉ SIDÉRAL (degré/mn)	CANCER (degré/mn)
0.0	0.0	21.20	0.0	0.0	24.30
0.3	0.55	22.15	0.3	0.55	25.25
0.7	1.50	23.10			
0.11	2.45	24.05			LION
0.14	3.40	25.00			
0.18	4.35	25.55	0.7	1.50	0.20
			0.11	2.45	1.15
			0.14	3.40	2.10
		LION	0.18	4.35	3.05
0.22	5.30	0.50	0.22	5.30	4.00
0.25	6.25	1.45	0.25	6.25	4.55
0.29	7.20	2.40	0.29	7.20	5.50
0.33	8.16	3.36	0.33	8.16	6.46
0.36	9.11	4.31	0.36	9.11	7.41
0.40	10.6	5.26	0.40	10.6	8.36
0.44	11.2	6.22	0.44	11.2	9.32
0.47	11.57	7.17	0.47	11.57	10.27
0.52	12.53	8.13	0.52	12.53	11.23
0.55	13.48	9.08	0.55	13.48	12.18
0.58	14.44	10.04	0.58	14.44	13.14
1.02	15.40	11.00	1.02	15.40	14.10
1.06	16.35	11.55	1.06	16.35	15.05
1.10	17.31	12.51	1.10	17.31	16.01
1.13	18.27	13.47	1.13	18.27	16.53
1.17	19.24	14.44	1.17	19.24	17.50
1.21	20.20	15.40	1.21	20.20	18.46
1.25	21.16	16.36	1.25	21.16	19.40
1.28	22.13	17.33	1.28	22.13	20.37
1.32	23.09	18.29	1.32	23.09	21.33
1.36	24.06	19.26	1.36	24.06	22.30
1.40	25.03	20.23	1.40	25.03	23.27
1.44	26.00	21.20	1.44	26.00	24.24
1.47	26.57	22.17	1.47	26.57	25.21
1.51	27.54	23.14	1.51	27.54	26.18
1.55	28.51	24.11	1.55	28.51	27.15
1.59	29.49	25.09	1.59	29.49	28.13
2.03	30.47	26.07	2.03	30.47	29.11

TABLE DES MAISONS POUR LES 43° – 44° – 45° ET 46°			TABLE DES MAISONS POUR LES 47° – 48° – 49° ET 50°		
ASCENSION DROITE		ASCENDANT	ASCENSION DROITE		ASCENDANT
TEMPS SIDÉRAL (h/mn)	DEGRE SIDÉRAL (degré/mn)	LION (degré/mn)	TEMPS SIDÉRAL (h/mn)	DEGRE SIDÉRAL (degré/mn)	LION (degré/mn)
2.07	31.44	27.04	2.07	31.45	30.09
2.10	32.42	28.02	2.10	32.42	31.06
2.14	33.41	29.01	2.14	33.41	32.05
2.18	34.39	31.59	2.18	34.39	33.03
2.22	35.37	32.57	2.22	35.37	34.01
2.26	36.36	33.56	2.26	36.36	35.00
2.30	37.35	34.55	2.30	37.35	35.59
2.34	38.34	35.54			
					VIERGE
		VIERGE	2.34	38.34	0.58
2.38	39.33	0.53	2.38	39.33	1.57
2.42	40.32	1.52	2.42	40.32	2.56
2.46	41.32	2.52	2.46	41.32	3.56
2.50	42.32	3.52	2.50	42.32	4.56
2.54	43.31	4.51	2.54	43.31	5.55
2.58	44.31	5.51	2.58	44.31	6.55
3.02	45.32	6.52	3.02	45.32	7.56
3.06	46.32	6.52	3.06	46.32	8.56
3.10	47.33	7.53	3.10	47.33	9.57
3.14	48.33	8.53	3.14	48.33	10.57
3.18	49.34	9.54	3.18	49.34	11.58
3.22	50.36	10.56	3.22	50.36	13.00
3.26	51.37	11.57	3.26	51.37	14.01
3.30	52.38	12.58	3.30	52.38	15.02
3.34	53.40	14.00	3.34	53.40	16.04
3.38	54.42	15.02	3.38	54.42	17.06
3.42	55.44	16.04	3.42	55.44	18.08
3.47	56.46	17.06	3.47	56.46	19.10
3.51	57.48	18.08	3.51	57.48	20.12
3.55	58.51	19.11	3.55	58.51	21.15
3.59	59.54	20.14	3.59	59.54	22.18
4.03	60.57	21.17	4.03	60.57	23.21
4.08	62.00	22.20	4.08	62.00	24.24
4.12	63.03	23.23	4.12	63.03	25.27
4.16	64.06	24.26	4.16	64.06	26.30
4.20	65.11	25.31	4.20	65.11	27.35
4.24	66.13	26.33	4.24	66.13	28.37

TABLE DES MAISONS POUR LES 43° - 44° - 45° ET 46°			TABLE DES MAISONS POUR LES 47° - 48° - 49° ET 50°		
ASCENSION DROITE		ASCENDANT	ASCENSION DROITE		ASCENDANT
TEMPS SIDÉRAL (h/mn)	DEGRÉ SIDÉRAL (degré/mn)	VIERGE (degré/mn)	TEMPS SIDÉRAL (h/mn)	DEGRÉ SIDÉRAL (degré/mn)	VIERGE (degré/mn)
4.29	67.17	27.37	4.29	67.17	29.41
4.33	68.21	28.41	4.33	68.21	30.45
4.37	69.25	29.43	4.37	69.25	31.49
4.41	70.29	30.49	4.41	70.29	32.53
4.46	71.34	31.54	4.46	71.34	33.58
4.50	72.38	32.58	4.50	72.38	35.02
4.54	73.44	34.04			
4.59	74.47	35.07			BALANCE
		BALANCE	4.54	73.44	1.06
			4.59	74.47	2.09
5.03	75.52	0.12	5.03	75.52	3.14
5.07	76.57	1.07	5.07	76.57	4.19
5.12	78.02	2.22	5.12	78.02	5.24
5.16	79.07	3.27	5.16	79.07	6.29
5.20	80.12	4.32	5.20	80.12	7.34
5.25	81.17	5.37	5.25	81.17	8.39
5.29	82.22	6.42	5.29	82.22	9.44
5.33	83.27	7.47	5.33	83.27	10.49
5.38	84.34	8.54	5.38	84.34	11.56
5.42	85.39	9.59	5.42	85.39	13.01
5.46	86.43	11.03	5.46	86.43	14.05
5.51	87.49	12.09	5.51	87.49	15.11
5.55	88.54	13.14	5.55	88.54	16.16
6.00	90.00	14.20	6.00	90.00	17.22
6.04	91.05	15.25	6.04	91.05	18.27
6.08	92.10	16.30	6.08	92.10	19.32
6.13	93.16	17.36	6.13	93.16	20.38
6.17	94.21	18.41	6.17	94.21	21.43
6.21	95.26	19.46	6.21	95.26	22.48
6.26	96.32	20.52	6.26	96.32	23.54
6.30	97.37	21.57			
6.34	98.42	23.02			SCORPION
		SCORPION	6.30	97.37	0.59
			6.34	98.42	2.04
6.39	99.47	1.07	6.39	99.47	3.09
6.43	100.52	2.12	6.43	100.52	4.14
6.47	101.57	3.17	6.47	101.57	5.19
6.52	103.02	4.22	6.52	103.02	6.22

TABLE DES MAISONS POUR LES 43° – 44° – 45° ET 46°			TABLE DES MAISONS POUR LES 47° – 48° – 49° ET 50°		
ASCENSION DROITE		ASCENDANT	ASCENSION DROITE		ASCENDANT
TEMPS SIDÉRAL (h/mn)	DEGRE SIDÉRAL (degré/mn)	SCORPION (degré/mn)	TEMPS SIDÉRAL (h/mn)	DEGRE SIDÉRAL (degré/mn)	SCORPION (degré/mn)
6.56	104.07	5.27	6.56	104.07	7.29
7.00	105.12	6.32	7.00	105.12	8.32
7.05	106.16	7.36	7.05	106.16	9.36
7.09	107.21	8.41	7.09	107.21	10.41
7.13	108.25	9.45	7.13	108.25	11.45
7.18	109.30	10.50	7.18	109.30	12.50
7.22	110.34	11.54	7.22	110.34	13.54
7.26	111.38	12.58	7.26	111.38	14.58
7.30	112.42	14.02	7.30	112.42	16.02
7.35	113.46	15.06	7.35	113.46	17.06
7.39	114.48	16.08	7.39	114.48	18.08
7.43	115.53	17.13	7.43	115.53	19.13
7.47	116.56	18.16	7.47	116.56	20.16
7.51	117.59	19.19	7.51	117.59	21.19
7.56	119.02	20.22	7.56	119.02	22.22
8.00	120.05	21.25	8.00	120.05	23.25
8.04	121.08	22.28			SAGITTAIRE
8.08	121.11	23.31			
		SAGITTAIRE	8.04	121.08	1.28
			8.08	122.11	2.31
8.12	123.13	1.33	8.12	123.13	3.33
8.17	124.15	2.35	8.17	124.15	4.35
8.21	125.17	3.37	8.21	125.17	5.37
8.25	126.19	4.39	8.25	126.19	6.39
8.29	127.21	5.41	8.29	127.21	7.41
8.33	128.22	6.42	8.33	128.22	8.42
8.37	129.24	7.44	8.37	129.24	9.44
8.41	130.25	8.45	8.41	130.25	10.45
8.45	131.26	9.46	8.45	131.26	11.46
8.49	132.26	10.46	8.49	132.26	12.46
8.53	133.27	11.47	8.53	133.27	13.47
8.57	134.27	12.47	8.57	134.27	14.47
9.01	135.28	13.48	9.01	135.28	15.48
9.05	136.28	14.48	9.05	136.28	16.48
9.09	137.27	15.47	9.09	137.27	17.47
9.13	138.26	16.46	9.13	138.26	18.46
9.17	139.26	17.46	9.17	139.26	19.46
9.21	140.26	18.46	9.21	140.26	20.46

TABLE DES MAISONS POUR LES 43° – 44° – 45° ET 46°			TABLE DES MAISONS POUR LES 47° – 48° – 49° ET 50°		
ASCENSION DROITE		ASCENDANT	ASCENSION DROITE		ASCENDANT
TEMPS SIDÉRAL (h/mn)	DEGRÉ SIDÉRAL (degré/mn)	SAGITTAIRE (degré/mn)	TEMPS SIDÉRAL (h/mn)	DEGRÉ SIDÉRAL (degré/mn)	SAGITTAIRE (degré/mn)
9.25	141.25	19.45	9.25	141.25	21.45
9.29	142.24	20.44	9.29	142.24	22.44
9.33	143.23	21.43	9.33	143.23	23.43
9.37	144.22	22.42	9.37	144.22	24.42
9.41	145.21	23.41	9.41	145.20	25.40
9.45	146.19	24.39	9.45	146.19	26.39
9.49	147.17	25.37	9.49	147.17	27.37
9.55	148.15	26.35	9.55	148.15	28.35
9.56	149.13	27.33	9.56	149.12	29.32
10.00	150.11	28.31	10.00	150.10	30.30
10.04	151.09	29.29	10.04	151.08	31.28
10.08	152.06	30.26	10.08	152.05	32.25
10.12	153.02	31.22	10.12	153.02	33.22
10.16	153.59	32.19			
10.19	154.56	33.16			CAPRICORNE
		CAPRICORNE	10.16	153.39	0.19
			10.19	154.56	1.16
10.23	155.53	0.13	10.23	155.53	2.13
10.27	156.50	1.10	10.27	156.50	3.10
10.31	157.47	2.07	10.31	157.47	4.07
10.34	158.43	3.03	10.34	158.43	5.03
10.38	159.39	3.59	10.38	159.39	5.59
10.42	160.36	4.56	10.42	160.36	6.56
10.49	161.32	5.52	10.49	161.32	7.52
10.53	162.28	6.48	10.53	163.24	9.44
10.57	164.21	8.41	10.57	164.20	10.40
11.01	165.16	9.36	11.01	165.15	11.35
11.04	166.11	10.31	11.04	166.11	12.31
11.08	167.07	11.27	11.08	167.07	13.27
11.12	168.02	12.22	11.12	168.02	14.22
11.15	168.58	13.18	11.15	168.58	15.18
11.19	169.53	14.13	11.19	169.53	16.13
11.23	170.48	15.08	11.23	170.48	17.08
11.26	171.44	16.04	11.26	171.44	18.04
11.30	172.39	16.59	11.30	172.39	18.59
11.34	173.34	17.54	11.34	173.34	19.54

TABLE DES MAISONS POUR LES 43° – 44° – 45° ET 46°			TABLE DES MAISONS POUR LES 47° – 48° – 49° ET 50°		
ASCENSION DROITE		ASCENDANT	ASCENSION DROITE		ASCENDANT
TEMPS SIDÉRAL (h/mn)	DEGRÉ SIDÉRAL (degré/mn)	CAPRICORNE (degré/mn)	TEMPS SIDÉRAL (h/mn)	DEGRÉ SIDÉRAL (degré/mn)	CAPRICORNE (degré/mn)
11.37	174.29	20.49	11.37	174.29	18.49
11.41	175.24	21.44	11.41	175.24	19.44
11.45	176.19	22.39	11.45	176.19	20.39
11.48	177.14	23.34	11.48	177.14	21.34
11.52	178.09	24.29	11.52	178.09	22.29
11.56	179.05	25.25	11.56	179.05	23.25
12.00	180.00	26.20	12.00	180.00	24.20
12.03	180.55	27.15	12.03	180.55	25.15
12.07	181.50	28.10	12.07	181.50	26.10
12.11	182.45	29.05	12.11	182.45	27.05
12.14	183.40	30.00	12.14	183.40	28.00
12.18	184.35	30.55	12.18	184.35	28.55
12.22	185.30	31.50	12.22	185.30	29.50
12.25	186.25	32.45	12.25	186.25	30.45
12.29	187.20	33.40	12.29	187.20	31.40
			12.33	188.16	32.36
			12.36	189.11	33.31
		VERSEAU			
12.33	188.16	0.36			VERSEAU
12.36	189.11	1.31			
12.40	190.06	2.26	12.40	190.06	0.26
12.44	191.02	3.22	12.44	191.02	1.92
12.47	191.57	4.17	12.47	191.57	2.17
12.51	192.53	5.13	12.51	192.53	3.13
12.55	193.48	6.08	12.55	193.48	4.08
12.58	194.44	7.04	12.58	194.44	5.04
13.02	195.40	8.00	13.02	195.40	6.00
13.06	196.35	8.55	13.06	196.35	6.55
13.10	197.31	9.51	13.10	197.31	7.51
13.13	198.27	10.47	13.13	198.27	8.47
13.17	199.24	11.44	13.17	199.24	9.44
13.21	200.20	12.40	13.21	200.20	10.40
13.25	201.16	13.36	13.25	201.16	11.36
13.28	202.13	14.33	13.28	202.13	12.33
13.32	203.09	15.29	13.32	203.09	13.29
13.36	204.06	16.27	13.36	204.06	14.26
13.40	205.03	17.23	13.40	205.03	15.23
13.44	206.00	18.20	13.44	206.00	16.20

TABLE DES MAISONS POUR LES 43° – 44° – 45° ET 46°			TABLE DES MAISONS POUR LES 47° – 48° – 49° ET 50°		
ASCENSION DROITE		ASCENDANT	ASCENSION DROITE		ASCENDANT
TEMPS SIDÉRAL (h/mn)	DEGRÉ SIDÉRAL (degré/mn)	VERSEAU (degré/mn)	TEMPS SIDÉRAL (h/mn)	DEGRÉ SIDÉRAL (degré/mn)	VERSEAU (degré/mn)
13.47	206.57	19.17	13.47	206.57	17.17
13.51	207.54	20.14	13.51	207.54	18.14
13.55	208.51	21.11	13.55	208.51	19.11
13.59	209.49	22.09	13.59	209.49	20.09
14.03	210.47	23.07	14.03	210.47	21.07
14.07	211.44	24.04	14.07	211.44	22.04
14.10	212.42	25.02	14.10	212.42	23.02
14.14	213.41	26.01	14.14	213.41	24.01
14.18	214.39	26.59	14.18	214.39	24.59
14.22	215.37	27.57	14.22	215.37	25.57
			14.26	216.36	26.56
		POISSONS	14.30	217.35	27.55
14.26	216.36	0.56			POISSONS
14.30	217.35	1.55			
14.34	218.34	2.54	14.34	218.34	0.54
14.38	219.33	3.53	14.38	219.33	1.53
14.42	220.32	4.52	14.42	220.32	2.52
14.46	221.32	5.52	14.46	221.32	3.52
14.50	222.32	6.52	14.50	222.32	4.52
14.54	223.31	7.51	14.54	223.31	5.51
14.58	224.31	8.51	14.58	224.31	6.51
15.02	225.32	9.52	15.02	225.32	7.52
15.06	226.32	10.52	15.06	226.32	8.52
15.10	227.33	11.53	15.10	227.33	9.53
15.14	228.33	12.53	15.14	228.33	10.53
15.18	229.34	13.54	15.18	229.34	11.54
15.22	230.36	14.56	15.22	230.36	12.56
15.26	231.37	15.57	15.26	231.37	13.57
15.30	232.38	16.58	15.30	232.38	14.58
15.34	233.40	18.00	15.34	233.40	16.00
15.38	234.42	19.02	15.38	234.42	17.02
15.42	235.44	20.04	15.42	235.44	18.04
15.47	236.46	21.06	15.47	236.46	19.06
15.51	237.48	22.08	15.51	237.48	20.08
15.55	238.51	23.11	15.55	238.51	21.11
15.59	239.54	24.14	15.59	239.54	22.14
16.03	240.57	25.17	16.03	240.57	23.17

TABLE DES MAISONS POUR LES 43° – 44° – 45° ET 46°			TABLE DES MAISONS POUR LES 47° – 48° – 49° ET 50°		
ASCENSION DROITE		ASCENDANT	ASCENSION DROITE		ASCENDANT
TEMPS SIDÉRAL (h/mn)	DEGRÉ SIDÉRAL (degré/mn)	POISSONS (degré/mn)	TEMPS SIDÉRAL (h/mn)	DEGRÉ SIDÉRAL (degré/mn)	POISSONS (degré/mn)
16.08	242.00	26.20	16.08	242.00	24.20
16.12	243.03	27.23	16.12	243.03	25.23
			16.16	244.06	26.26
		BÉLIER	16.21	245.10	27.30
16.16	244.06	0.26			BÉLIER
16.21	245.10	1.30			
16.25	246.13	2.33	16.25	246.13	0.33
16.30	247.17	3.37	16.30	247.17	1.37
16.35	248.21	4.41	16.35	248.21	2.41
16.40	249.25	5.45	16.40	249.25	3.45
16.44	250.29	6.49	16.44	250.29	4.49
16.49	251.34	7.54	16.49	251.34	5.54
16.54	252.38	8.58	16.54	252.38	6.58
16.59	253.43	10.03	16.59	253.43	8.03
17.03	254.47	11.07	17.03	254.47	9.07
17.07	255.52	12.12	17.07	255.52	10.12
17.12	256.57	13.17	17.12	256.57	11.17
17.16	258.02	14.22	17.16	258.02	12.22
17.21	259.07	15.27	17.21	259.07	13.27
17.26	260.12	16.32	17.26	260.12	14.32
17.30	261.17	17.37	17.30	261.17	15.37
17.35	262.22	18.42	17.35	262.22	16.42
17.39	263.27	19.47	17.39	263.27	17.47
17.43	264.33	20.53	17.43	264.33	18.53
17.48	265.38	21.58	17.48	265.38	19.58
17.53	266.43	23.03	17.53	266.43	21.03
17.58	267.49	24.09	17.58	267.49	22.09
18.03	268.54	25.14	18.03	268.54	23.14
18.08	270.00	26.20	18.08	270.00	24.20
18.13	271.05	27.25	18.13	271.05	25.25
18.17	272.10	28.30	18.17	272.10	26.30
18.21	273.16	29.36	18.21	273.16	27.36
18.26	274.21	30.41	18.26	274.21	28.41
18.30	275.26	31.46	18.30	275.26	29.46
			18.34	276.32	30.47
		TAUREAU	18.39	277.37	31.48
18.34	276.32	0.47			
18.39	277.37	1.48			

TABLE DES MAISONS POUR LES 43° – 44° – 45° ET 46°			TABLE DES MAISONS POUR LES 47° – 48° – 49° ET 50°		
ASCENSION DROITE		ASCENDANT	ASCENSION DROITE		ASCENDANT
TEMPS SIDÉRAL (h/mn)	DEGRÉ SIDÉRAL (degré/mn)	TAUREAU (degré/mn)	TEMPS SIDÉRAL (h/mn)	DEGRÉ SIDÉRAL (degré/mn)	TAUREAU (degré/mn)
18.43	278.42	2.49	18.43	278.42	0.49
18.47	279.47	3.50	18.47	279.47	1.50
18.52	280.52	4.51	18.52	280.52	2.51
18.57	281.57	5.52	18.57	281.57	3.52
19.02	283.02	6.53	19.02	283.02	4.53
19.07	284.07	7.54	19.07	284.07	5.54
19.12	285.12	8.55	19.12	285.12	6.55
19.17	286.16	9.56	19.17	286.16	7.56
19.22	287.21	10.57	19.22	287.21	8.57
19.26	288.25	11.58	19.26	288.25	9.58
19.30	289.30	12.59	19.30	289.30	10.59
19.35	290.34	14.01	19.35	290.34	12.01
19.39	291.38	15.02	19.39	291.38	13.02
19.44	292.42	16.03	19.44	292.42	14.03
19.49	293.46	17.04	19.49	293.46	15.04
19.54	294.49	18.05	19.54	294.49	16.05
19.59	295.53	19.06	19.59	295.53	17.06
20.04	296.56	20.07	20.04	296.56	18.07
20.08	297.59	21.08	20.08	297.59	19.08
20.12	299.02	22.09	20.12	299.02	20.09
20.17	300.05	23.10	20.17	300.05	21.10
20.21	301.08	24.11	20.21	301.08	22.10
20.25	302.11	25.12	20.25	302.11	23.12
20.29	303.13	26.13	20.29	303.13	24.13
20.33	304.25	27.14	20.33	304.25	25.14
20.37	305.37	28.15	20.37	305.37	26.15
20.41	306.49	29.16	20.41	306.49	27.16
20.45	308.01	30.17	20.45	308.01	28.17
20.54	309.17	31.18	20.54	309.17	29.18
			20.59	310.35	30.19
			21.04	311.54	31.21
		GÉMEAUX			
20.59	310.35	0.19			GÉMEAUX
21.04	311.54	1.21			
21.09	313.05	2.23	21.09	313.05	0.23
21.13	314.17	3.26	21.13	314.17	1.28
21.17	315.27	4.30	21.17	315.27	2.34
21.21	316.38	5.35	21.21	316.38	3.43

TABLE DES MAISONS POUR LES 43° - 44° - 45° ET 46°			TABLE DES MAISONS POUR LES 47° - 48° - 49° ET 50°		
ASCENSION DROITE		ASCENDANT	ASCENSION DROITE		ASCENDANT
TEMPS SIDÉRAL (h/mn)	DEGRÉ SIDÉRAL (degré/mn)	GÉMEAUX (degré/mn)	TEMPS SIDÉRAL (h/mn)	DEGRÉ SIDÉRAL (degré/mn)	GÉMEAUX (degré/mn)
21.25	317.48	6.42	21.25	317.48	4.59
21.29	318.58	7.50	21.29	318.58	6.12
21.33	320.01	9.01	21.33	320.01	7.28
21.37	321.12	10.12	21.37	321.12	8.44
21.41	322.24	11.22	21.41	322.24	10.00
21.45	323.35	12.32	21.45	323.35	11.16
21.49	324.47	13.44	21.49	324.47	12.28
21.53	325.56	14.58	21.53	325.56	13.46
21.56	326.59	16.02	21.56	326.59	15.02
22.00	328.02	17.04	22.00	328.02	16.18
22.04	329.00	18.00	22.04	329.00	17.34
22.08	329.59	18.55	22.08	329.59	18.50
22.12	330.58	19.55	22.12	330.58	20.05
22.16	331.56	20.55	22.16	331.56	21.21
22.19	332.58	21.54	22.19	332.58	22.37
22.23	334.09	22.53	22.23	334.09	23.53
22.27	335.20	23.52	22.27	335.20	25.09
22.31	336.32	24.52			
22.34	337.44	25.51			CANCER
		CANCER	22.31	336.32	1.07
			22.34	337.44	2.21
22.38	338.57	0.50	22.38	338.57	3.34
22.42	340.10	1.52	22.42	340.10	4.45
22.46	341.22	2.55	22.46	341.22	5.56
22.49	342.34	4.05	22.49	342.34	7.07
22.53	343.46	5.17	22.53	343.46	8.13
22.57	344.57	6.26	22.57	344.57	9.19
23.01	346.08	7.37	23.01	346.08	10.25
23.06	347.20	8.49	23.06	347.20	11.41
23.11	348.32	10.01	23.11	348.32	12.55
23.16	349.40	11.09	23.16	349.40	14.01
23.21	350.47	12.16	23.21	350.47	15.09
23.25	351.52	13.21	23.25	351.52	16.12
23.30	352.57	14.26	23.30	352.57	17.20
23.34	354.01	15.30	23.34	354.01	18.27

TABLE DES MAISONS POUR LES 43° – 44° – 45° ET 46°			TABLE DES MAISONS POUR LES 47° – 48° – 49° ET 50°		
ASCENSION DROITE		ASCENDANT	ASCENSION DROITE		ASCENDANT
TEMPS SIDÉRAL (h/mn)	DEGRÉ SIDÉRAL (degré/mn)	CANCER (degré/mn)	TEMPS SIDÉRAL (h/mn)	DEGRÉ SIDÉRAL (degré/mn)	CANCER (degré/mn)
23.38	355.05	16.34	23.38	355.05	19.36
23.43	356.10	17.39	23.43	356.10	20.45
23.48	357.15	18.44	23.48	357.15	21.54
23.53	358.20	19.49	23.53	358.20	23.02
23.58	359.25	20.54	23.58	359.25	24.09

Note à propos des bibliothèques et de l'école d'Alexandrie

Un peu d'histoire gréco-romaine, plus proche de nous, ne serait pas inutile en interlude à cette fin de chapitre.

Pour marquer sa grande victoire sur Darius, tout autant que pour montrer son attachement à l'Égypte, Alexandre le Macédonien entreprit en 331 avant notre ère de faire construire une majestueuse cité sur l'emplacement d'un port naturel débouchant sur la mer Méditerranée. Ce fut ainsi que cette bourgade antique devint la capitale de l'Égypte, chérie des Ptolémées, sous le nom d'Alexandrie, le général étant entre-temps devenu Alexandre le Grand.

Sous son impulsion, les ans et les lettres s'y développèrent et les temples de toutes les tendances religieuses rutilèrent de tout l'or disponible sur les bords du Nil. Mais l'édifice religieux le plus remarquable fut celui honorant le Taureau Hapy, appelé le Sérapéum par les Grecs, ou le temple de Sérapis. Cléopâtre le dédia même à Isis, en se faisant consacrer du titre de « Reine-Divine descendante d'Isis ».

D'autres édifices fastueux créèrent la renommée d'Alexandrie. Outre ses deux bibliothèques : la Grande Bibliothèque du Bruchium, aux deux millions de manuscrits; et la Bibliothèque du Sérapéum où étaient entreposés les quatre cent mille manuscrits originaux de tous les Textes sacrés; il y avait encore le Palais de Justice, le Grand Théâtre et l'Amphithéâtre, le Stade, le Gymnase, le Muséum, le Panéion, etc. – sans parler de la Synagogue du quartier juif : la Diapleuston aux soixante-dix sièges d'or !

Cette cité s'enrichissait enfin par un commerce florissant dû à son grand port très bien protégé, dans lequel s'abritaient des dizaines et des dizaines de bateaux marchands, ainsi que tous les bâtiments de la flotte de guerre égyptienne.

Diodore de Sicile assure que de son temps (50 ans avant Christ), malgré le despotisme des derniers Ptolémées, Alexandrie comptait encore trois cent mille hommes libres. Cela laisse supposer qu'il y avait déjà à cette époque un million d'habitants.

Ce courant intellectuel, installé fermement à Alexandrie dura près de SIX SIÈCLES ! Dans les Maisons-de-Vie des temples, dans la vaste Bibliothèque, dans celle plus feutrée du Sérapéum, dans les somptueuses dépendances du Muséum, partout, des Maîtres à penser enseignaient des élèves venus non seulement de toute l'Égypte mais de la Grèce et de l'Italie. Une université sacerdotale regroupait au temple de Sérapis toutes les activités religieuses de la ville. L'empereur Ptolémée Soter avait ainsi tenté de reconstituer à Alexandrie ce qui avait fait la splendeur de la Cité du Soleil : Héliopolis. Un pontife en était le recteur incontesté, même sous les Romains.

Même l'arrivée de Jules César, au temps de la reine Cléopâtre qui partageait son trône avec son trop faible frère, ne put endiguer le Savoir qui s'exportait de cette Cité. En effet, le tacticien romain mit le feu à la flotte égyptienne, qui se communiqua aux bateaux marchands. Et les flammes volèrent sur le quartier du Bruchium qui jouxtait la rade. Ce qui incendia et détruisit la Grande Bibliothèque aux deux millions de volumes. Mais le quartier du Sérapéum ne brûla point, et la Bibliothèque des Textes sacrés fut préservée en totalité, le quartier de Rhacotis, au sein duquel se trouvaient les palais et les nobles résidences ainsi que le temple du Sérapéum, étant surélevé et éloigné des lieux du sinistre.

Cela se remarque fort bien sur le croquis ci-dessous, où la Grande Bibliothèque incendiée porte le n° 1, et celle du Sérapéum, le n° 2 :

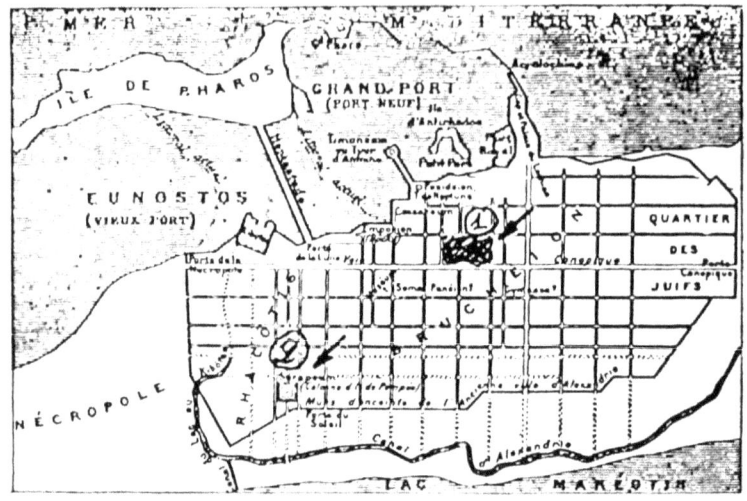

Ce ne sera que quatre siècles plus tard que cette perte incommensurable de la Bibliothèque du temple du Sérapéum fut consommée, et sur l'ordre de la Sainte Église ! En effet, Théodose signa son décret afin qu'il « ne reste plus pierre sur pierre des monuments érigés pour des idoles barbares sur tout le territoire de l'Égypte », et cela en 389.

Deux années plus tard, l'exécution de cet ordre fut entreprise. Et le temple, et la bibliothèque furent anéantis ! Plusieurs centaines de monuments religieux disparurent dans les mêmes années sur tous les bords du Nil, jusqu'à Philae, à mille kilomètres plus au sud d'Alexandrie !

Il semble que derrière cette fureur de détruire tout ce qui avait permis la naissance du monothéisme juif par Moïse, et partant de là, qui avait permis l'avènement de Jésus, était cette École des Gnostiques d'Alexandrie, justement. Cette École unique en son genre se rendit célèbre dès son origine par ses travaux d'exégèse sur l'Écriture sainte de l'Ancien Testament, qu'elle tenta d'interpréter par la méthode dite allégorique, que nous qualifierions aujourd'hui d'ésotérique. Elle se rattachait en ce temps-là par les liens les plus étroits à l'école juive d'Alexandrie qu'il ne faut surtout pas confondre avec celle de Jérusalem totalement opposée à ce genre d'interprétation. C'est ce qu'il convient de savoir ici, si l'on veut pénétrer plus ouvertement dans le compte rendu historique des idées de cette première école monothéiste qui souleva plusieurs siècles plus tard l'ire de l'Église dépendant du siège de Saint-Pierre.

De cette école judéo-alexandrine apparut, après Jules César, la nouvelle École, qui était elle judéo-chrétienne, et qui céda vite le pas à la fameuse École dite Gnostique, où se firent remarquer Philon le Juif, Aristobule, Clément d'Alexandrie, Origène et Basile qui faillit devenir pape... juste avant l'avènement de Théodose !... Empereur romain prêt à tout pour favoriser l'implantation du christianisme partout où il le pouvait, ce Théodose fit les pires stupidités en pensant s'assurer une place au Paradis. Et si l'on reproche historiquement parlant à Jules César l'incendie de la Bibliothèque, l'on devrait accuser ce Théodose d'avoir fait reculer l'Histoire sainte de deux mille ans au moins !

CHAPITRE QUATORZIÈME

LES SOIXANTE-QUATRE « GÉNIES » DU CIEL : LES KHENT

« L'Âme humaine participe à l'activité créatrice de la Terre, étant unie à elle par son enveloppe charnelle animée, ce qui lui permet de faire appel à Dieu en cas de nécessité. Si le Ciel et la Terre sont en désunion, l'influence subie par l'Âme de la part des douze Souffles célestes et du Soleil, risquerait de la soumettre à des passions extrêmes, opposées à sa destinée divine, et qui l'obligeront à être pesée sur les plateaux de la Balance du Jugement Ultime par les 42 Assesseurs. »

Ce texte fait partie des Commandements gravés sur une stèle de la XIIe dynastie, toujours recopié par un scribe sur un papyrus plus ancien. Le lecteur ne manquera pas de remarquer ce rappel incessant des données fondamentales souvent répétées dans cet ouvrage, sous toutes leurs formes. Mais ce qui n'a pas encore été retracé ici, c'est la géométrie dite des Décans, et qui sont de 36 pour nos astrologues modernes. Or, selon les anciens Égyptiens, ce partage fractionnel du zodiaque n'apparaissait pas sous le rapport Espace-Temps, mais sous celui plus subtil Ciel-Terre, connu, sous le nom de Khent ; au nombre de 64.

Là encore, l'intervention gréco-latine a faussé les données happées par bribes sur les bords du Nil. À ce sujet, l'erreur reprise par cet auteur vivant sous l'empereur Auguste qui, sous le pseudonyme de Marcus Manilius, a signé un *Astronomicon* qui fait autorité actuellement ! Il est vrai que le faux étant intimement mêlé aux bonnes graines, il est facile d'être trompé lorsque l'on ne connaît pas les textes égyptiens.

Si je l'ai souvent cité dans les chapitres précédents, c'est que les interprétations des aspects sont la plupart du temps bien recopiés, alors que les textes touchant à la mathématique et à la géométrie ont été totalement revus et corrigés par cet écrivain non érudit dont le nom exact était Caïus Mallius. Dès le début de son livre, d'ailleurs, un lecteur attentif s'aperçoit de la supercherie puisque l'auteur écrit :

« *J'ai pénétré le premier les mystères du ciel par la faveur des dieux.* » Ce qui me choque n'est pas la vantardise en somme humaine qui se dégage de cette courte phrase, mais la mise au pluriel de la Divinité. Cela prouve que Manilius n'avait aucune connaissance du monothéisme qui inspira toutes les Combinaisons célestes.

Cependant, parmi les choses intéressantes décrites dans les divers « Chants » de cet *Astronomicon*, il y a un passage vital dans l'avantdernier qui a retenu mon attention : celui où il «t question d'un endroit du ciel dénommé en latin *octo topos*, ou les Huit Lieux. J'y reviendrai tout à l'heure, car dans ce livre il en existe 36 de 10 chacun d'où ce nom de Décan.

A priori, il est facile de se tromper puisque certains textes égyptiens en dénombrent également 36, mais en ajoutant toujours *qu'ils forment* LA DEMI-COURONNE *dépendant de la Ceinture des Douze*. Et cela donne, en bonne logique mathématique, un total de 72... En revanche, dans des temples plus spécialisés, comme à Dendérah, Edfou et Esneh, des listes astronomiques fournissent les noms propres à 64 khent différents. Comme c'est dans ces lieux que la théologie originelle était le mieux conservée malgré les reconstructions successives des édifices religieux, c'est ce dernier chiffre de 64 que je préconise comme étant le bon, et en apportant la démonstration de ce que j'avance, cela évitera aux astrologues de pousser de hauts cris.

Voyons tout d'abord la description des 36 personnages du deuxième cercle du Zodiaque de Dendérah. Pour ce faire, je vais céder la parole, ou plutôt la plume, à un bibliothécaire de Versailles :

M. Leprince, qui publia en 1822 un *Essai d'interprétation du Zodiaque circulaire du temple de Dendérah*. Les moindres détails sont scrupuleusement notés, ce qui est un témoignage parfait.

Voici ce qui concerne les « trente-six décans » :

« Je commencerai par le premier des deux personnages qui se trouvent sous le Capricorne, où tout le monde est déjà accoutumé de voir une division naturelle :

1) Sous les pattes du Capricorne, on voit un personnage à tête d'épervier; il est vêtu d'une longue robe blanche qui commence au-dessus du sein, et il se fait suivre par un petit bélier dont la tête est surmontée d'un disque, au milieu de deux feuilles légèrement spiroïdales qui ressemblent aux feuilles du dourah, espèce de blé autrefois très commun et très productif en Égypte.
2) Le personnage qui le suit, est un homme à tête d'Isis surmontée de deux feuilles de dourah et d'un autre attribut. Je pense que ce dernier n'est autre chose qu'un bouton de nymphéa-lotus ;
3) Derrière lui est un grand médaillon qui renferme plusieurs petites figures placées sur deux rangs et qui sont agenouillées, les mains liées par-derrière leur dos ;
4) Un cygne vient ensuite ;
5) Un bélier marche après. Il paraît plein de vigueur et propre à faire naître les plus justes espérances. Sur sa tête, on voit les deux feuilles de dourah supportant un disque ;
6) Il y a un homme à tête de chacal ;

7) Un homme coiffé à l'égyptienne, qui laisse échapper, ou plutôt qui fait échapper d'une cage, une espèce de pigeon ;
8) Deux couples de têtes de béliers enchâssées sur une sorte d'autel et surmontées de deux feuilles de dourah et du disque ;
9) Un homme assis, sans bras ni tête, cette dernière étant remplacée par deux feuilles de dourah ;
10) Un homme à tête d'épervier, ou gypsocéphale, donc vautour ;
11) Un enfant accroupi sur une feuille de lotus épanouie. Il met un doigt sur sa bouche, et porte appuyé contre l'épaule droite, le sceptre aratriforme ;
12) Un bloc quadrangulaire surmonté de quatre uréus, ou figures de couleuvres à têtes d'hommes ;
13) Une très grande tête de Bélier au long col, surmontée des deux feuilles de dourah, et dressée sur un bateau ;
14) Une femme agenouillée ayant sur sa tête trois couleuvres ;
15) Il y a un cochon ;
16) C'est un homme sans aucun attribut ;
17) Un autre homme le suit pareillement ;
18) Un grand parallélogramme sur lequel repose un long serpent dont la tête d'ibis est surmontée de deux feuilles de dourah, d'une petite couleuvre et d'une fleur de lotus prêt de s'épanouir ;
19) C'est un homme à tête d'épervier sans aucun attribut ;
20) Un autre identique le suit pareillement ;
21) Un homme dont la tête est ornée d'un attribut indéfinissable ;
22) Un homme à tête d'épervier avec l'attribut du précédent ;
23) Un personnage revêtu d'une longue robe, coiffé à l'égyptienne et portant sur sa tête deux espèces de palmes ;
24) Un homme à tête d'épervier avec le bouton de lotus ;
25) Un homme avec les deux feuilles de dourah et la fleur de lotus ;
26) Un homme à tête d'épervier avec les deux feuilles et un disque au milieu duquel se remarque une petite couleuvre ;
27) Un homme porteur du disque et de la couleuvre ;

28) Un homme avec le même attribut que celui du 21 et du 22 ;
29) Un gypsocéphale avec un disque ;
30) Un harpocrate, qui est un personnage solipède, ponant dans sa main droite le sceptre aratriforme, à la manière accoutumée égyptienne, un crochet dans son autre main et sur la tête une fleur de lotus ;
31) Un autel surmonté d'une tête de bélier sans corne avec l'attribut inconnu des hommes numéros 21 et 22 ;
32) Une figure pythonienne, ou hippopotame accroupi dans une barque. Sa tête est ornée d'une grosse étoile à six pointes ;
33) Un homme à tête de chacal ;
34) Un homme porteur des deux feuilles de dourah, de la petite couleuvre et de la fleur de lotus, semblable au numéro 18 ;
35) Un gypsocéphale sans aucun attribut ;
36) Un homme dont la tête est remplacée par un disque. »

Cette description minutieuse montre bien la perplexité des visiteurs, même lettrés, en regard de cette complexité apparente.

Les textes sont catégoriques à ce sujet, ainsi que cela est rappelé au verset premier du chapitre 17 de *L'Au-delà de la Vie* :

Les Commandements du Créateur contrôlés par le Très-Haut, agissent par les âmes des Ancêtres sur celles des Cadets, animant leurs corps des influx provenant des Huit Lieux.

Là encore, une confusion due à l'incompréhension des textes a induit en erreur les distingués égyptologues qui se sont occupés de ce problème. Les scribes ont été taxés de fautes grossières, ce qui est un comble, mais une excuse pour l'inconscience des lettrés du XIXe siècle. En effet, la cité à laquelle fut donnée le nom d'Hermopolis Magma, s'écrivait en hiéroglyphique : 𓏠𓏏𓊖, ce qui signifie « Gardienne des Huit Lieux Célestes ». Traditionnellement, Athothis, le fils du premier pharaon, celui qui rétablit le calendrier et la hiéroglyphique, vivait dans ce lieu et fut enterré là, dans une nécropole qui n'a pas encore été retrouvée. D'ailleurs, la ville ellemême est encore totalement enfouie, et le visiteur marche au-dessus, sur des statues à moitié déterrées et des piliers renversés !...

Pour en revenir aux Huit Lieux, l'écriture du nom est bien différente hormis ce qui concerne les huit traits horizontaux dessinés sur deux rangées de quatre ! Et ce qui est intéressant à noter, c'est qu'en 1860, le vicomte Emmanuel de Rougé, qui avait tenté de traduire ce chapitre 17, interprétait ainsi le passage ci-dessus :

Le dieu Shou a soulevé l'abîme céleste, étant sur l'escalier qui est dans le Sesoun. Il a écrasé les fils de la déflection sur l'escalier qui est dans le Sesoun.

Le commentaire qui suit obligatoirement les formulations abstraites de l'éminent égyptologue dit tout aussi textuellement :

« La ville nommée Sesoun, ou bien ville des Huit, est ici Hermopolis, qui avait pour divinité principale Thoth, le dieu de la raison et de la parole divine. Thoth était en outre un « dieulunus ». L'escalier de Sesoun peut avoir été introduit dans cette glose, soit comme indicatif de la première révolution lunaire, soit en tant qu'expression générale des lois de la mécanique céleste. »

Comme quoi l'intuition peut ramener par des chemins détournés vers la vérité originelle ! Il y a donc douze Souffles divins qui sont les Cœurs des douze constellations de la Ceinture. Les Quatre qui sont les points cardinaux de notre temps portent les noms hiéroglyphiques de : Amset, Hapy, Diamaoutep, et Qebesennouf. Ces appellations sont toutefois celles officielles et intraduisibles des égyptologues qui ont tenté de parler des Quatre !...

Le texte est le suivant :

Il se traduit par :

Seigneur de la Parole, Aîné des Deux-Terres, Pilier de la Justice, et Fils de la Vérité, sont les Noms vénérés de ceux qui apportent la Lumière.

Et il reste huit Souffles intermédiaires qui sont les Huit Lieux neutralisés, tout comme l'est le septième jour de la Création, ou la trente-sixième année d'un cycle ainsi que la première, tel que cela a déjà été vu précédemment grâce à un tableau. Ici, sur les 72, il y a huit Souffles et soixante-quatre khent.

Dans l'ordre chronologique des manuscrits existants, il y a celui qui est connu sous le nom de « Thème de Titus », établi en l'an III de son règne, soit en l'an 81 de notre ère. Il est précédé d'une introduction sans ambiguïté bien qu'en latin, qui exhorte la fidélité de l'astrologue au nom hélas resté inconnu, aux règles immuables des Compositions-Célestes-divines en usage dans son Antiquité.

Il existe aussi, dans le même British Muséum, le papyrus numéro 98 qui décrit en détail la carte du ciel d'un personnage dont le nom n'est jamais prononcé, mais qui fut établi pour l'année 102 de notre ère, faite fidèlement selon les lois mathématiques égyptiennes. Un autre manuscrit portant le numéro 110 est le thème d'Anubion, qui fut fait en la première année du règne d'Antonin, soit en l'an 138 de notre ère, et ce, suivant les instructions « contenues dans un très vieux rouleau de cuir égyptien rapporté d'Alexandrie».

Arrêtons là les citations d'exemples qui foisonnent par centaines dans les divers musées du monde, y compris dans le fameux Ermitage de Leningrad, anciennement Saint-Pétersbourg, dont il est bien difficile d'obtenir des copies, mais que l'on obtient à force de patience et d'obstination !

Voici tout d'abord la liste classique, dite des décans égyptiens qui nous a été transmise par Firmicus, en regard de laquelle est mise celle non moins célèbre de Scaliger qui en est très approchante. Le nom qui se trouve placé entre les deux est la phonétisation hellène tirée de celle du langage utilisé par les Coptes. L'ordre part bien évidemment du premier degré du Bélier, et la dernière colonne, la quatrième, portera en regard le nom de la planète dominante du décan particulier. Il est à remarquer qu'ici la Lune et le Soleil sont inclus afin de former le groupe des Sept au complet. Les signes étant eux-mêmes de 30° degrés chacun, il sera facile de reconstituer l'ordre naturel des Douze puisqu'il y aura trois décans par signe.

Au vu du tableau A ci-après, que s'était fabriqué l'éminent égyptologue allemand Brugsch, au siècle dernier, il imagina une phonétique hiéroglyphique des 36 décans dont il avait retrouvé la trace et dont il parle abondamment dans son *Dictionnaire géographique*, ainsi que dans son énorme *Dictionnaire hiéroglyphique* en trois volumes, qui est sans nul doute un monument d'érudition. Il fut cependant déjà contesté de son vivant par des Français, un Belge et un Suisse, savants égyptologues eux-mêmes !

TABLEAU A

LISTE DES 36 DÉCANS « ÉGYPTIENS »				
selon FIRMICUS	selon phonétique	selon SCALIGER	Planètes	
SENATOR	Asicta	ASICCAN	Mars	1
SANACHER	Sentafora	SENACHER	Soleil	2
SENTACHER	Asentacer	ASENTACER	Vénus	3
SUO	Asicat	ASICATH	Mercure	4
ARYO	Asou	VIROASO	Lune	5
ROMANAE	Arfi	AHARPH	Saturne	6
THESOGAR	Tesossar	THESOGAR	Jupiter	7
VER	Asue	VERASUS	Mars	8
TEPIS	Atosoae	TEPISATOSOA	Soleil	9
SOTHIS	Socius	SOTHIS	Vénus	10
SIT	Seth	SYTH	Mercure	11
THIUMIS	Thumus	THUIMIS	Lune	12
CRAUMONIS	Africis	APHRUIMIS	Saturne	13
CICK	Siccer	SITHACER	Jupiter	14
FUTILE	Futie	PHUNISIE	Mars	15
THINIS	Thinnis	THUMUS	Soleil	16
TOPHICUS	Tropicus	THOTHIPUS	Vénus	17
APHUI	Asout	APHUT	Mercure	18
SECHUI	Senichut	SERUCUTH	Lune	19
SEPISENT	Atebenus	ATERECHINIS	Saturne	20
SENTA	Atecent	ARPIEN	Jupiter	21
SENTACER	Asente	SENTACER	Mars	22
TEPISEN	Asentatir	TEPISEUTH	Soleil	23
SENTINEU	Atercen	SENCINER	Vénus	24
EREGUBO	Erghob	EREGUBO	Mercure	25
SAGON	Sagen	SAGEN	Lune	26
CHENENE	Chenem	CHENEN	Saturne	27
THEMESO	Themedo	THEMESO	Jupiter	28
EPIMU	Epremou	EPIMA	Mars	29
OMOT	Omor	HOMOTH	Soleil	30
OROTH	Orosoer	OROMOTH	Vénus	31
CRATERO	Asturo	ASTIRO	Mercure	32
TEPIS	Amapero	TEPISATRAS	Lune	33
ACHATE	Athapiat	ARCHATATRAS	Saturne	34
TEPIBUT	Tepabiu	THOTHPIBU	Jupiter	35
UIU	Atexbut	ATEMBUI	Mars	36

Il n'est pas dans mes intentions de polémiquer ici sur la valeur réelle de cet énorme ouvrage, car il m'a amplement servi, dans mes premiers balbutiements, pour voir ce qu'il ne faudrait jamais lire ou apprendre sous peine de ne jamais rien pouvoir apprendre ! Voici, à titre documentaire, et dans l'ordre, la phonétisation accordée par M. Brugsch :

1. Bélier : *a)* Zont-Har ; *b)* Zont-Zré ; *c)* Si-Ket.
2. Taureau : *a)* Arat ; *b)* Remen-Hare ; *c)* Zau.
3. Gémeaux : *a)* Oosalq ; *b)* Uaret ; *c)* Phu-Hor.
4. Cancer : *a)* Sopdet ; *b)* Seta ; *c)* Knum.
5. Lion : *a)* Ra-Tet ; *b)* Zar-Knum ; *c)* Phu-Tet.
6. Vierge : *a)* Tom ; *b)* Uste-Bikot ; *c)* Aposot.
7. Balance : *a)* Tpa-Zont ; *b)* Sobzos ; *c)* Zont-Har.
8. Scorpion : *a)* Spt-Znt ; *b)* Sesme ; *c)* Si-Sesme.
9. Sagittaire : *a)* Lire-Ua ; *b)* Sesme ; *c)* Konime.
10. Capricorne : *a)* Smat ; *b)* Srat ; *c)* Si-Srat.
11. Verseau : *a)* Tpa-Zu ; *b)* Zu ; *c)* Tpa-Biu.
12. Poissons : *a)* Biu ; *b)* Zont-Har ; *c)* Tpi-Biu.

Cet hermétisme plutôt humoristique sous ses allures sérieuses n'incitait pas beaucoup à la recherche de la compréhension hiéroglyphique, il faut bien le reconnaître ! Nous allons donc passer à la phase essentielle de notre démonstration avec le tableau B (ci-après), qui comprend véritablement les 64 khent qui sont en rapport étroit avec les Errantes et leurs dominantes :

Pour une meilleure vision de l'ensemble, ce calendrier des 64 khent a été scindé en deux parties égales. La première, ci-après, débute par le dernier khent du Cancer. Le symbole en ombre chinoise, du bas, qui le représente est Thoth, reconnaissable à sa tête d'ibis. Il en sera de même pour les onze autres constellations, car le dernier khent doit être un rappel incessant pour tous les Maîtres et leurs élèves du renouveau des Survivants d'Ahâ-Men-Ptah en AthKâ-Ptah, grâce à la remise en usage par Atêtâ (Athothis en grec) de la hiéroglyphique, du calendrier, ainsi que de la plupart des sciences, y compris l'anatomie.

TABLEAU B (1ère partie)

Le khent 2 comporte une étoile : c'est celui qui identifie la constellation suivante, en l'occurrence celle du Lion, qui a vu la renaissance assurée des nouvelles générations issues de l'Aîné grâce aux Suivants d'Horus, ses quatre fils. Six khent sont nécessaires pour assurer le bon déroulement des influx sur une longueur de 36° d'arc dans la Ceinture des Douze. Le dernier, celui qui porte le numéro 7 sur le tableau, est de nouveau à l'effigie de Thoth. La huitième est frappée de l'étoile personnifiant le commencement de la constellation de la Vierge sous le nouveau ciel. Elle est la mère des deux rameaux dynastiques Osiris et Seth dont Ptah assure qu'ils vivront éternellement pour finir par s'entendre. Le sixième khent de cette longue portion de ciel égale elle aussi à 36°, frappée de l'ibis indique cependant une nette préférence de la Reine-Vierge pour celui qui est devenu le Taureau Céleste, doué de la Vie éternelle car il est déjà ressuscité une fois. Le numéro 14 débute la constellation de la Balance. La Terre en équilibre sur l'ancien ciel montre la précarité de ce qui semblait assuré, car le nouveau, bien que chéri de tous, semble voué à la même catastrophe ! Le 18, qui achève cette constellation de 24° seulement, avec son ibis traditionnel est cependant veillé par Osiris divinisé, afin que rien de fâcheux ne s'y produise envers les fidèles de Ptah. En 19 débute le Scorpion et sa courte période identique de 24°. Mais l'intéressant à noter ici est la coupure qui existe dans le tableau entre les numéros 20 et 21. Il y a deux cases neutralisées : les N. symbolisées par deux ombres chinoises assises, genoux relevés. Ce sont les premiers de quatre groupes de deux qui forment les Huit Lieux, d'où les influx délimités dans le premier khent comme étant les « Maîtres du dessus » veillent sur la multitude en général. Il est donc normal de placer cette figuration sous la protection des Deux-Frères ennemis puisqu'ils doivent être réunis à la fin du temps humain. La constellation du Scorpion s'achève en 23 toujours sous la bénédiction d'Osiris veillant à ce que sa descendance personnelle, toujours en marche, parvienne au lieu qu'elle recherche. Le vingt-quatrième khent débute le Sagittaire qui en englobe six durant 34°, ce qui amène au khent 29. Il est important, car il symbolise la Demeure éternelle dans les ChampsIalou qui sont devenus par la phonétisation hellène : les ChampsÉlysées ! Le khent suivant, numéro 30, commence la constellation du Capricorne, où l'animal symbolisé est un crocodile, celui qui aurait dû dévorer le corps d'Osiris jeté à la mer cousu dans une peau de taureau, et qui s'en est au contraire éloigné, remercié ici pour cette raison. Les deux cases suivantes sont à nouveau des N. car elles dépendent des Huit Lieux. Les deux derniers khent de cette première partie sont évidemment membres de la même constellation du Capricorne qui fait aussi 34° d'arc.

Voici à présent la seconde partie :

Il est bien évident que la présentation inédite de ce tableau dans le cadre astral de cet ouvrage ne l'est qu'à titre justificatif et documentaire, ne pouvant recevoir ici l'ample développement mérité. Celui-ci se fera lors de la parution des douze livres qui seront consacrés aux signes du Zodiaque vus par les anciens Égyptiens.

TABLEAU B (2ème partie)

Passais donc simplement en revue la deuxième partie, dont la gravure est dessinée ci-dessus. Elle débute sur la droite avec le numéro 33, toute la hiéroglyphique se lisant de droite à gauche, ainsi que sur tous les anciens manuscrits depuis le pharaon Atêtâ, le Thoth grec, qui avait institué ce mode d'écriture pour rappeler éternellement à tous les lettrés en train d'écrire que le changement de navigation solaire allant désormais de droite à gauche était dû à la colère divine contre les Ancêtres devenus des Impies ! Ce souci constant de vouloir vivre en harmonie avec le ciel se retrouve jusque dans ce détail qui prend toute son importance avec cette explication.

La constellation du Capricorne s'étend donc jusqu'au khent 35, après quoi le Verseau domine sous la primauté des Fils d'Horus qui annoncent le nouveau ciel. Cette étendue de 28° prophétise l'éternel dilemme entre le Bien et le Mal : l'Âge d'Or ou l'Apocalypse ! Elle s'achève dans le khent numéro 40. Viennent ensuite deux domiciles neutralisés par les Huit Lieux, après quoi le 41 débute la constellation des Poissons, allant jusqu'au 45 inclus. Elle est fort bien définie avec le symbolisme des Fils du ciel (le poussin) à la recherche de leur origine, ou de leur âme : la plume. Le 46 débute la constellation du Bélier. Ici l'on s'aperçoit très nettement que le promoteur de ce calendrier des 64 khent n'était point un Adorateur du Soleil descendant de Seth, car le symbolisme va du crocodile – adoré pour ne pas avoir dévoré Osiris – , à l'oie qui est la figuration de Geb, le père de Seth. Seul le khent 50, le dernier du Bélier, permet à cet animal d'être au-dessus de l'œil d'Osiris. Le 51 commence la constellation du Taureau, parfaitement gravé sous ses formes principales jusqu'au khent 55. Viennent ensuite les deux derniers des Huit Lieux neutralisés, qui permettent d'introduire la dernière partie de ce tableau calendérique avec la constellation des Deux-Frères : les Jumeaux devenus sous les Grecs les Gémeaux Castor et Pollux !

Un aparté devient nécessaire, car il démontre la complexité de ces figurations pour ceux qui ont cherché à en démontrer le mécanisme sans rien connaître de ses rouages ! Je veux parler de Jean-Baptiste Biot, cet illustre astronome et mathématicien du milieu du siècle dernier, auteur de maints ouvrages savants, qui s'était passionné pour les dessins de notre Champollion national effectués dans les tombes de Ramsès VI et de Ramsès IX qu'il avait découvertes à

Thèbes et dont le vicomte E. de Rougé avait traduit la hiéroglyphique. Il en a été parlé d'ailleurs durant le dixième chapitre de ce livre. Mais j'ai gardé ce passage du texte de M. Biot pour cet endroit, car il concerne justement les deux cases neutralisées par les derniers des Huit Lieux que nous voyons présentement. Ces deux gravures, je le rappelle, étaient des représentations astronomiques favorisant les départs pour l'Au-delà de la vie terrestre. Mais les « phonétisations » hiéroglyphiques sont du cru égyptologique incompréhensible, mais sont conservées ci-dessous pour la saveur de l'exposé qui a été lu en séance plénière de l'Académie des Inscriptions et Belles-Lettres :

Parmi les astérismes qu'on voit mentionnés dans ce tableau, nous avons parcouru consécutivement tous ceux qui sont effectivement employés pour leurs levers de l'entrée de la nuit ou de l'aube du jour. Nous avons ainsi reconnu que le derrière de l'Oie *et* le sommet de Sahou *se rejoignent et se suivent dans le premier de ces phénomènes sans aucun intermédiaire. Pourtant dans cette colonne du tableau, nous en voyons deux autres entre eux nommés* Ary *et* Choon. *Nous allons donc examiner par quel motif ils ont été ainsi insérés et si cela est légitime !*

D'abord quant au fait de l'insertion, elle était indispensable pour avoir 13 lignes dans cette colonne comme dans toutes les autres. Quant à la légitimité de l'insertion, il suffisait pour la justifier que les deux astérismes ainsi introduits se succédassent consécutivement à l'horizon oriental entre le lever de Sahou *et* le derrière de l'Oie *quels que fussent les intervalles de temps qui les subdivisassent. Or,* le sommet de Sahou *est identifié à* Alpha d'Orion, *et* le derrière de l'Oie *aux étoiles de la peau d'Orion, ce qui veut dire que n'importe quelle étoile sans importance aurait pu être intercalée entre ces deux astérismes, pourvu qu'elles fussent situées dans cet intervalle, à peu de distance de l'équateur et de l'écliptique. Que l'Égyptien ait choisi ces deux-là ou d'autres également intermédiaires, comme les Gémeaux, il était parfaitement libre de le faire comme marques de temps. Mais d'après ce caractère même, il ne pouvait pas les intercaler ultérieurement en tête des quinzaines. Reste à savoir pourquoi il les a nommées* Ary *et* Choon, *qui sont deux noms de décans. On peut en donner une raison très plausible. Mais pour comprendre cette application, il faut connaître ce qu'étaient les décans chez les anciens Égyptiens.*

Ce long préambule était nécessaire si le lecteur désire comprendre le processus qui a amené l'astrologie à utiliser 36 décans, et non les 64 khent antiques. Là encore, les Grecs sont entièrement responsables de cette transposition sans queue ni tête. Mais J.-B. Biot, qui en avait la certitude, l'explique d'une manière erronée puisqu'il interfère une phonétisation soi-disant hiéroglyphique, alors qu'elle n'est qu'hellène ! Qu'on en juge :

Les astrologues grecs appliquaient le nom de décan à des arcs de 10 degrés sexagésimaux par lesquels ils divisaient chaque signe zodiacal en trois portions égales ; ce qui leur donnait en tout 36 décans, dont chaque triade portait le nom du signe auquel elle appartenait. Et comme la subdivision grecque du zodiaque en 12 signes était alors trop récente pour que la précession les eût sensiblement séparés des constellations auxquelles on les avait fait primitivement correspondre dans le ciel, les influences astrologiques de chaque signe dans les décans, étaient censées invariablement provenir des étoiles qu'ils contenaient.

Lorsque les astrologues grecs s'approprièrent l'invention égyptienne, ils donnèrent à leurs 36 divisions zodiacales les noms des 36 décans égyptiens, traduits dans leur langage, en supprimant le 37e décan supplémentaire, qui leur devenait inutile. Ils les rangèrent aussi dans le même ordre de succession. Mais de plus, ils maintinrent l'identité d'application dans un autre détail, dont la connaissance est aujourd'hui pour nous d'une grande importance. Dans les listes de décans inscrites sur les monuments égyptiens, quelques-uns sont occasionnellement associés à des personnages figurés, accompagnés d'astérismes stellaires, et embrassant un certain nombre de décans contigus ; de sorte que cette suite de décans semble avoir été affectée à un groupe particulier d'étoiles, composant une constellation égyptienne à laquelle le personnage figuré présidait, peut-être donnait son nom. De ce nombre est le décan Sothis, le 36e de la liste égyptienne. Son astérisme déterminatif, appelé dans notre tableau l'étoile de

Sothis, s'identifie indubitablement à notre Sirius, par toutes les traditions et tous les témoignages de l'antiquité. Le symbole ![symbole] *qui le désigne sur les monuments, est habituellement annexé à la figure de la déesse Isis, l'une des grandes divinités égyptiennes, à laquelle Sirius était de tout temps consacré. Or, les astrologues grecs ont appliqué la dénomination équivalente à leur 36e décan zodiacal, qu'ils ont pareillement affecté à la constellation du grand Chien, dont Sirius est l'étoile principale.*

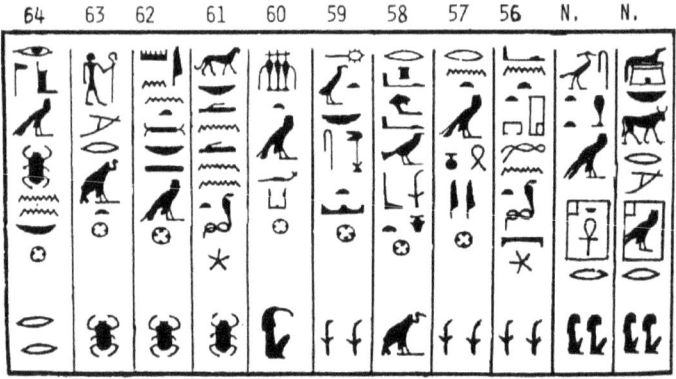

Cet obscurantisme particulièrement inconscient de M. Biot, généré par l'incompréhension totale de la théologie monothéiste originelle des égyptologues de son temps, a créé une psychose de barbarisme dans cette astronomie égyptienne où tout était recensé méticuleusement, archivé scrupuleusement, et étudié spirituellement.

Si nous nous reportons à notre tableau des 64 khent, là où nous l'avons laissé pour parler des études de M. Biot, nous voyons avec une clarté évidente que les deux astérismes intercalés dans le calendrier du tombeau des Ramsès VI et IX, sont en réalité les deux figurations particulières intercalées avant le khent 56 qui débute la Constellation des Gémeaux ; elles n'ont jamais prétendu être des « intercalaires » (*sic !*) ni indiquer des étoiles « mêmes quelconques » ! Enfin, Sirius ou Sothis dont la représentation hiéroglyphique est bien en astronomie celle indiquée par M. Biot, mais dans le cadre de son tombeau, ainsi que dans celui de ce tableau, l'erreur provient de ce que le triangle isocèle a été noirci à tort par les dessinateurs, puis les imprimeurs, car en réalité il est blanc : ▣, comme dans le N. qui suit le khent 40. Comme de plus il n'y a pas l'étoile, mais qu'il est entouré de la Demeure éternelle, il s'agit non pas de Sirius, mais de la FORCE RAYONNANTE qui en émane.

En conclusion de ce chapitre, les 36 décans ne sont qu'une tentative hellène d'intégrer la véritable Connaissance du commencement des Temps à leur seul profit et sans discernement. Les 64 khent sont, bel et bien, la transmission du Savoir par les anciens Égyptiens eux-mêmes ! Et le dernier de tous, le soixante-quatrième, en est en quelque sorte la dédicace et la signature car il ne comporte pas d'effigie en ombre chinoise, mais deux bouches. Elles signifient que seul le Verbe divin est capable de transmettre la Loi placée sous l'autorité légale de l'Aîné de Dieu, puis de son fils Horus, et enfin de tous les natifs qui en descendent porteurs de la Parcelle divine.

Chapitre Quinzième

Les Combinaisons-Mathématiques-divines (ou les aspects astrologiques)

Afin d'achever plus spécifiquement cette étude astrologique selon les conceptions les plus antiques connues, voyons dans ce chapitre le détail des configurations géométriques venues du fond du ciel, plus poétiquement dénommées dans la hiéroglyphique : les Combinaisons-Mathématiques-divines (ou C-M-D).

Tous les termes employés dans cette antiquité de la nuit des temps étaient tellement imagés, que la compréhension s'effectuait d'ellemême sans effort cérébral. La Ceinture des Douze est tellement plus explicite que le Zodiaque. Avec la Ceinture, nous savons immédiatement qu'il existe douze étoiles qui, chacune dans un amas d'étoiles, forment une sorte de ceinture qui emprisonne le système solaire ! Pour les C-M-D, il en va de même : elles représentent les mouvements combinatoires des Fixes en premier lieu, qui s'allient à ceux des Errantes pour former les configurations qui, interprétées par les Horoscopes, formeront la base des cartes du ciel et des études des thèmes.

C'est pourquoi cette carte sera figurée dans un cercle de 360°, représentant la Ceinture. Mais celui-ci imagera également le globe terrestre avec ses douze Maisons identiques de trente degrés chacune. Et dans ce cas, les degrés seront appelés *longitudes* en notre jargon moderne astronomique.

Mais avant de pénétrer un peu plus dans l'interprétation de ces CM-D, voyons quels sont leurs aspects bénéfiques ou maléfiques, ou plus exactement l'influx qu'elles sont susceptibles de déterminer sur un natif ayant été imprégné d'une trame cervicale tout à fait personnelle qu'il conservera sa vie terrestre durant, mais qui sera douée d'une évolution générale qui lui restera propre au cours des cycles à venir.

Les aspects des C-M-D à prendre en considération, sont :

a) **Les Bénéfiques :** *le sextile,* dont l'angle de réception d'un influx venant d'une autre source sera de 60°, à trois près en plus ou en moins. Cette configuration est préjugée bonne et sa signification dépendra des deux émetteurs (les constellations) et des deux récepteurs (les Errantes) suivant les Maisons où se trouvent placées les pointes angulaires.

– *Le trigone*, dont l'angle de réception de l'autre source sera de 120° à quatre en plus ou moins près. La signification dépendra des mêmes conditions que pour le sextile.

– *La conjonction*, dont l'aspect combinatoire est la confusion, et la jonction de deux influences sous un même degré du cercle, ou à six degrés au maximum d'écart entre les deux. Cette position double l'influx le plus puissant si celui-ci est bénéfique, ou il en atténue les effets si au contraire il est maléfique.

b) **Les Maléfiques :** *le carré,* dont l'angle de réception est particulièrement dru puisqu'il parvient à 90° d'une autre source, à quatre près en plus ou en moins. Cet aspect est préjugé néfaste et l'expérience le prouve dans presque tous les cas. Sa signification définitive dépendra en dernier ressort de l'émetteur de la deuxième source et de son emplacement par rapport au premier dans le thème natal.

– L'*opposition* est la configuration classique qui, comme son nom l'indique, opposera deux influences au sein d'une vie en deux thèmes dont le Bien et le Mal se disputeront les avantages et les inconvénients. Cet aspect suivra une ligne d'horizon propre avec ses 180°, à plus ou moins dix près, mais dont les deux aboutissants, les Maisons et les constellations, détermineront la prédestination de la ligne de vie du natif.

– *La conjonction*, qui peut être également maléfique, comme cela a été défini plus haut, si l'un des deux émetteurs est la planète appelée aujourd'hui Saturne, et l'autre Mars.

Il est important de comprendre que l'effet de l'influence planétaire ne cesse pas brusquement lorsque l'aspect parvient exactement aux intervalles signalés, et il ne s'arrête pas non plus brutalement dès que l'angle s'éloigne du nombre de degrés ou signes fixés. Cet effet commence à se faire sentir dès que les astres qui vont former l'aspect entrent en orbe, c'est-à-dire dès qu'ils pénètrent dans la zone d'approche d'où l'observation prouve que les planètes irradient avec efficacité. De même, l'effet ne cesse pas de se produire lorsque les Errantes aspectées se sont éloignées au-delà de la zone de séparation constituée par l'orbe des configurations géométriques.

– Un aspect exact, formé au degré près, comme un trigone allant du 18° Bélier au 18° Lion, sera très puissant et agira fortement.

– Un aspect en orbe est faible; mais il devient puissant si la planète dont il émane « s'approche » de l'aspect exact. Par exemple : Vénus à 16° Bélier en orbe d'approche du trigone avec Mars à 20° du Lion. Il restera faible si la planète « se sépare » de plus en plus de l'aspect exact jusqu'à s'en éloigner d'au moins 6°. Après quoi l'effet bénéfique disparaît totalement.

— Un aspect par approche signifie une valeur prévisible pour l'avenir.

— Un aspect par séparation indique une chose qui a ses racines dans le passé et qui se termine ou s'efface.

D'une manière générale, on peut dire que tout aspect exact dans un thème de nativité produira un effet marqué et stable pendant la vie entière, en Bien ou en Mal, et selon la nature et la détermination des planètes qui le forment.

S'il existe plusieurs aspects exacts, la vie du natif qui en est douée sera certainement remarquable en ce qui concerne les événements signifiés par les Maisons terrestres avec lesquelles ils resteront en rapport jusqu'à leur dernier souffle.

Les aspects peu nombreux dans le cercle, ou simplement approximatifs et sans dessins géométriques, ou encore venant de mouvements rétrogrades de plusieurs des Sept, donnent le plus souvent des vies sans faits notables, médiocres : celles des sans-grades qui seront plutôt les esclaves des événements et des hommes forts. C'est pourquoi la possibilité de pouvoir et de savoir domestiquer ces contraintes combinatoires est importante. Sévèrement contrôlé, ce manque d'influence dans un thème de naissance permet l'utilisation des Combinaisons-Mathématiques-célestes bénéfiques, au mieux des dispositions d'une trame banale.

La difficulté provient essentiellement de la méconnaissance de bien des astrologues modernes de tout ce qui concerne réellement la mathématique céleste. La nature bénéfique ou maléfique d'une Errante, pour bien définie qu'elle soit dans les manuels classiques des enseignements de prévision, ne tient nullement compte de l'action supérieure des Douze de la Ceinture. Ce rayonnement est vital et influence d'autant plus l'action des Sept de notre système solaire. Aussi, si l'un des aspects est décrété bénéfique, celui-ci ne le sera pas forcément si l'action de l'un des Douze est plus puissante en position néfaste. Par exemple, s'il est dit que Jupiter en Maison 4 accorde le succès dans les entreprises effectuées au cours de voyages, cela se révélera non seulement faux, mais dangereux, si cette Combinaison part de la constellation du Scorpion !

Bien d'autres facteurs entrent en ligne de compte, qu'il est plus difficile de cerner sans approfondir tous les textes, car nous avons vu qu'en astronomie antique, les Égyptiens faisaient dire à un seul hiéroglyphe ce que nous transcririons en trois ou quatre pages !... Pour eux, cela coulait de source, et nous avons perdu cette origine !

Il faut donc démêler ce qui est en notre possession pour en extraire la fleur de la Connaissance. Aussi, lorsqu'il est parlé d'un aspect bénéfique ou maléfique, cela ne veut pas dire grand-chose. En fait, si le dessin d'une configuration caractéristique aboutit dans un Signe constituant le lieu d'habitation privilégié d'une Errante qui s'y trouve, la Combinaison ne sera bénéfique que si l'autre bout du sextile ou du trigone est en Balance, en Verseau ou en Gémeaux, et non dans le Scorpion ou le Capricorne.

De même, si l'aspect semble maléfique à première vue, ses conséquences pourront s'en trouver fortement atténuées ou même supprimées, si l'Errante, en carré ou en opposition, voit l'autre bout de l'aspect en Vierge ou en Verseau. Bien entendu, la complexité réside dans le fait que toute l'astrologie est à reprendre à zéro, et qu'il faudrait entreprendre une nouvelle méthode de raisonnement en partant de chacune des huit mille quarante Combinaisons-Mathématiques primaires, et définir une par une les Lois qui s'en dégagent.

Il est trop facile de dire, ainsi que cela se pratique couramment, que « si le natif a sa planète maîtresse en Maison 1 qui s'éloigne de celle qui lui est opposée en Maison 7, il ne se mariera jamais ». Ou que si la situation de la Maison 1 se retrouve entre la 4 et la 10, ce sera une faillite totale quant à la situation professionnelle du natif. Ou encore, que si « les Errantes qui devraient être chez elles en Maisons 4 et 6 se retrouvent conjointes en Maison 8, leur action commune raccourcira la vie du natif par une mort prématurée » !...

Toutes ces âneries se débitent hélas communément, et aucune loi n'en interdit la propagation ! Chez les anciens Égyptiens, non seulement il n'y avait que ceux qui connaissaient la science divine qui pouvaient exercer l'art d'instruire le public sur son avenir, mais certaines particularités ne pouvaient pas se dire afin d'éviter d'infléchir le destin surtout lorsque la nature d'un sujet montrait qu'elle se dirigeait vers un but contraire à l'harmonie devant régner entre le Créateur et les Créatures terrestres. Et dans tous les cas, la question de la Mort était exclue des thèmes, par le fait même que par le « dernier souffle » expiré sur la Terre, il était possible d'accéder à l'Au-delà de la Vie terrestre, et que cela était le bonheur suprême.

Voyons cependant quelques aspects caractéristiques de l'Antiquité, et qui sont toujours valables, en tentant de transposer les termes imagés anciens en opposition à leurs homologues contemporains, connus de tous, mais qui ne sont pas aussi représentatifs, comme lorsqu'il s'agit de Mars pour dire qu'il « gouverne » le Bélier et qu'il est le Maître de la première Maison...

Le Maître de la Maison 1, conjoint au Soleil, influe sur un désir constant d'élévation chez le natif qui possède cette Combinaison ; s'il est en compagnie de Mercure, il accentue une intelligence qui sera très prompte à assimiler tout ce qui lui sera proposé de nouveau, en lui adjoignant l'originalité propre au natif attiré par les sciences plutôt abstraites ; en compagnie de Vénus, la volonté sera atténuée par des sentiments qui apporteront plus de douceur dans sa vie quotidienne, accordant des qualités de cœur qui feront du natif un être de valeur ; en compagnie de Jupiter, la Sagesse sera l'un des éléments les plus favorables à une réussite exceptionnelle pour le natif doué de cette Combinaison ; enfin, en compagnie de Saturne, la perturbation imposée par cet aspect moins favorable pourra être déviée chaque fois que celui-ci présentera son double géométrique par les forces opposées qui seront mises en valeur juste durant la même période.

Cependant, si la conjonction entre deux des Errantes décrites cidessus présente pour la seconde un aspect néfaste, c'est-à-dire si la constellation qui les réunit est une forme d'exil pour elle, la Combinaison pourra changer ses influx jusqu'à devenir totalement en opposition, transformant les qualités en défauts. Ainsi, Mercure les changera en esprits brouillons et excessifs ; Vénus les fera devenir vaniteux et imbus d'eux-mêmes ; tandis que Jupiter nécessitera beaucoup plus d'efforts que prévu pour sortir d'une ornière inattendue, dressée au début de chaque nouveau cycle jupitérien. Quant à Saturne, elle apportera là un complexe des plus difficiles à contrer, avec une tendance à l'avarice, accompagnée d'une dureté de cœur.

Quant aux relations de ce Maître de la Maison 1, non plus avec les Errantes, mais avec les autres domaines du Zodiaque, au nombre de onze, ainsi que des autres dominants entre eux, leurs relations se jugeront suivant le même principe que ci-dessus. C'est-à-dire que si les Maîtres des bonnes Maisons 1 et 2, par exemple, sont d'une nature favorable, et conjoints dans un thème natal, ou en aspect combinatoire bénéfique, la notion de gain important ou de bénéfice substantiel inhérente à la deuxième Maison prédominera facilement dans l'interprétation générale qui sera effectuée.

Si, d'autre part, le Maître de 1 et le Maître de 2 sont d'une nature contraire, ou que la conjonction soit un Exil ou une Chute de l'Errante conjointe, ou que l'aspect les reliant soit mauvais, ou que le Maître de 1 se sépare ou s'éloigne du Maître de 2, dans toutes ces occasions le gain sera difficile, peu rémunérateur, et instable. Cette énumération suffit à faire comprendre le mécanisme des relations des planètes entre elles, par leurs aspects, d'après les Maisons qu'elles occupent ou gouvernent.

Lorsqu'une Combinaison bénéfique succède à une autre, les avantages promis se réalisent avec certitude, et ils sont plus durables.

Si un Aspect maléfique succède à un bénéfique (au sujet d'une même chose bien entendu), le bien promis par ce dernier ne sera que passager, ou il sera cause d'une peine, d'un ennui ou d'un malheur, et vice versa.

En résumé, il faut observer en ce qui concerne les aspects :

a) l'ordre de puissance de la planète d'où vient l'aspect à étudier et son analogie ;
b) l'État céleste de cette planète, c'est-à-dire son plus ou moins de Dignité par rapport à celle qu'elle aspecte ;
c) son État terrestre, c'est-à-dire sa détermination, indiquée par la Maison dans laquelle elle se trouve et celle où elle domine ;
d) l'Approche ou la Séparation entre les Planètes formant l'aspect ;
e) la Forme bénéfique ou maléfique de l'aspect ;
f) le Signe dans lequel il tombe (Dignité ou Débilité de l'Errante) ;
g) la Maison dans laquelle l'aspect vient aboutir ;
h) la Manière dont se succèdent les aspects.

À l'aide de ces divers éléments, il est facile d'établir quelle est celle des Errantes en aspect qui est réellement la plus puissante pour aider ou pour nuire... Si toutes deux sont dominatrices, celle qui possède le plus d'analogie avec l'effet considéré prévaut.

Il est bien évident qu'une fois la hiéroglyphique des Douze de la Ceinture apprise avec ses influentes Combinaisons-Mathématiques, il reste encore à assimiler le domaine bien plus vaste des interprétations qui dépendent d'un complexe difficilement cernable, et dans lequel il convient de conserver une éthique rigoureuse ! Car interpréter un thème dépend autant de son instruction préalable en la matière, que de son doigté et de son intuition à ne rien vouloir... interpréter selon sa propre conception !

Il faut tout d'abord avoir dressé une carte du ciel sans aucune faute. Or, la question de l'heure est primordiale de nos jours, et nous verrons en conclusion comment faire pour ne pas se laisser induire en erreur par toutes les éphémérides. Il conviendra ensuite de rassembler tous les éléments nécessaires pour la recherche précise à effectuer, et ce, avant de commencer l'étude. Ce préambule portera sur la valeur morale, physique, et même matérielle du natif, avec tous les côtés bons ou mauvais, avant d'en tirer une synthèse néfaste ou bénéfique, caractérielle et sentimentale d'une période donnée.

Il est évident que pour ne point faire de l'astrologie commercialement, il faut une intuition très poussée alliée à un sens de l'observation très aigu. La personne ayant achevé toutes ses études devra être en plus une sorte d'analyste de système, comme l'on dirait en informatique, chez qui la logique primerait sur la nécessité. Les règles codifiées des Combinaisons-Mathématiques n'arriveront qu'en second. Cela n'est pas suffisant pour faire de la bonne astrologie.

En clair, l'étudiant qui entreprend de passer Maître ne le sera que s'il est *en règle avec la Loi de la Création divine*... Ce ne sera qu'ensuite qu'il passera à l'application selon les bases elles-mêmes :

1) Chacune des Combinaisons-Mathématiques joue un rôle précis pour chacun des instants d'une existence

humaine, et ce, sur deux plans différents du thème astral :
a) *par l'angle dessiné dans la Constellation qui définira l'une des douze tendances générales de la personnalité ;*
b) *par la Maison qui le recevra dans le thème natal, définie par l'Ascendant, et donc le moment et lieu de naissance ;*
c) *par l'emplacement des Sept Errantes, qui affineront l'esquisse sentimentale, les facultés, les capacités morales et intellectuelles ;*
d) *par la position de chacun des aspects déterminés dans les trois paragraphes ci-dessus, dans leurs rapports les uns avec les autres.*

Cela fait partie d'une comptabilité exacte, dénommée à juste titre « Combinaisons-Mathématiques-divines ». Son ensemble fournit la « Parcelle divine » à la naissance. C'est lui, en quelque sorte, qui, en imprégnant une âme humaine dans le cerveau, « donne la Vie » pensante de l'enveloppe charnelle humaine. Sans elle, l'être ne serait qu'un petit veau, ou un agneau, ou semblable à n'importe quel autre corps animal. Les C-M-D, par leur nombre, leur spécificité et leur degré de puissance, créent, animent, dirigent et définissent les sentiments et les actes de toute une vie, en définissant par avance les règles harmoniques qu'elle devrait suivre pour vivre en accord avec les règles célestes et pouvoir ainsi accéder ensuite à l'au-delà de la vie terrestre sans aucune difficulté majeure.

2) L'ensemble des Combinaisons-Mathématiques-divines frappant un natif permettra de former un caractère déterminant, dont les fondements pourront être précisés par les dessins formés sur la carte dessinée :
a) *d'après l'emplacement de la première Maison et de sa constellation, ou des Errantes qui y ont trouvé asile et domicile ;*
b) *d'après le nombre des bons et des mauvais aspects qui en partent ;*
c) *d'après la position de l'Ascendant dans la constellation native.*

Cette triple détermination préfigurera l'essentiel de ce qui deviendra « la conscience » de l'être devenu humain par le nom qui lui a été attribué. C'est à partir de ce moment-là que l'éducation devra tenir compte des influences des C-M-D. Bien plus qu'un psychologue, ce devrait être un astrologue dont les conseils éclairés pourraient changer totalement les influences néfastes des astres au cours des jeunes années. Le Maître de l'ascendant identifié, et placé dans son contexte astral délimite un champ de forces précis, dont l'énergie peut être brisée si elle est néfaste, en influençant lors des périodes contraires l'esprit de l'enfant. Qui n'a tenté de tancer un adolescent un jour où celui-ci n'étant pas « disposé » n'écoutait rien ? L'esprit n'est réceptif à n'importe quel dialogue qu'au moment où il est apte à cet usage, ce qui n'est pas toujours le cas !

Par exemple, si plusieurs Errantes se trouvent réunies dans cette Maison 1, en même temps que celle dont c'est le domicile, aucun influx précis n'en sortira : il n'y aura que des tendances secondaires, dont il serait bien d'en déterminer une, bien meilleure, aux périodes où celle-ci puisse être influencée par le natif lui-même. Cette modification des caractères hésitants, afin d'en faire des forces de la nature, était effectuée très souvent dans l'Antiquité, lorsque les enfants poursuivaient leurs études dans les Maisons-de-Vie, et ce, avec le plus grand succès.

3) Cette Ceinture des Douze, parfaitement définie dans les divers chapitres de cet ouvrage, ne fait pas parvenir les C-M-D par un chemin direct, puisqu'elles sont perturbées en cours de route par les Sept Errantes en mouvement constant et uniforme dans le ciel de notre système solaire. D'où une seconde mathématique, peut-être plus cernable pour les faibles compétences humaines qui forment chaque « Moi » humain. Les planètes sont visibles à l'œil nu à qui veut les contempler lorsque le ciel est dégagé. Quant aux deux luminaires, leur diamètre et leur luminosité les font presque toucher du doigt. Toutes les éphémérides astronomiques en

fournissent les coordonnées à la seconde près, *devant* les constellations sous lesquelles elles évoluent, et non *dedans*. Étant bien au-dessous, le rayonnement frappe indiscutablement l'Errante lorsque celle-ci passe, perturbant ainsi la descente vers la Terre, dans des conditions précisées par les configurations dessinées à ce moment-là, entre l'Errante et les C-M-D.

C'est pourquoi il sera toujours préférable d'avoir cette planète en aspect trigone ou sextile, bien placée dans une autre Maison que celle déterminant l'Ascendant. Et la raison en est simple puisque l'Errante n'est en fait qu'un miroir sans influence personnelle. Elle reflète les rayonnements qu'elle intercepte, en les renvoyant perturbés vers la Terre, toujours à cette vitesse dite de la lumière, et qui est, répétons-le, de 300 000 kilomètres à la seconde ! La planète est comme prisonnière de sa propre navigation céleste, dont l'observation antique a prouvé pour les unes qu'elles étaient néfastes par essence, et les autres bénéfiques.

4) Plusieurs Errantes dans une Maison, et par contrecoup passant devant une constellation au moment de la naissance, prédisposent à une activité intellectuelle plus intense. Cette configuration spécifique, surtout lorsqu'il y a une ou plusieurs conjonctions, permet un intéressement bénéfique pour autant de disciplines littéraires et scientifiques qu'il y a d'influences planétaires différentes. Elles caractériseront de plus la compréhension et l'adaptation des natifs aux idées émises par des tiers. Si, en plus, Mercure est concernée dans cette Combinaison, le champ des prédispositions spirituelles sera infini ! La domination évidente de cette Errante fera un type astral très rare qui aura une vie exemplaire dans le domaine culturel qu'il aura choisi afin de s'épanouir selon ses aspirations.

5) Le Soleil et son influence propre sont moins déterminants que son apport réverbérateur du

rayonnement de la trame venant de l'une des Douze de la Ceinture. Aussi ne faut-il pas voir un intérêt particulier dans le fait qu'un natif soit parvenu à sa vie terrestre au lever de l'astre du jour plutôt qu'à son coucher ou au cours de la nuit. Sa position dans la première ou la douzième Maison aura beaucoup plus d'importance. En revanche, la question de la détermination de l'heure de la naissance aura une importance primordiale, puisque nous l'avons vu dans le grand tableau du chapitre treizième, les calculs pour le début de la première Maison n'ont que quelques minutes d'amplitude. C'est ce qui va faire l'objet du dernier point à voir en détail, car en France, l'heure a plusieurs facettes ! Mais partout, l'heure légale se décompte en soixante minutes de soixante secondes. Un jour légal à vingt-quatre heures, qui vont de zéro heure à minuit. Ce que chacun sait.

Mais, même décompté nuitamment, le jour est basé sur le passage du Soleil au méridien de Greenwich, deux passages successifs étant admis comme se produisant à midi précis chaque jour, séparant ainsi un espace de temps de 24 heures qui est *le jour civil*.

Cependant, l'observation astronomique démontre depuis l'antiquité des temps, donc bien avant que cette anomalie soit démontrée scientifiquement, que le Soleil ne passe pas exactement au même instant d'équivalence du méridien de Greenwich tous les jours. Quelquefois il est en avance, et d'autres fois, il est en retard ! Cela provient du mouvement irrégulier de rotation de la Terre, celui-là même qui fait varier le temps en introduisant les diverses saisons : plus vite en hiver, et moins vite en été. Cette irrégularité provoquant la différence entre deux « midi » consécutifs, la différence la plus grande en plus ou en moins correspondant aux époques où le mouvement irrégulier de la Terre le long de son orbite et l'obliquité de l'écliptique agissent ensemble.

Depuis l'instant où le Soleil est le plus près de la Terre, en périhélie le 24 décembre, jusqu'au moment où il s'en éloigne le plus, en aphélie le 21 juin, l'heure des pendules du monde terrestre avance sur l'heure solaire. L'écart le plus grand est de dix-sept minutes le 3 novembre. Une montre bien réglée, même atomique, ne « marche donc pas avec le Soleil » ! Voici donc, à titre documentaire, afin de permettre au lecteur de calculer lui-même l'heure d'une naissance, l'écart relevé de quinzaine en quinzaine, entre l'heure affichée légalement et celle du Soleil à midi :

1ᵉʳ janvier – Midi + 4'	1ᵉʳ juillet – Midi – 3'
15 janvier – Midi + 10'	15 juillet – Midi – 5'
1ᵉʳ février – Midi + 14'	1ᵉʳ août – Midi – 6'
15 février – Midi + 14'	15 août – Midi – 4'
1ᵉʳ mars – Midi + 12'	1ᵉʳ septembre – Midi – (identique)
15 mars – Midi + 9'	15 septembre – Midi – 5'
1ᵉʳ avril – Midi + 4'	1ᵉʳ octobre – Midi – 11'
15 avril – Midi (identique)	15 octobre – Midi – 14'
1ᵉʳ mai – Midi + 3'	1ᵉʳ novembre – Midi – 17'
15 mai – Midi + 5'	15 novembre – Midi – 16'
1ᵉʳ juin – Midi + 3'	1ᵉʳ décembre – Midi – 11'
15 juin – Midi (identique)	15 décembre – Midi – 5'
	25 décembre – Midi – (identique)

Il est à remarquer, à la simple lecture de ce tableau, la complexité du mouvement de rotation terrestre qui place seulement le midi vrai quatre fois par an avec nos horloges, étant entre-temps en retard ou en avance ! Comme nos pendules ne varient pas, cet exemple démontre parfaitement pourquoi les anciens Égyptiens s'étaient fabriqué une année de 360 jours ! Dans cinq mille ans, qui nous dit que nos cadets des « civilisations avancées » comprendront notre « sauvagerie » d'utiliser une heure rigide alors qu'elle est si fragile dans le ciel...

On ne pourrait pourtant pas songer à faire subir à nos pendules des variations égales à celles du tableau ci-dessus. Aucun mécanisme délicat, connu de nous, n'y résisterait. C'est pourquoi cette décision de les régler une fois pour toutes sur un Soleil fictif a été décidée, d'où est né « le midi moyen ». Il restait cependant indispensable de se rendre compte en combien de temps exactement s'accomplissait la rotation diurne de la Terre pour correspondre au midi vrai.

Le Soleil ne pouvant être utilisé pour cette mesure, Flammarion nous apprend que l'on pensa à étudier le passage au méridien d'une Étoile fixe. Il fut bien vite constaté que l'Étoile passe au méridien avec une ponctualité absolue, à la seconde même, chaque jour, employant toujours 86 164 secondes, jamais une de plus, jamais une de moins, lesquelles ne font pas exactement 24 heures, mais seulement 23 h 56' et 4", durée de la rotation diurne du globe terrestre, rotation appelée *jour sidéral*.

Celui-ci est donc plus court que le jour civil de 3' 56" et, pour rattraper cette différence, la Terre doit tourner encore pendant le même laps de temps pour que le Soleil se trouve au point exact qu'il occupait la veille au méridien (23 h 56' 4" + 3' 56" = 24 heures).

Sur la totalité de l'année, cette différence correspond aux 366 rotations 1 /4 que la Terre doit accomplir par équivalence aux 365 jours 1 /4 de l'année solaire : soit exactement une rotation en plus ou 24 heures supplémentaires à incorporer dans l'année de 365 jours 1/4 à la fin de la quatrième. Il est facile de s'en rendre compte en se reportant, dans n'importe laquelle des éphémérides, au jour de l'entrée du Soleil dans le Bélier, époque à laquelle commence cette incorporation de 3'56" par jour qui, en se continuant jusqu'au prochain retour du Soleil, réalise les 24 heures supplémentaires. Pour 1882, par exemple, le Soleil est censé entrer en Bélier le 21 mars. Or, ce jour traditionnel du printemps ne correspondait point à la réalité, par le phénomène des années bissextiles !

Mais que notre astre du jour y pénètre le 21, ou le 22, ou même le 23 comme certaines années, cette entrée est toujours le point de départ de l'addition quotidienne des 3'56".

Tous ces artifices humains destinés à rattraper les mouvements combinatoires dans l'Espace par des additions mathématiques de Temps, apportent la preuve que les anciens Égyptiens avaient trouvé une solution autre à leur problème des 360 jours pour concorder avec les 360° mais que le processus était du même type que de nos jours !

Nous avons vu que dans l'Antiquité, la journée se décomptait en douze heures de jour, et douze heures de nuit, de longueur de temps différente suivant la saison. Mais de nos jours, le calendrier, après être passé du grégorien au julien, a décidé que le Temps se décompterait de midi à midi en astronomie, et donc en astrologie, minuit commençant le début de la journée légale cependant. Mais pour les éphémérides dont se servent tous les astrologues pour leurs calculs des heures de naissance, midi correspond à l'heure zéro, ce qui divise ce temps éphémère en deux groupes de douze heures en astronomie fort différent de celui des origines selon les anciens Égyptiens :

a) *de midi à minuit = 12 heures ;*
b) *de minuit à midi = 12 heures.*

Revenons à cette naissance qui eut lieu en 1882, et qui fut celle de Franklin Delano Roosevelt, président des États-Unis d'Amérique, qui eut la lourde responsabilité de faire entrer son pays dans la Seconde Guerre mondiale. Il naquit très exactement à 20 h 20, à Hyde Park, le 30 janvier 1882. Cette heure signifie, en astrologie, que le natif est venu au monde après la huitième heure puisque midi est le départ ! Ceci fournit en quelque sorte la base de départ de la « construction » réelle de l'heure de naissance. Plusieurs définitions sont nécessaires avant de l'obtenir :

L'heure locale de naissance. Il s'agit de l'heure en quelque sorte légalisée, de l'endroit de naissance, mais à laquelle il faudrait ajouter ou retirer l'écart existant en heures, minutes et secondes, entre la longitude de ce lieu et celle de Greenwich qui est le méridien définissant le point zéro. La différence entre New York et Greenwich est évidemment très importante. Mais pour la France, d'autres complications sont intervenues, plus ennuyeuses du fait que les Français ne se servaient pas de Greenwich comme temps-étalon, mais de... Paris, avant 1891, jusqu'au 15 mars de cette année-là pour être précis.

L'heure locale de chaque ville de France était calculée selon sa longitude propre par rapport à un zéro degré qui n'était pas encore Greenwich, mais Paris ! Quand il était midi à Caen, qui se trouve à la longitude de Greenwich, il était, et il est encore aujourd'hui midi cinq à Paris alors que jusqu'en 1891, l'heure locale d'Évreux était midi moins cinq par rapport au midi parisien !

La situation horaire en France ne s'en améliora pas pour autant après 1891. Elle empira même jusqu'en 1911, date à laquelle elle s'aligna enfin sur celle de Greenwich. Du 15 mars 1891 au 10 mars 1911, l'heure resta non seulement arbitraire, mais anormale, l'heure légale de Paris ayant été étalée sur toute la France ! Chacun comprend aisément que le Temps ne peut pas être le même à Vannes, où le Soleil se couche vingt minutes plus tard qu'à Paris, ou à Marseille, où il disparaît quarante et une minutes plus tôt que dans le Morbihan !

Si, par exemple, le thème de Jean-Paul Sartre, né le 21 juin 1905 à Paris, à 6 h 35, était pratiqué, il devrait, avant tous les autres calculs, être diminué de neuf minutes. Ce ne sera que le 10 mars 1911, à la suite d'un accord gouvernemental resté inexplicable pour la plupart des Français qui élevèrent de vives protestations fort justifiées, que notre pays décidait de s'aligner sur l'heure de Greenwich.

Ce qui fait que l'erreur commune aux astrologues est de retrancher au lieu d'ajouter les neuf minutes et quelques secondes dans un thème de naissance, effectuant ainsi dès le départ une erreur de plus de dix-huit minutes pour le calcul de l'ascendant. La plupart comptent en effet cette différence de temps de 9' 20" en moins pour une naissance à Paris. Ceci est également démontré par les éphémérides qui donnent la bonne position planétaire, mais la mauvaise en longitude au méridien de Greenwich, d'où l'erreur !

Autre sujet scabreux, les différentes heures « d'été » !... Cette heure, qui n'a aucune raison, ni mathématique, ni spatiale, d'exister, est due à des contingences économiques nées des guerres, avant d'être adoptée de nos jours pour des économies d'énergie et de carburant. L'arbitraire réside dans les heures et les dates auxquelles a été changée cette heure dite d'été.

Afin de pouvoir rétablir l'heure sidérale vraie pour un natif de ces époques, voici le tableau complet des heures d'été depuis qu'elles furent introduites en 1916, exclusivement en France :

Année	Date	Heure	Fin	Heure	Année	Date	Heure	Fin	Heure
1916	14.6	23h	1.10	24 h	1928	14.4	23 h	6.10	24 h
1917	24.3		7.10		1929	20.4		5.10	
1918	9.3		6.10		1930	12.4		4.10	
1919	1.3		5.10		1931	18.4		3.10	
1920	14.2		23.10		1932	2.4		1.10	
1921	14.3		25.10		1933	25.3		7.10	
1922	25.3		7.10		1934	7.4		6.10	
1923	26.5		6.10		1935	30.3		5.10	
1924	29.3		4.10		1936	18.4		3.10	
1925	4.4		3.10		1937	3.4		2.10	
1926	17.4		2.10		1938	26.3		1.10	
1927	9.4		1.10		1939	15.4		18.11	

Pour compliquer un peu plus les calculs, la guerre mondiale qui a duré cinq années a scindé la France en deux parties, affublées d'heures d'été différentes, dont voici les nomenclatures :

A) *Zone occupée :*

1940 : 25 février 2 heures-, avance une heure ; 14 juin 21 heures-, avance deux heures (spécial à Paris) ; 1er juillet – 21 heures -, avance DEUX heures (spécial à Bordeaux) ;

1941 : avance de deux heures toute l'année pour toute la zone occupée ;

1942 : avance de deux heures jusqu'au 2 novembre. Ramenée ensuite à UNE heure jusqu'à la fin de l'année ;

1943 : avance de UNE heure jusqu'au 29 mars à 3 heures du matin, où l'avance est ramenée à deux heures.

B)   *Zone libre :*

1940 : 25 février 2 heures -, avance UNE HEURE ;

1941 : avance UNE heure jusqu'au 4 mai ; à partir du 4 mai – 23 heures – , avance de DEUX heures ; à partir du 5 octobre avance ramenée à UNE heure ;

1942 : 8 mars 23 heures -, avance portée à deux heures ; 2 novembre – 3 heures – , avance ramenée à UNE heure.

Pour la suite, les éphémérides fournissent comme document d'actualité tous les changements d'heure jusqu'en notre année 1981... Ainsi, cette heure étant trouvée si le natif a le malheur d'être arrivé à terme durant une de ces périodes, il ne restera plus qu'à inclure dans les calculs les différences entre l'heure légale, qui est celle des horloges des mairies, avec l'heure vraie, l'heure sidérale, et le méridien de Greenwich !

Voyons plutôt en guise de conclusion, comment était dressée une carte du ciel, au temps des anciens Égyptiens.

CHAPITRE SEIZIÈME

LA CARTE DU CIEL DE NAISSANCE

La technique antique, éminemment simple dans ses conceptions, n'en était pas moins bien plus crédible que celles préconisées par les diverses « écoles » astrologiques, qui, tout en prônant des influx à Neptune, Uranus, Pluton, et même d'autres planètes inconnues, trouvent aussi une treizième constellation et même une quatorzième !...

Les anciens Maîtres de la Mesure et du Nombre se retourneraient dans leurs tombes de désespoir, s'ils n'avaient pas connu les défauts inhérents à la race humaine, et surtout s'ils n'étaient pas retournés depuis des millénaires déjà dans un monde meilleur, laissant à leur Créateur originel le soin de s'occuper des nouvelles générations de créatures !

Quels étaient les éléments disponibles dans l'Antiquité, toujours intangibles dans le lent mouvement qui déplace l'ensemble de tout notre système solaire ? Tout d'abord les Douze de la Ceinture, que nous appelons aujourd'hui le Zodiaque céleste. Cependant, telles nous les voyons au sein du firmament avec leurs grandeurs différentes, telles elles se trouvent reproduites sur le Cercle d'Or terrestre et sur le plafond de Dendérah. Il y a ensuite les Sept Errantes, qui sont nos cinq planètes visibles accompagnées des deux luminaires que sont le Soleil et la Lune. Il est bien évident que les rayonnements envoyés par les Douze ne peuvent pas être influencés en quoi que ce soit par une réverbération sur d'autres planètes très lointaines et surtout parfaitement glacées comme doivent l'être Pluton et consœurs ! Cela pour le ciel.

Sur le plan terre-à-terre du nouveau-né, l'important qui était retenu en priorité provenait de l'angle géométrique du lieu de naissance dans l'échelle des 360°, accompagné par l'heure sidérale de ce moment.

Cela donnait une base de calcul équivalente à, dans l'ordre des éléments cités ci-dessus :

$$12 \times 7 \times 360 \times \frac{24 \times 60}{4} = 10\,886\,400 \text{ C-M-D de base.}$$

Ce qui revient à dire avec justesse que même des jumeaux nés au même endroit, mais seulement à trois minutes d'intervalle, ne peuvent pas avoir la même carte du ciel. D'ailleurs, quelle que soit la date à étudier, et l'événement qui s'en réfère, la chose primordiale sera d'en déterminer l'heure exacte. D'où l'importance que les anciens Maîtres donnaient à l'éducation des novices destinés à entrer dans l'ordre vénéré des Horoscopes, qui, littéralement, signifie : « Gardiens des Heures ». La carte du ciel d'un natif est donc à lui seul l'horoscope, c'est-à-dire l'indicateur exact du moment de naissance à étudier. C'était le point précis du Zodiaque qui passait au-dessus de l'horizon personnel au moment de la naissance, et qui fournissait le départ de l'Ascendant ou de la première Maison.

Ces deux coordonnées terrestres que sont le lieu et le moment de la naissance sont en équivalence absolue avec deux définitions célestes qui assurent une harmonie totale avec les C-M-D. D'une part, la longitude correspondra avec le moment de la naissance, donc avec l'heure sidérale; d'autre part, la latitude unira le lieu de naissance avec les Maisons qui seront les reflets des influx particuliers des Douze dans les domaines de la vie humaine.

C'est pourquoi il est indispensable de connaître : la longitude et la latitude terrestres du lieu de la naissance afin de pouvoir déterminer ces points essentiels :

1) le degré exact du méridien de ce lieu, ou Milieu du Ciel céleste ;
2) la position que les planètes occuperont sur le cercle de l'Écliptique quand l'heure de naissance en ce lieu aura été ramenée à l'heure du méridien-type de Greenwich.

Il est également indispensable de connaître la latitude du lieu de naissance, pour déterminer avec exactitude le Point ou Degré précis du Zodiaque qui passait l'Horizon au moment de cette naissance, fournissant le Signe ascendant, et Degré ascendant.

Milieu du Ciel, calcul planétaire, position du Signe et du Degré ascendant seront déterminés à leur tour par les autres divisions de l'Horoscope (Maisons), ainsi que les particularités de l'Horoscope individuel.

Les longitudes se comptent sur la ligne même de l'Équateur, en direction Est-Ouest, ou Ouest-Est, selon certaines conditions de la nativité, dépendant du méridien de l'endroit où cette nativité s'est produite par rapport au méridien de Greenwich (Angleterre). La longitude fixe la place des planètes dans le Zodiaque.

Un degré est la 360e partie du cercle, ou de n'importe quelle circonférence ; et en astrologie un degré est la 360e partie du cercle de l'Équateur ou celui de l'Écliptique. Ainsi considéré, il est degré de longitude.

Mais le nombre 360 correspond aussi au total des heures de la journée, et au cercle que trace virtuellement la Terre en tournant sur elle-même en 24 heures. Sa partie s'exprime alors en temps, comme lorsque nous disons que chaque Signe du

Zodiaque passe à l'horizon en l'espace de deux heures : un degré de longitude équivalant à 4' de temps. Il faudra donc 15° pour faire une heure, soit 15° x 4' = 60' ou une heure; et 30° x 4' = 120' (ou deux heures).

Et pour aller jusqu'au bout de la démonstration il faudra reprendre les calculs horaires antiques, repris dans le tableau de lecture direct du moment de la naissance sidérale. Les 24 heures de 60 minutes divisées en quart donnent les 360° du total des moments de naissance dans une journée.

Deux choses sont encore indispensables, toujours et partout, pour établir une carte du ciel, ou horoscope :

1) Une éphéméride de l'année de la naissance à étudier, donnant pour chaque jour l'heure du midi vrai, dite heure sidérale (ou en anglais *sidéral time*), et donnant aussi la position des planètes pour chaque jour à midi à Greenwich. L'heure sidérale, ou heure du midi vrai, augmente chaque jour de 3'56", à partir du moment où le Soleil a fait son entrée dans le Bélier, ce dont il est facile de se rendre compte en consultant l'éphéméride de n'importe quelle année, ces 3'56" représentant la véritable marche du Soleil, sur laquelle nous ne pouvons régler nos pendules, qu'il faudrait avancer d'autant chaque jour, au grand dam de leur mécanisme.

2) La table des Maisons correspondant à la latitude du lieu de naissance, et qui, ainsi que son nom l'indique, servira à situer l'angle de l'ascendant, et partant de celui des Pointes des Maisons astrologiques, qui auront chacune 30°. Il existe une Table des Maisons pour toutes les latitudes françaises, dans le treizième chapitre de cet ouvrage. Nous nous sommes contenté des Tables de Maisons pour le 45e degré et pour le 49e degré, la première étant utilisable pour le midi de la France, aussi bien Sud-Est que Sud-Ouest, dont Perpignan est le point extrême, à 43° de latitude; pour Avignon ou Albi à

44°, pour Le Puy à environ 45°, et au-dessus pour le 46e degré. La deuxième étant utilisable pour tous les lieux situés à 47, 48, 49 et 50°, dont Lille forme la limite, et Paris la moyenne à 48° 50.

L'orientation d'un thème de nativité s'obtenant au moyen de « l'heure locale » c'est-à-dire de l'heure qu'il était au moment et à l'endroit où s'est produite la naissance, trois cas peuvent se présenter :

– la naissance a eu lieu à midi précis ;

– la naissance a eu lieu avant midi ;

– la naissance a eu lieu après midi.

Gardant toujours en mémoire le souvenir que l'heure locale doit être ajoutée ou retranchée de l'heure sidérale selon l'instant réel du moment de la naissance, il sera assez facile d'obtenir le temps vrai. Prenons un exemple : le thème de Jean Mermoz, né officiellement le 9 décembre 1901, à Aubenton (Aisne), à 1 h 40'. La naissance a donc eu lieu avant midi, le temps zéro. Il convient alors de déduire le temps qui existe entre l'heure sidérale (11 h 53' 09") et l'heure locale du natif 10 h 13' 09", qu'il faut encore multiplier par la différence entre l'horloge d'Aubenton et celle de Greenwich, ce qui donne 1 h 35' 45". Ce qu'il faut bien comprendre, c'est que ce « redressement » astronomique n'est qu'un tour de passe-passe mathématique destiné à rétablir un Temps spatial complètement faussé par les humains ! Ce que n'avaient pas à faire les antiques Égyptiens puisque avec l'année de Sirius, ils obtenaient le temps vrai de naissance sans difficulté. Encore, de notre temps, faut-il encore ajouter en plus 10" par heure pour récupérer les 3' 50" du recul pris par la Terre sur le Soleil, puisque ce globe est notre étalon.

Grâce à la Table des Maisons répertoriée à la fin du troisième chapitre, nous voyons qu'à l'heure vraie de naissance de Jean Mermoz, qui est : 0 h 02' (1 h 40' 1 h 37'20"), pour le 48° d'Aubenton, l'ascendant se trouve à 0°55' du début du Zodiaque, soit à 25°25' du Cancer puisque le début du Cercle d'Or égyptien n'était pas en Bélier, mais à la fin de la petite constellation du Cancer.

Ce sont d'ailleurs les Douze de cette Ceinture céleste aux parties inégales qui facilitent les données calculables des douze Maisons aux grandeurs identiques, puisque les douze constellations, pour inégales qu'elles soient, restent intangibles dans un contexte inextensible de 360° seulement.

Ce qui ne veut pas dire pour autant que l'ascendant, ou Maison 1, débutant à 25°25' du Cancer, fera que les onze autres Maisons commenceront elles aussi à 25°25' de chaque signe, puisque les grandeurs de ceux-ci diffèrent. La preuve en est fournie ci-dessous pour Jean Mermoz :

Maison 1 :	25°25' du Cancer
Maison 2 :	29°25' du Lion
Maison 3 :	23°25' de la Vierge
Maison 4 :	17°25' de la Balance
Maison 5 :	23°25' du Scorpion
Maison 6 :	29°25' du Sagittaire
Maison 7 :	25°25' du Capricorne
Maison 8 :	21°25' du Verseau
Maison 9 :	19°25' des Poissons
Maison 10 :	25°25' du Bélier
Maison 11 :	23°25' du Taureau
Maison 12 :	21°25' des Gémeaux

Ce qui permet de déboucher sur l'emplacement des Sept Errantes qui serviront de récepteurs aux émetteurs que forment les Douze grâce aux Combinaisons-Mathématiques-divines, dont la géométrie permettra l'étude prévisionnelle à partir d'une date exacte de naissance. Mais aujourd'hui cette détermination nécessite de nouvelles corrections d'heure... plus complexes !

C'est ce qui rebute souvent les étudiants de première année passionnés par l'astrologie.

Pour obtenir l'orientation réelle d'une carte du ciel avec son partage en douze Maisons de trente degrés chacune, l'heure comme Temps de référence était indispensable, donc partagée en ces vingtquatre parties uniformes d'une journée, ce qui n'offrait aucune complication pour le calcul de l'avance planétaire, du « pas » journalier de chaque Errante, l'heure devient un Espace de temps en *degrés, minutes et secondes*. Aujourd'hui, pour situer une planète au moment voulu, en son Temps propre dans l'Espace, le problème n'est plus le même ! Abordons-le sereinement, notre Horoscope étant à présent orienté, avec ses douze Maisons antiques et ses douze constellations aux grandeurs différentes. Dans ce Cercle d'Or, les Sept Errantes doivent naviguer en harmonie !...

Le 9 décembre 1901, par exemple, pour le ciel qui vit naître Jean Mermoz, le temps sidéral était à 17 h 09' au moment où l'heure locale était à 12 heures, soit avec un peu plus de cinq heures de décalage sur nos pendules ! Si cette différence ne joue pas pour les Errantes lentes telles que Saturne et Jupiter, elle est plus sensible pour les deux luminaires, surtout pour la Lune.

	0	1	2	3	4	5	6	7
0	∞	1.3802	1.0792	.90309	.77815	.68124	.60206	.53511
1	3.1584	1.3730	1.0756	.90068	.77635	.67980	.60086	.53408
2	2.8573	1.3660	1.0720	.89829	.77455	.67836	.59965	.53305
3	2.6812	1.3590	1.0685	.89591	.77276	.67692	.59846	.53202
4	2.5563	1.3522	1.0649	.89354	.77097	.67549	.59726	.53100
5	2.4594	1.3454	1.0615	.89119	.76920	.67406	.59607	.52997
6	2.3802	1.3388	1.0580	.88885	.76743	.67264	.59488	.52895
7	2.3133	1.3323	1.0546	.88652	.76567	.67122	.59370	.52793
8	2.2553	1.3259	1.0512	.88420	.76391	.66981	.59251	.52692
9	2.2041	1.3195	1.0478	.88190	.76216	.66840	.59134	.52591
10	2.1584	1.3133	1.0444	.87961	.76042	.66700	.59016	.52489
11	2.1170	1.3071	1.0411	.87733	.75869	.66560	.58899	.52389
12	2.0792	1.3010	1.0378	.87506	.75696	.66421	.58782	.52288
13	2.0444	1.2950	1.0345	.87281	.75524	.66282	.58665	.52187
14	2.0122	1.2891	1.0313	.87056	.75353	.66143	.58549	.52087
15	1.9823	1.2833	1.0280	.86833	.75182	.66005	.58433	.51987
16	1.9542	1.2775	1.0248	.86611	.75012	.65868	.58317	.51888
17	1.9279	1.2719	1.0216	.86390	.74843	.65730	.58202	.51788
18	1.9031	1.2663	1.0185	.86170	.74674	.65594	.58087	.51689
19	1.8796	1.2607	1.0153	.85951	.74506	.65457	.57972	.51590
20	1.8573	1.2553	1.0122	.85733	.74339	.65321	.57858	.51491
21	1.8361	1.2499	1.0091	.85517	.74172	.65186	.57744	.51392
22	1.8159	1.2445	1.0061	.85301	.74006	.65051	.57630	.51294
23	1.7966	1.2393	1.0030	.85087	.73841	.64916	.57516	.51196
24	1.7782	1.2341	1.0000	.84873	.73676	.64782	.57403	.51098
25	1.7604	1.2289	0.9970	.84661	.73512	.64648	.57290	.51000
26	1.7434	1.2239	0.9940	.84450	.73348	.64514	.57178	.50903
27	1.7270	1.2188	0.9910	.84239	.73185	.64382	.57065	.50805
28	1.7112	1.2139	0.9881	.84030	.73023	.64249	.56953	.50708
29	1.6960	1.2090	0.9852	.83822	.72861	.64117	.56841	.50612
30	1.6812	1.2041	0.9823	.83614	.72700	.63985	.56730	.50515
31	1.6670	1.1993	0.9794	.83408	.72539	.63853	.56619	.50419
32	1.6532	1.1946	0.9765	.83203	.72379	.63722	.56508	.50322
33	1.6398	1.1899	0.9737	.82998	.72220	.63592	.56397	.50226
34	1.6269	1.1852	0.9708	.82795	.72061	.63462	.56287	.50131
35	1.6143	1.1806	0.9680	.82592	.71903	.63332	.56177	.50035
36	1.6021	1.1761	0.9652	.82391	.71745	.63202	.56067	.49940
37	1.5902	1.1716	0.9625	.83190	.71588	.63073	.55957	.49845
38	1.5786	1.1671	0.9597	.81991	.71432	.62945	.55848	.49750
39	1.5673	1.1627	0.9570	.81792	.71276	.62816	.55739	.49655
40	1.5563	1.1584	0.9542	.81594	.71120	.62688	.55630	.49560
41	1.5456	1.1540	0.9515	.81397	.70966	.62561	.55522	.49466
42	1.5351	1.1498	0.9488	.81201	.70811	.62434	.55414	.49372
43	1.5249	1.1455	0.9462	.81006	.70658	.62307	.55306	.49278
44	1.5149	1.1413	0.9435	.80811	.70504	.62180	.55198	.49184
45	1.5051	1.1372	0.9409	.80618	.70352	.62054	.55091	.49091
46	1.4958	1.1331	0.9383	.80425	.70200	.61929	.54984	.48998
47	1.4863	1.1290	0.9356	.80234	.70048	.61803	.54877	.48905
48	1.4771	1.1249	0.9331	.80043	.69897	.61678	.54770	.48812
49	1.4682	1.1209	0.9305	.79853	.69746	.61554	.54664	.48719
50	1.4594	1.1170	0.9279	.79663	.69596	.61429	.54558	.48626
51	1.4508	1.1130	0.9254	.79475	.69447	.61306	.54452	.48534
52	1.4424	1.1091	0.9228	.79287	.69298	.61182	.54347	.48442
53	1.4341	1.1053	0.9203	.79101	.69149	.61059	.54241	.48350
54	1.4260	1.1015	0.9178	.78915	.69002	.60936	.54136	.48258
55	1.4180	1.0977	0.9153	.78729	.68854	.60813	.54031	.48167
56	1.4102	1.0939	0.9129	.78545	.68707	.60691	.53927	.48076
57	1.4025	1.0902	0.9104	.78361	.68561	.60569	.53823	.47984
58	1.3949	1.0865	0.9079	.78179	.68415	.60448	.53719	.47893
59	1.3875	1.0828	0.9055	.77996	.68269	.60327	.53615	.47803

	8	9	10	11	12	13	14	15
0	.47712	.42597	.38021	.33882	.30103	.26627	.23408	.20412
1	.47822	.42517	.37949	.33816	.30043	.26571	.23357	.20364
2	.47532	.42436	.37877	.33750	.29983	.26516	.23305	.20316
3	.47442	.42356	.37805	.33685	.29923	.26460	.23254	.20268
4	.47352	.42276	.37733	.33620	.29862	.26405	.23202	.20219
5	.47262	.42197	.37661	.33554	.29802	.26349	.23151	.20171
6	.47173	.42117	.37589	.33489	.29743	.26294	.23099	.20124
7	.47083	.42038	.37517	.33424	.29683	.26239	.23048	.20076
8	.46994	.41958	.37446	.33359	.29623	.26184	.22997	.20028
9	.46905	.41879	.37375	.33294	.29564	.26129	.22946	.19980
10	.46817	.41800	.37303	.33229	.29504	.26074	.22894	.19932
11	.46728	.41721	.37232	.33164	.29445	.26019	.22843	.19884
12	.46640	.41642	.37161	.33099	.29385	.25964	.22792	.19837
13	.46552	.41564	.37090	.33035	.29326	.25909	.22741	.19789
14	.46464	.41485	.37019	.32970	.29267	.25854	.22691	.19742
15	.46376	.41407	.36949	.32906	.29208	.25800	.22640	.19694
16	.46288	.41329	.36878	.32842	.29149	.25745	.22589	.19647
17	.46201	.41251	.36808	.32777	.29090	.25690	.22538	.19599
18	.46113	.41173	.36737	.32713	.29031	.25636	.22488	.19552
19	.46026	.41095	.36667	.32649	.28972	.25582	.22437	.19505
20	.45939	.41017	.36597	.32585	.28913	.25527	.22386	.19457
21	.45852	.40940	.36527	.32522	.28855	.25473	.22336	.19410
22	.45766	.40863	.36457	.32458	.28796	.25419	.22286	.19363
23	.45679	.40785	.36387	.32394	.28737	.25365	.22236	.19316
24	.45593	.40708	.36318	.32331	.28679	.25311	.22185	.19269
25	.45507	.40631	.36248	.32267	.28621	.25257	.22135	.19222
26	.45421	.40555	.36179	.32204	.28562	.25203	.22084	.19175
27	.45335	.40478	.36110	.32141	.28504	.25149	.22034	.19128
28	.45250	.40401	.36040	.32077	.28446	.25095	.21984	.19082
29	.45165	.40325	.35971	.32014	.28388	.25041	.21934	.19035
30	.45079	.40249	.35902	.31951	.28330	.24988	.21884	.18988
31	.44994	.40173	.35833	.31889	.28272	.24934	.21835	.18941
32	.44909	.40097	.35765	.31826	.28214	.24881	.21785	.18895
33	.44825	.40021	.35696	.31763	.28157	.24827	.21735	.18848
34	.44740	.39945	.35627	.31700	.28099	.24774	.21685	.18802
35	.44656	.39869	.35559	.31638	.28042	.24721	.21635	.18755
36	.44571	.39794	.35491	.31575	.27984	.24667	.21586	.18709
37	.44487	.39719	.35422	.31513	.27927	.24614	.21536	.18662
38	.44403	.39643	.35354	.31451	.27869	.24561	.21487	.18616
39	.44320	.39568	.35286	.31389	.27812	.24508	.21437	.18570
40	.44236	.39493	.35218	.31327	.27755	.24456	.21388	.18524
41	.44153	.39419	.35150	.31266	.27698	.24402	.21339	.18477
42	.44069	.39344	.35083	.31203	.27641	.24349	.21289	.18431
43	.43986	.39269	.35015	.31141	.27584	.24296	.21240	.18385
44	.43903	.39195	.34948	.31079	.27527	.24244	.21191	.18339
45	.43820	.39121	.34880	.31017	.27470	.24191	.21142	.18293
46	.43738	.39047	.34813	.30956	.27413	.24138	.21093	.18247
47	.43655	.38972	.34746	.30894	.27357	.24086	.21044	.18201
48	.43573	.38899	.34679	.30833	.27300	.24033	.20995	.18155
49	.43491	.38825	.34612	.30772	.27244	.23981	.20946	.18110
50	.43409	.38751	.34545	.30710	.27187	.23928	.20897	.18064
51	.43327	.38678	.34478	.30649	.27131	.23876	.20849	.18018
52	.43245	.38604	.34412	.30588	.27075	.23824	.20800	.17973
53	.43164	.38531	.34345	.30527	.27018	.23772	.20751	.17927
54	.43082	.38458	.34279	.30466	.26962	.23720	.20703	.17881
55	.43001	.38385	.34212	.30406	.26906	.23668	.20654	.17836
56	.42920	.38312	.34146	.30345	.26850	.23616	.20606	.17791
57	.42839	.38239	.34080	.30284	.26794	.23564	.20557	.17745
58	.42758	.38166	.34014	.30224	.26738	.23512	.20509	.17700
59	.42677	.38094	.33948	.30163	.26683	.23460	.20460	.17654

Nous savons que notre temps de Paris est en recul de plus de 9' sur celui de Greenwich, et qu'il faut décaler d'autant la longitude qui sera adoptée. L'étude un peu plus complète détaillée ci-dessous permettra de se familiariser avec le recul ou l'avance des Sept Errantes :

1) Pour une naissance ayant eu lieu à midi, et sur le méridien de Greenwich (en France : Caen, Mont-de-Marsan, Pau...), il n'y a aucune différence de temps local. Les 5 heures d'avance du temps sidéral sur le Soleil seront à déduire dans les calculs des pas planétaires (pour la naissance à Paris, il convient d'augmenter de 9'20" le temps local).

2) Pour une naissance qui a eu lieu après l'heure locale de midi, il faut soustraire en temps celui obtenu par la différence de longitude entre Greenwich et celle-ci si elle s'est passée à l'est, ou l'ajouter si elle a eu lieu à l'ouest du méridien anglais.

3) Si la naissance s'est produite avant midi, comme celle qui nous occupe avec Jean Mermoz, le problème du temps est inversé, et celui du « pas quotidien » dans l'Espace est défini ci-dessous :

Le Soleil : Les éphémérides les plus fiables fournissent des données élémentaires qui, pour un pas de 52'05", le place au 256° 27' du Bélier, ce qui revient à dire qu'avec les constellations astronomiques (*sic*) sur lesquelles sont basées les graduations, notre astre du jour se trouvait au 9 décembre 1901 à 12 heures précises de temps local, à 16°27' du Sagittaire... par rapport à la longitude de Greenwich.

Sans reprendre tous les éléments qui, en partant de la fin du Cancer, donnent un autre chiffre céleste, prenons directement l'équivalent dans la grandeur sidérale réelle des constellations.

Le seul moyen « pratique » est celui qui consiste à utiliser les tables de logarithmes pour retrouver l'heure exacte du départ du pas du Soleil. Nous avons une naissance en temps vrai terrestre de 0 h 02'40" à Aubenton pour Jean Mermoz, d'une part. De l'autre, un « pas » solaire de 52'05" qui commence à 16° 27 du Sagittaire à 17 h 09' sidérale.

La table des logarithmes de la page suivante permet une simplification de tous les calculs, mais chaque opération doit être effectuée successivement dans l'ordre, et méthodiquement. Horizontalement, il y a quinze colonnes « degrés ou heures », et verticalement, numérotée sur la gauche, la colonne des minutes, qui va de zéro à cinquante-neuf.

De 17 h 09' temps sidéral à 12 heures (heure locale), il y a 5 h 09' en trop. Il faut donc connaître *la proportion logarithmique chiffrable qui sera ôtée ou ajoutée selon la naissance*. Pour cela, regarder dans la colonne 5 des heures, et descendre jusqu'au chiffre 09 des minutes pour trouver la « proportion mathématique » du log. de 5 h 09' soit : 6 684.

Ce nombre va permettre de passer au deuxième stade de l'opération afin d'obtenir le « pas » solaire, ainsi que celui des six autres Errantes. Nous avons vu qu'au 9 décembre 1901 la navigation du Soleil était de 52'05 ". Revoyons donc sur le même tableau à la première colonne des heures et degrés : celle du zéro. Il faut descendre presque tout en bas, face au 52 des minutes, afin de lire : 14 424.

Pour avoir le véritable déplacement sidéral du Soleil durant ces 5 h 09', il suffit d'additionner les deux logarithmes obtenus et de rechercher le déplacement en degrés qui y correspond sur la Table pour connaître le déplacement complémentaire du « pas » : 6 684 + 14 424 = 21 108

Le chiffre le plus proche de 21 108 dans la Table se trouve dans la treizième colonne (celle marquée 14), et face au chiffre 15 des minutes, soit 2 114. Il faudra ôter, dans cette dernière phase, les 15 minutes obtenues scientifiquement, pour un calcul qui se faisait chez les anciens Égyptiens automatiquement grâce à l'année «vague» de

360 jours dont les 12 heures de jour comme de nuit étaient uniformes. En dernier ressort, la naissance montrait le Soleil du 9 décembre 1901, pour le célèbre aviateur, au : (16°27' 0°45') = **15°32' du Sagittaire**.

Il en va de même pour la Lune, où le pas quotidien est bien plus rapide, puisqu'il est de 11° 53 ' par 24 heures. Pour l'obtenir en temps sidéral, il convient d'effectuer le même cycle logarithmique que pour le Soleil, ce qui donne ici 2°21' à retrancher, mettant notre luminaire nocturne, à : **9° 27' des Poissons**.

Pour Mercure et Vénus, il y a environ 20 minutes en trop ; Mars a 4' en sus, et Jupiter et Saturne : 2'. La différence n'influençant pas les C-M-D, ces chiffres sont utilisables sans risque d'erreur.

Des passionnés d'astrologie s'écrieront : « Mais la part de fortune ? Les nœuds de la Lune ? Mais les autres planètes ?.., » Cet ouvrage concernant l'astronomie antique, et celle-ci n'ayant jamais fait état de ce qui précède, rien de ceci ne pouvait fausser les combinaisons géométriques faites par les sept Errantes, en un tout inscrit dans la Création divine, inscrit dans notre univers visible : le système solaire.

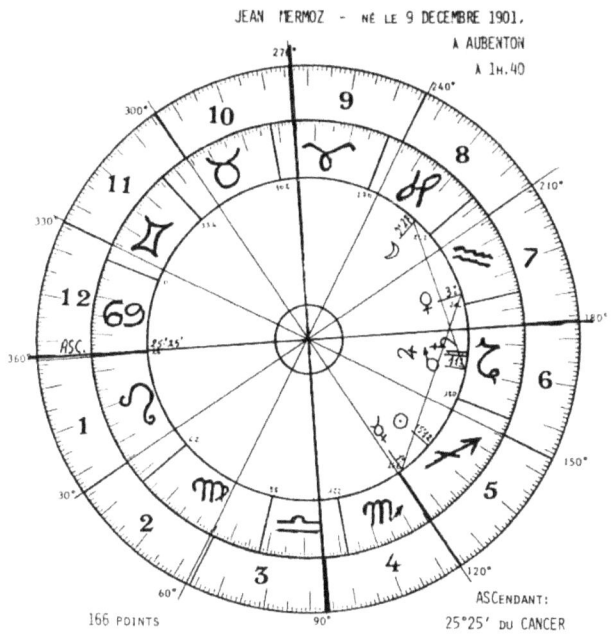

Voici la carte du ciel de Jean Mermoz, telle qu'elle se définit dans le Cercle d'Or de Dendérah :

Des différences notoires apparaissent dès la première vision de cette carte du ciel de naissance de Mermoz. Elles proviennent des longueurs inégales des constellations, ainsi que de la répartition des Sept dans quatre des Maisons de la partie occidentale (4, 5, 6, 7 et 8, cette dernière étant la maison de la mort). D'autre part Mercure est ici en Sagittaire comme elle l'aurait été pour les Égyptiens alors que l'astrologie « moderne » la mettrait en Scorpion puisque cette constellation n'a que 24° au lieu de 30°.

Rien qu'à la vue de cette carte du ciel de naissance il est aisé de voir les généralités du thème de Mermoz et quelle sera sa fin.

Nous voici au bout de cette étude, qui n'a peut-être pas toutes les précisions voulues quant aux « prévisions » dépendant des Combinaisons-Mathématiques-divines, mais tel n'était pas la finalité de cet ouvrage. Il tend surtout à apporter quelques réflexions aux passionnés d'astrologie qui désirent approfondir la Science qu'ils utilisent sans en connaître les Origines astronomiques de l'ancienne Égypte. Et ils en ont à présent toutes les données.

CONCLUSION

Sans vouloir philosopher vainement sur la portée de ce travail par rapport aux milliers de manuscrits consacrés aux sciences religieuses, dont l'étude du ciel fait partie, il serait bon de rappeler en guise de conclusion certaines notions qui ont paru tellement élémentaires aux égyptologues du siècle dernier qu'ils les ont dédaignées.

Cette année « vague » de 360 jours avec des mois de 30 jours, dont les 12 heures de jour suivies par 12 de nuit invariables, était tellement « primaire », « sauvage » et « le fait d'une civilisation qui ne pouvait comprendre que des illettrés »... qu'aucun de nos savants (*sic*) ne songea à étudier pour tenter de comprendre s'il y avait une raison plus profonde à cette simplification apparente, puisque tout le monde admet par ailleurs qu'il existait cinq jours épagomènes pour que l'Espace égyptien reste en accord avec une année vraie de 365 jours dans le temps. Il convient donc, en toute logique, de comprendre d'abord pourquoi cette année de 360 jours existait ! Elle avait sa raison profonde d'être, celle de rester en harmonie avec le Cercle d'Or céleste : la Ceinture des Douze, autrement dit notre zodiaque aux douze constellations.

Ce qui apparaît comme des notions élémentaires ou utilitaires qui ne dépassent pas le stade de la vulgarisation à l'usage des populations agricoles des bords du Nil, est tout le contraire d'une conception simpliste car ce sont les bases mêmes de l'assise de la Connaissance !

Tous les renseignements divulgués dans cet ouvrage sont des reflets particuliers de la science qui étudie le ciel sous tous ses aspects et sous tous ses rapports avec la Terre : les Combinaisons-Mathématiques-divines. Il en existe beaucoup d'autres, qui sont encore enfouis dans les sous-sols de Dendérah, et qui seront mis au jour le moment venu.

Cela fut presque possible en septembre 1979, mais il y a eu un barrage tellement brutal de l'égyptologie française sous un prétexte futile : manque de crédit pour entreprendre les fouilles, que cela en est devenu ridicule ! À mon retour d'Égypte, j'ai dû être assez longtemps hospitalisé, mais les démonstrations d'amitié et les soutiens ne m'ont pas manqué, dont ceux d'un évêque copte qui m'a démontré que cela était une épreuve, le moment n'étant pas venu. En effet, les prophéties antiques prétendent que ce ne sera qu'à partir de 1984 que les textes originels resurgiront des sables où ils sont enfouis, et non avant...

Certains en ont même déduit que ce serait à la suite du « grand bouleversement de cette année-là » ! J'ai assez dit, écrit et répété que la fin du monde, ou même d'un monde, n'aurait pas lieu avant 2016, et plutôt vers la fin du XXIe siècle pour ne pas accorder foi à ce bouleversement en Égypte en 1984. Mais peut-être qu'à force de patience, pour ce temps-là, déciderai-je une équipe officielle de pénétrer dans le temple construit par Khéops, puis de là, dans celui datant de l'époque du premier pharaon. Ce qui permettrait enfin de pénétrer dans le Cercle d'Or, devenu le Grand Labyrinthe cher à Hérodote, à Diodore de Sicile, à tous les auteurs grecs et arabes, et dont la rumeur publique, aujourd'hui encore, dit qu'il resurgira pour démontrer la vanité de l'homme et sa fin prochaine s'il ne se repent pas de ses péchés auprès de l'Éternel Créateur.

www.ingramcontent.com/pod-product-compliance
Lightning Source LLC
Chambersburg PA
CBHW050126170426
43197CB00011B/1730